高等职业教育智能建造系列教材

钢筋混凝土结构深化设计

主　编　贺　嘉　叶　雯

副主编　赵　骏　张田心

　　　　韩　笑　阚积鹏

U0339918

北京理工大学出版社

BEIJING INSTITUTE OF TECHNOLOGY PRESS

内 容 提 要

本书分为上、中、下三篇，即结构设计基础篇、构件深化设计篇和结构设计实例篇。其中，结构设计基础篇包括混凝土结构概论、钢筋和混凝土材料的力学性能、建筑结构设计方法、钢筋混凝土梁承载力计算、钢筋混凝土柱承载力计算、钢筋混凝土楼板；构件深化设计篇包括剪力墙深化设计和钢框架外挂墙板深化设计；结构设计实例篇主要包括装配式框架结构设计实例。

本书可作为高职高专院校建筑工程技术等相关专业的教材，也可供工程管理、建筑设计施工等专业人员参考使用。

图书在版编目（CIP）数据

钢筋混凝土结构深化设计 / 贺嘉，叶雯主编.—北京：北京理工大学出版社，2020.1
（2020.2重印）

ISBN 978-7-5682-8018-1

Ⅰ.①钢…　Ⅱ.①贺…　②叶…　Ⅲ.①钢筋混凝土结构—结构设计　Ⅳ.①TU375.04

中国版本图书馆CIP数据核字（2019）第297874号

出版发行 / 北京理工大学出版社有限责任公司

社　　　址 / 北京市海淀区中关村南大街5号

邮　　　编 / 100081

电　　　话 / （010）68914775（总编室）

　　　　　　（010）82562903（教材售后服务热线）

　　　　　　（010）68948351（其他图书服务热线）

网　　　址 / http://www.bitpress.com.cn

经　　　销 / 全国各地新华书店

印　　　刷 / 天津久佳雅创印刷有限公司

开　　　本 / 787毫米×1092毫米　1/16

印　　　张 / 15　　　　　　　　　　　　　　　责任编辑 / 钟　博

字　　　数 / 372千字　　　　　　　　　　　　文案编辑 / 钟　博

版　　　次 / 2020年1月第1版　2020年2月第2次印刷　　责任校对 / 周瑞红

定　　　价 / 49.00元　　　　　　　　　　　　责任印制 / 边心超

编委会名单

总 序

自我国改革开放以来，各行各业都发生了翻天覆地的变化，而建筑行业目前仍是劳动密集型、建造方式落后、经营管理粗放式的传统产业，人才技能与素质普遍低下，资源利用率不高，职业教育严重滞后，不能适应建筑产业现代化发展的需要。随着新型城镇化稳步推进、人民生活水平不断提高，全社会对建筑品质的要求越来越高。装配式建筑是建筑技术的革新，改变建筑建造方式，推动建筑业转型升级、走绿色发展之路，是建筑业落实国家提出的推动供给侧结构性改革的重要举措。大力发展装配式建筑，是落实中央城市工作会议精神的战略举措，是推进建筑业转型发展的重要方式。

国家大力发展装配式建筑的战略，为建筑行业的发展指明了方向。目前建筑行业产业发展铆足干劲，而标准化人才短缺成了产业发展的瓶颈，使得人才培养陷入被产业倒逼的现状，因此引发了装配式建筑人才培养的巨大需求和动力。高等职业教育以培育生产、建设、管理、服务第一线的高素质技术技能人才为根本任务，在建设人力资源强国和高等教育强国的伟大进程中发挥着不可替代的作用。装配式建筑教育和建筑专业的可持续发展是院校的共同呼唤和追求。

为深入贯彻落实习近平总书记在全国教育大会上的讲话以及《国家教育事业发展"十三五"规划》《高等职业教育创新发展三年行动计划》等相关文件精神，加快高职教育改革和发展步伐，全面提高建筑产业现代化人才培养质量，就必须对课程体系建设进行深入探索，在此过程中，教材无疑起着至关重要的基础性作用，高质量、理念先进的教材是提高我国装配式建筑人才队伍建设水平的重要保证。因此，北京理工大学出版社组织了一批具有丰富理论知识和实践经验的专家、一线教师，校企合作成立了装配式建筑系列教材编审委员会，着手编写本套重点支持建筑工程专业群的装配式建筑系列教材。

此次出版的系列教材，是紧密对接装配式建筑全产业链的一套资源，系统总结了目前我国装配式建筑技术的生产实践，教材中内容逻辑清晰、结构合理、表述生动、交互性强、数字化浓、特色显著，以真实工作任务为载体的项目化教学，突出了以学生自主学习为中心，以问题为导向的理念，考核评价体现过程性考核，充分体现现代高等职业教育特色。在开发教材的同时，各门课程建成了涵盖课程标准、电子教案、教学课件、图片资源、视频资源、动画资源、试题库、实训任务书等在内的丰富完备的数字化教学资源，并全部可以扫码进行学习，将教材与资源有机整合，形成教师好用、学生爱学的数字化教材。因此本套教材的出版，既适合高职院校建筑工程类专业教学使用，也可作为其他社会人员岗位培训用书。希望通过此系列教材的出版，能够为解决装配式建筑产业发展的人才瓶颈问题做出贡献，也对促进当前高职院校"特高"建设具有指导借鉴意义。

编审委员会

FOREWORD 前言

为了推进装配式建筑结构设计的发展，提升建筑的品质、促进建筑健康可持续发展，我们组织编写了《钢筋混凝土结构深化设计》。

装配式混凝土结构是现代工业化建筑的主要结构形式之一，它的优点在于标准化设计、工业化生产、装配化施工等。而设计的深度直接影响到后期的构件生产和施工，为了提高结构设计的质量，提高设计的效率，本书编写组认真研究了装配式混凝土结构设计与传统设计的延伸点，广泛征求设计、生产和施工等单位的意见完成了本书的编写。

本书主要内容包括结构设计基础篇、结构深化设计篇和结构设计实例篇。结构设计基础篇主要包括材料的力学性能、设计方法、主要受力构件的构造要求和承载力计算；结构深化设计篇主要以项目案例为依托，涉及剪力墙的深化设计和外挂墙板的深化设计；结构设计案例篇主要讲述了装配式框架设计实例。本书根据最新的图集和规范编写，能够很好地适应当前装配式混凝土结构深化设计的需要。

本书由成都航空职业技术学院与山东百库教育集团研究团队合作编写，由贺嘉、叶雯担任主编，由赵骏、张田心、韩笑和阚积鹏担任副主编，由韩合军、乔龙负责审核。全书由贺嘉、张田心组织编写、撰写提纲、修订统稿；具体编写分工为：第1章、第2章由张学华、贺嘉、刘丘林撰写，第3章、第4章由叶雯、张田心、孟文静、宁尚、李享撰写，第5章由贺嘉、张学华、李享撰写，第6章由乔龙、刘昌撰写，第7章由张田心、梁艳仙、李会敏撰写，第8章由贺嘉、阚积鹏、张雪姣撰写，第9章由王凯、皇甫艳丽、靳佳琦、李志、韩合军撰写。中国华西企业股份有限公司第十二建筑工程公司陶韬工程师参与了前期资料收集及稿件校核等工作。

本书在编写过程中参考了大量的文献资料，在此谨向原著作者们致以诚挚的谢意。同时，在本书编写过程中得到了中国电子工程设计院有限公司四川分公司韩合军副院长、中建科技有限公司四川分公司乔龙总经理、中信国安建工集团有限公司张学华总工及江苏省化工设计院有限公司张雪姣高级工程师的大力支持，在此表示衷心感谢！

由于编写时间仓促和编者水平有限，书中难免有不足之处，我们将不断地修订此书，使其日臻完善。

CONTENTS 目录

上篇

结构设计基础

第1章 混凝土结构概论

1.1 混凝土结构的一般概念

(1)混凝土主要是由胶凝材料(水泥),粗、细骨料(石子、砂),水及掺合料材料按一定比例配制、拌和并硬化而成的固体。

(2)混凝土结构是以混凝土为主制成的结构,包括素混凝土结构、钢筋混凝土结构和预应力混凝土结构等。

1)素混凝土结构是指无筋或不配置受力钢筋的混凝土结构。

2)钢筋混凝土结构是由配置受力的普通钢筋、钢筋网或钢筋骨架的混凝土制成的结构。

3)预应力混凝土结构是由配置受力的预应力钢筋通过张拉或其他方法建立预应力的混凝土结构。

钢筋混凝土结构和预应力混凝土结构常用于土木工程中的主要承重结构。预应力混凝土结构是充分利用高强度材料来改善钢筋混凝土结构抗裂性能的结构。在多数情况下混凝土结构是指钢筋混凝土结构。

钢筋和混凝土都是土木工程中重要的建筑材料,钢筋的抗拉和抗压强度都很高,但混凝土的抗压强度较高而抗拉强度却很低。为了充分发挥这两种材料性能的优势,将钢筋和混凝土按照合理的组合方式有机地结合在一起共同工作,使钢筋主要承受拉力,混凝土主要承受压力,以满足工程结构的使用要求。

两端搁置在砖墙上的梁,在外力作用下会产生弯曲变形,上部为受压区,下部为受拉区(图1-1)。当此梁由素混凝土制成时,由于混凝土抗拉强度很低,于是在很小的荷载作用下,梁下部受拉区边缘的混凝土就会出现裂缝,而受拉区混凝土一旦开裂,在荷载的持续作用下,裂缝会迅速向上发展,梁在瞬时就会脆裂断开,而梁上部混凝土的抗压能力却还未能充分利用,所以,素混凝土梁的承载力很低。当此梁在受拉区配置适量的钢筋,即构成钢筋混凝土梁,在荷载作用下,梁的受拉区混凝土仍会开裂,但钢筋的存在可以代替受拉区混凝土承受拉力,裂缝不会迅速发展,受压区的压应力仍由混凝土承担,因此,梁可以承受继续增大的荷载,直到钢筋的应力达到其屈服强度,随后荷载仍可略有增加致使受压区混凝土被压碎,混凝土抗压强度得到了充分利用,梁最终被破坏。由此可见,在受拉区配置的钢筋明显地增强了受拉区的抗拉能力,从而使钢筋混凝土梁的承载能力比素混凝土梁有很大的提高。这样,混凝土的抗压能力和钢筋的抗拉能力都得到了充分利用,结构的受力特性得到显著改善,而且在梁破坏前,其裂缝充分发展,其变形迅速增大,有明显的破坏预兆。

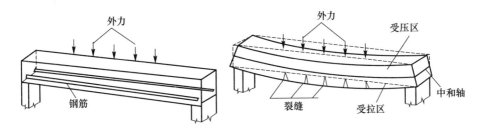

图 1-1　简支梁的受力分析

1.2　钢筋混凝土结构的分类

(1)钢筋混凝土结构按照结构体系，可分为框架结构、剪力墙结构、框架-剪力墙结构、筒体结构等。

(2)钢筋混凝土结构按照建造方式的不同，一般可分为现浇混凝土结构、装配式混凝土结构和装配整体式混凝土结构。

1)现浇混凝土结构是在现场原位支模并整体浇筑而成的混凝土结构。其整体性较好，刚度较大，但生产难以工业化，施工工期长，模板用料较多。

2)装配式混凝土结构是由预制混凝土构件或部件通过钢筋、连接件或施加预应力加以连接，并在连接部位浇筑混凝土而形成整体受力的混凝土结构。采用装配式结构可使建筑事业工业化(设计标准化、生产工业化、施工装配化、应用智能化等)；生产不受季节天气的影响限制，能很大程度上加快施工进度；工厂标准养护能提高构件质量；模板可重复使用，还可减少脚手架的数量。目前，装配式混凝土结构在建筑工程中已普遍采用。

3)装配整体式混凝土结构是由预制混凝土构件或部件通过钢筋或施加预应力的连接并现场浇筑混凝土而形成整体的结构。预制装配部分通常可作为现浇部分的模板和支架。其与整体式结构相比具有较高的工业化程度，又比装配式结构拥有更好的整体性。

1.3　钢筋混凝土结构的特点

钢筋混凝土结构之所以得到广泛的应用，是因为其具有以下优点：

(1)承载力高。与砌体、木结构相比，钢筋混凝土的承载力高。在一定条件下，可以用来代替钢结构，达到节约钢材、降低造价的目的。

(2)耐久性好。在钢筋混凝土结构中，混凝土的强度随时间的增加而增长，抗风化能力强，且钢筋受混凝土的保护而不易锈蚀，所以，钢筋混凝土的耐久性很好，不像钢结构那样需要经常的保养和维修。处于侵蚀性气体或受海水浸泡的钢筋混凝土结构，经过合理的设计及采取特殊的措施，一般也可满足工程需要。

(3)整体性好。钢筋混凝土结构，特别是现浇钢筋混凝土结构，由于其整体性好，对于抵抗地震作用(或抵抗强烈爆炸时冲击波的作用)具有较好的性能。

（4）耐火性好。混凝土结构相对于钢结构而言具有良好的耐火性能，这主要取决于混凝土的导热性差，钢筋受到混凝土保护层的保护避免了直接与火接触，不致因遭受火灾时使钢材很快达到软化的危险温度而造成结构整体破坏。

（5）可模性好。钢筋混凝土可根据设计需要浇制成各种形状和尺寸的结构，便于建筑造型的实现和建筑设备安装、工程开孔和留洞的需要。其特别适用于建造外形复杂的大体积结构及空间薄壁结构。另外，钢筋混凝土所用的原材料，如砂和石，甚至是矿渣、粉煤灰等，都能够很方便的获得。

（6）刚度大，整体性好。钢筋混凝土结构刚度较大，现浇钢筋混凝土结构的整体性非常好，既适用于变形要求小的建筑，也适用于抗震、抗爆结构。

（7）隔声性能好。与钢结构、木结构相比，钢筋混凝土结构的隔声性能相对较好。

（8）节省保养费。钢筋混凝土结构很少需要维修，不像钢结构、木结构需要经常进行保养。

但钢筋混凝土结构也有以下缺点：

（1）自重大。混凝土的重力密度为 25 kN/m³，比砌体和木材的重度都大，虽然比钢材小，但是在大跨度结构和高层建筑中，以及抗震设计时都是不利的。实际使用时，可以通过多种方式减轻结构自重，如采用轻骨料制成的轻质混凝土；采用受力性能好且能减轻自重的构件形式，如空心板、槽形板、薄腹梁、空间薄壁结构等；也可以通过采用预应力混凝土结构，应用高强度材料来缩小构件截面尺寸，从而减轻自重。

（2）抗裂性能差。由于混凝土抗拉强度低，所以钢筋混凝土构件在使用阶段会产生裂缝，在一定程度上影响了建筑的美观和舒适性。

（3）施工的季节性。在严寒地区冬期施工，混凝土浇筑后可能会被冻坏，这时可采用预制装配式结构，也可在混凝土中掺加化学拌合剂加速凝结、增加热量，防止混凝土冻结，还可以采用保温措施。在酷热地区或雨期施工时，可采用防护措施，控制水胶比，加强保养，或采用预制装配式结构。

1.4　混凝土结构发展概况

混凝土结构最早应用于欧洲，钢筋混凝土的使用至今仅有一百多年的历史。它的发展大致经历了下面四个不同的阶段：

第一阶段为钢筋混凝土小构件的应用，设计计算依据弹性理论方法。1801 年，涝格涅特发表了有关建筑原理的论著，指出了混凝土这种材料抗拉性能较差。1850 年，法国人兰伯特建造了一艘小型水泥船，并于 1855 年在巴黎博览会上展出。接着法国的花匠莫尼尔于 1867 年制作了以金属骨架为配筋的混凝土花盆，并以此获得专利。后来康纳于 1886 年发表了第一篇关于混凝土结构的理论与设计手稿。1872 年，美国人沃德建造了第一个无梁平板。从此，钢筋混凝土小构件进入工程实用阶段。

第二阶段为钢筋混凝土结构与预应力混凝土结构的大量应用，设计计算依据材料的破损阶段的方法。1922 年，英国人狄森提出了受弯构件按破损阶段的计算方法。1928 年，法国工程师弗莱西奈发明了预应力混凝土。其后钢筋混凝土与预应力混凝土在分析、设计、施工等方面的工艺与科研迅速发展，出现了许多独特的建筑，如美国波士顿市的 Kresge 大会堂、英国的 1951 节日穹顶、美国芝加哥市的 Marina 摩天大楼、湖滨大楼等建筑物。1950 年，前苏联根据极限平衡理论制定了"塑性内力重分布计算规程"。1955 年，颁布了极限状态设计法，从此结束了按破损阶段设计的计算方法。

第三阶段为工业化生产构件与施工，结构体系应用范围扩大，设计计算按极限状态方法。由于第二次世界大战后许多大城市百废待兴，重建任务繁重，因此，工程中大量应用预制构件和机械化施工以加快建造速度。继前苏联提出的极限状态设计法之后，1970 年，英国、联邦德国、加拿大、波兰相继采用此方法，并在欧洲混凝土委员会与国际预应力混凝土协会(CEB−FIP)第六届国际会议上提出了混凝土结构设计与施工建议，形成了设计思想上的国际化统一标准。

第四阶段，由于近代钢筋混凝土力学这一新的学科的科学分支逐渐形成，以统计数学为基础的结构可靠性理论逐渐进入工程实用阶段。电算的迅速发展，使复杂的数学运算成为可能。设计计算依据概率极限状态设计法，概括为计算理论趋于完善，材料强度不断提高，施工机械化程度越来越高，建筑向大跨度高层逐步发展。

第2章 钢筋和混凝土材料的力学性能

学习目标

　　通过本章的学习，了解钢筋的品种、级别与力学性能，混凝土结构对钢筋性能的要求；掌握钢筋应力-应变曲线的特点；掌握有明显屈服点钢筋和无明显屈服点钢筋设计时强度的取值标准；掌握混凝土立方体抗压强度、轴心抗压强度、轴心抗拉强度的概念；了解各类强度指标的确定方法及影响混凝土强度的因素；掌握混凝土在一次短期加载下的变形性能；理解混凝土的弹性模量、徐变和收缩性能及其影响因素；理解钢筋与混凝土之间黏结应力的作用；了解钢筋与混凝土共同工作原理。

学习重点

　　钢筋的强度和变形，钢筋的成分、级别与品种，混凝土结构对钢筋性能的要求；钢筋的应力-应变曲线的特点；混凝土在一次短期加载下的变形性能；混凝土的弹性模量、徐变和收缩性能；钢筋和混凝土的黏结性能。

2.1 钢 筋

2.1.1 钢筋的品种和级别分类

1. 按化学成分不同分类

　　混凝土结构中所采用的钢筋按其化学成分的不同，可分为碳素钢和普通低合金钢。碳素钢的化学成分以铁为主，还含少量的碳、硅、锰、硫、磷等元素。碳素钢按其含碳量的多少可分为低碳钢(含碳量<0.25%)、中碳钢(含碳量为0.25%~0.6%)和高碳钢(含碳量为0.6%~1.4%)。碳素钢的强度随含碳量的增加而提高，但塑性和韧性也会随之降低，可焊接性变差。普通低合金钢是在碳素钢已有成分中再加入少量的合金元素，如锰、硅、钒、钛、铬等，加入这些元素后可有效地提高钢材的强度，改善塑性和可焊接性。细晶粒钢筋是不需要添加或只需添加很少的合金元素，通过控制轧钢的温度形成细粒晶的金相组织，就可以达到与添加合金元素相同的效果，其强度和延性可完全满足混凝土结构对钢筋性能的要求。

2. 按生产加工工艺和力学性能不同分类

钢筋和钢丝按生产加工工艺和力学性能的不同，可分为热轧钢筋、中强度预应力钢丝、消除应力钢丝、钢绞线和预应力螺纹钢筋。

(1)热轧钢筋。热轧钢筋是经热轧成形并自然冷却的成品钢筋，由低碳钢、普通低合金钢或细晶粒钢在高温状况下轧制而成的，主要用于混凝土结构中的钢筋和预应力混凝土结构中的非预应力钢筋。热轧钢筋可分为热轧光圆钢筋和热轧带肋钢筋两种，如图 2-1 所示。

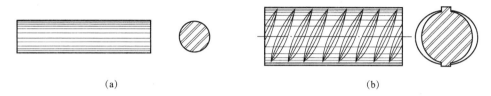

(a)   (b)

图 2-1   热轧钢筋的形式

(a)光圆钢筋；(b)月牙纹带肋钢筋

热轧钢筋有明显的屈服点和流幅，断裂时有颈缩现象，伸长率比较大。热轧钢筋根据其强度的高低可分为 HPB300、HRB335、HRBF335、HRB400、HRBF400、RRB400、HRB500、HRBF500。其中，HPB300 钢筋为光圆钢筋；HRB335、HRB400 和 HRB500 钢筋为普通低合金钢热轧月牙纹带肋钢筋；HRBF335、HRBF400 和 HRBF500 钢筋为细晶粒热轧月牙纹带肋钢筋；RRB400 钢筋为余热处理月牙纹带肋钢筋。

(2)中强度预应力钢丝和消除应力钢丝。预应力钢丝是由优质高碳钢经冷加工或冷加工后热处理而成的抗拉强度很高的钢丝。中强度预应力钢丝按外形可分为光圆钢丝和螺旋肋钢丝两种。消除应力钢丝按外形也可分为光圆钢丝和螺旋肋钢丝两种，如图 2-2(a)、(b)所示。

(3)钢绞线。钢绞线是由多根高强度钢丝捻制在一起经过低温回火处理内应力后而制成。其可分为 2 股、3 股和 7 股三种，如图 2-2(c)所示。

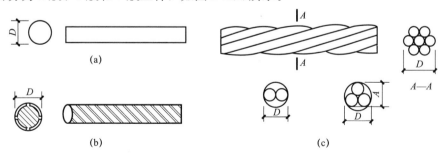

(a)   (b)   (c)

图 2-2   钢丝和钢绞线

(a)光圆钢丝；(b)螺旋肋钢丝；(c)钢绞线

(4)预应力螺纹钢筋。预应力混凝土采用螺纹钢筋，也称为精轧螺纹钢筋，是一种热轧成带有不连续外螺纹的直条钢筋。该钢筋在任意截面处，均可以用带有匹配开关的内螺纹连接器或锚具进行连接或锚固，如图 2-3 所示。

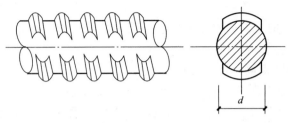

图 2-3　精轧螺纹钢筋

中强度预应力钢丝、消除应力钢丝、钢绞线和预应力螺纹钢筋是用于预应力混凝土结构的预应力钢筋。

2.1.2　钢筋的力学性能

1. 拉伸性能

混凝土结构所用的钢筋，按其拉伸试验所得到的应力-应变曲线性质的不同，可分为有明显屈服点钢筋(软钢)和无明显屈服点钢筋(硬钢)。一般热轧钢筋属于有明显屈服点钢筋，而预应力钢筋多属于无明显屈服点钢筋。

(1)有明显屈服点钢筋。有明显屈服点钢筋受拉的典型应力-应变曲线如图 2-4(a)所示。对应于 a 点的应力称为比例极限，a 点以前的应力与应变呈线性关系，即 $\sigma = E_s \varepsilon$，其中 E_s 为钢筋弹性模量。过 a 点后，应变增长相对较快。应力达到 b 点，钢筋进入屈服阶段，此时应力保持不变，而应变急剧增加，b 点的应力称为屈服强度 f_y。c 点以后，应力又继续上升，随着应变增加，应力-应变曲线上升至最高点 d，d 点的应力称为极限强度 f_u。过 d 点后，试件产生颈缩现象，断面减小，变形迅速增大，应力明显降低，直至 e 点试件断裂。

由于有明显屈服点的钢筋应力达到屈服强度后，将在荷载基本不变的情况下，产生很大的塑性变形，且卸载后塑性变形不可恢复，这会使钢筋混凝土构件出现很大的变形和不可闭合的裂缝，以致无法使用。因此，对于有明显屈服点的钢筋，在构件设计中应取屈服强度作为钢筋强度设计取值的依据。

强屈比为钢筋极限强度与屈服强度的比值，其反映了钢筋的强度储备。《混凝土结构设计规范(2015 年版)》(GB 50010—2010)(以下简称《混凝土规范》)规定，按一、二、三级抗震等级设计的框架，其纵向受力普通钢筋的抗拉强度实测值与屈服强度实测值的比值不应小于 1.25。

(2)无明显屈服点钢筋。无明显屈服点钢筋受拉的典型应力-应变曲线如图 2-4(b)所示。从图 2-4(b)中可以看出，这类钢筋没有明显的屈服点，其强度较高，但伸长率很小，塑性变形能力较差。最大拉应力 σ_b 称为极限抗拉强度。

设计中一般取残余应变为 0.2% 时所对应的应力作为强度指标，称为条件屈服强度，也就是该种钢筋的强度标准值，用 $\sigma_{0.2}$ 表示。对于中强度预应力钢丝、消除应力钢丝、钢绞线和预应力螺纹钢筋，《混凝土规范》中规定取 $0.85\sigma_b$ 作为条件屈服强度。

2. 钢筋的总伸长率

钢筋除需有足够的强度外，还应具有一定的塑性变形能力。伸长率是反映钢筋塑性性能的基本指标。

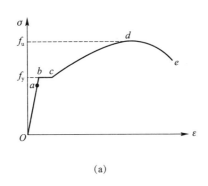
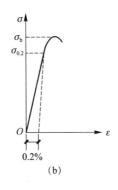

(a)   (b)

图 2-4 钢筋的应力-应变曲线

(a)有明显屈服点钢筋；(b)无明显屈服点钢筋

　　钢筋的伸长率越大，塑性性能就越好，破坏前的预兆就越明显，这种破坏属于延性破坏；反之，钢筋的塑性性能越差，破坏越具有突然性，这种破坏属于脆性破坏。《混凝土规范》中规定用钢筋在最大力（极限强度）下的总伸长率（又称均匀伸长率）δ_{gt} 表示钢筋的变形能力。普通钢筋及预应力筋在最大力下的总伸长率 δ_{gt} 不应小于表 2-1 规定的数值。

表 2-1　普通钢筋及预应力筋在最大力下的总伸长率限值

钢筋品种	普通钢筋			预应力筋
	HPB300	HRB335、HRB400、HRBF400、HRB500、HRBF500	RRB400	
$\delta_{gt}/\%$	10.0	7.5	5.0	3.5

3. 冷弯性能

　　冷弯性能是指钢筋在常温下达到一定弯曲程度而不破坏的能力。冷弯试验是将直径为 d 的钢筋绕弯芯直径 D 弯曲到规定的角度，通过检查被弯曲后的钢筋试件是否发生裂纹、断裂及起层来判断合格与否，如图 2-5 所示。将钢筋围绕直径为 D（$D=1d$ 或 $D=3d$）的钢辊进行弯折，在达到规定的冷弯角度 α（90°或 180°）时，不能出现裂纹或断裂。钢筋所绕钢辊直径 D 越小，冷弯角度 α 越大，则该钢筋的塑性性能越好。

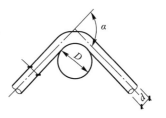

图 2-5　钢筋的冷弯

α—冷弯角度；D—钢辊直径；

d—箍筋直径

　　屈服强度、抗拉强度、总伸长率和冷弯性能是有明显屈服点钢筋进行质量检验的四项主要指标，对无明显屈服点钢筋则只测定后三项。

4. 钢筋强度的标准值

　　对钢筋强度标准值，考虑到我国冶金生产钢材质量控制标准的废品限值具有 97.73% 的保证率，已满足《混凝土规范》规定的材料强度标准值的保证率不小于 95% 的要求，因此，钢筋的强度标准值取钢材质量控制标准的废品限值。

　　普通钢筋的屈服强度标准值 f_{yk}、极限强度标准值 f_{stk} 按表 2-2 采用；预应力钢丝、钢绞线和预应力螺纹钢筋的屈服强度标准值 f_{pyk}、极限强度标准值 f_{ptk} 按表 2-3 采用。

表 2-2 普通钢筋强度标准值   N/mm²

牌号	符号	公称直径 d/mm	屈服强度标准值 f_{yk}	极限强度标准值 f_{stk}
HPB300	ϕ	6~14	300	420
HRB335	Φ	6~14	335	455
HRB400 HRBF400 RRB400	Φ Φ^F Φ^R	6~50	400	540
HRB500 HRBF500	Φ Φ^F	6~50	500	630

表 2-3 预应力筋强度标准值   N/mm²

种类		符号	公称直径 d/mm	屈服强度标准值 f_{pyk}	极限强度标准值 f_{ptk}
中强度预应力钢丝	光圆螺旋肋	ϕ^{PM} ϕ^{HM}	5、7、9	620	800
				780	970
				980	1 270
预应力螺纹钢筋	螺纹	ϕ^T	18、25、32、40、50	785	980
				930	1 080
				1 080	1 230
消除应力钢丝	光圆螺旋肋	ϕ^P ϕ^H	5	—	1 570
				—	1 860
			7	—	1 570
			9	—	1 470
				—	1 570
钢绞线	1×3（三股）	ϕ^S	8.6、10.8、12.9	—	1 570
				—	1 860
				—	1 960
	1×7（七股）		9.5、12.7、15.2、17.8	—	1 720
				—	1 860
				—	1 960
			21.6	—	1 860

注：极限强度标准值为 1 960 N/mm² 的钢绞线作后张预应力配筋时，应有可靠的工程经验。

5. 钢筋的弹性模量

钢筋的弹性模量由拉伸试验来测定，同一种类钢筋的受拉和受压弹性模量相同。

普通钢筋和预应力筋的弹性模量 E_s 可按表 2-4 采用。

表 2-4　钢筋的弹性模量　　　　　　　　　　　　$\times 10^5\,\text{N/mm}^2$

牌号或种类	弹性模量 E_s
HPB300	2.10
HRB335、HRB400、HRB500 HRBF400、HRBF500、RRB400 预应力螺纹钢筋	2.00
消除应力钢丝、中强度预应力钢丝	2.05
钢绞线	1.95

注：必要时可采用实测的弹性模量。

2.1.3　混凝土结构对钢筋性能的要求

1. 钢筋的强度

钢筋应具有可靠的屈服强度和极限强度，屈服强度是设计计算时的主要依据，钢筋的屈服强度越高，则钢筋的用量就越少，所以要选用高强度钢筋。

2. 钢筋的塑性

要求钢筋在断裂前有足够的变形，能给人以破坏的预兆。另外，钢筋的塑性好，钢筋的加工成型也较容易。因此，应保证钢筋的伸长率和冷弯性能合格。

3. 钢筋的可焊性

在很多情况下，钢筋的接长和钢筋之间的连接需通过焊接，因此，要求在一定的工艺条件下钢筋焊接后施焊热影响区域不能产生裂纹及过大的变形，以保证焊接后的接头性能良好。

4. 钢筋与混凝土的黏结力

钢筋和混凝土这两种物理性能不同的材料之所以能结合在一起共同工作，主要是由于混凝土在结硬时，能牢固的与钢筋黏结在一起，相互传递内力的缘故。通常，在钢筋表面上加以刻痕或制成各种肋纹，来提高钢筋与混凝土的黏结力。

在寒冷地区，对钢筋的低温性能也有一定的要求，以防钢筋低温冷脆而导致破坏。

2.1.4　钢筋的选用

混凝土结构的钢筋应按下列规定选用：

（1）纵向受力普通钢筋采用 HRB400、HRB500、HRBF400、HRBF500、HRB335、RRB400、HPB300 钢筋。

（2）梁、柱和斜撑构件的纵向受力普通钢筋宜采用 HRB400、HRB500、HRBF400、HRBF500 钢筋。

（3）箍筋宜采用 HRB400、HRBF400、HRB335、HPB300、HRB500、HRBF500 钢筋。

（4）预应力筋宜采用预应力钢丝、钢绞线和预应力螺纹钢筋。

RRB 系列余热处理钢筋由轧制钢筋经高温淬火，余热处理后提高强度。其延性、可焊性、机械连接性能及施工适应性降低，一般可用于对变形性能及加工性能要求不高的构件中，如基础、大体积混凝土、楼板、墙体以及次要的中、小结构构件等。

2.2 混 凝 土

普通混凝土是由水泥、石子和砂三种材料用水拌和经凝固硬化后形成的人造石材，是一种多相复合材料。混凝土中的砂、石子、水泥胶体中的晶体、未水化的水泥颗粒组成了错综复杂的弹性骨架，主要承受外力，并使混凝土具有弹性变形的特点。水泥胶体中的凝胶、孔隙和界面初始微裂缝等，在外力作用下使混凝土产生塑性变形，而且混凝土中的孔隙、界面微裂缝等缺陷又往往是混凝土受力破坏的起源。在荷载作用下，微裂缝的扩展对混凝土的力学性能有着极为重要的影响。由于水泥胶体的硬化过程需要多年才能完成，所以混凝土的强度和变形也随时间逐渐增加。

2.2.1 混凝土的强度

混凝土的强度是其受力性能的一个基本指标。荷载的性质不同及混凝土受力条件不同，混凝土就会具有不同的强度。工程中常用的混凝土强度有立方体抗压强度、棱柱体轴心抗压强度、轴心抗拉强度等。

1. 立方体抗压强度

在混凝土结构中，由于混凝土的抗拉能力很弱，主要是利用混凝土的抗压强度。因此，混凝土的抗压强度是衡量混凝土力学性能最主要的指标。根据现行《混凝土规范》的要求，混凝土强度等级应按立方体抗压强度标准值确定。立方体抗压强度标准值是指按标准方法制作、养护（温度为 $20℃±3℃$，湿度在 90% 以上的标准养护室中）的边长为 150 mm 的立方体试件，在 28 d 或设计规定龄期以标准试验方法（加荷速度：C30 以下控制在 $0.3\sim0.5(N/mm^2)/s$ 范围，C30 以上控制在 $0.5\sim0.8(N/mm^2)/s$ 范围；两边不涂润滑剂）测得的具有 95% 保证率的抗压强度值，用符号 $f_{cu,k}$ 表示。

试验方法对立方体强度有很大的影响。试块在试验机上单向受压时，竖向压缩，横向膨胀。由于混凝土试件的刚度比试验机承压垫板的刚度小得多，而混凝土的横向变形系数大于垫板的横向变形系数，因此，当试件受压时，垫板通过接触面上的摩擦力约束混凝土试块的横向变形，就像在试件上、下端各加了一个"套箍"，最后导致试件形成两个对顶的角锥形破坏面，如图 2-6(a) 所示。

如果在承压钢板与试块接触面之间涂一些润滑剂，这时试件与试验机垫板之间的摩擦力大幅度减小，其横向变形几乎不受约束，受压时没有"套箍"作用的影响，试块将出现与压力方向大致平行的竖向裂缝，将试块分裂成若干个小柱体而使之破坏，如图 2-6(b) 所示。此时测得的抗压强度就比不涂润滑剂时要小。

试验加载速度对立方体抗压强度也有影响，加载速度越快，测得的强度就越高。

《混凝土规范》规定，混凝土按立方体抗压强度标准值的大小划分为 C15、C20、C25、

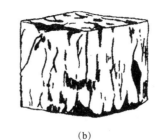

(a)   (b)

图 2-6   混凝土立方体试块的破坏

(a)不涂润滑剂；(b)涂润滑剂

C30、C35、C40、C45、C50、C55、C60、C65、C70、C75、C80 共 14 个强度等级。符号 C 表示混凝土，C 后面的数值表示立方体抗压强度标准值，单位是 N/mm^2。例如，C35 表示立方体抗压强度标准值为 35 N/mm^2，即 $f_{cu,k}$＝35 N/mm^2；C50 级以上的混凝土为高强度混凝土。目前，在试验室已经能配制出强度等级 C100 以上的混凝土，并且在一定的工程中已有应用。

通过相关的混凝土试验得知，试件的尺寸对混凝土的强度有一定的影响，对于同样的混凝土，试块尺寸越小测得的强度越高。当采用非标准立方体试块时，需将其实测的强度乘以下列换算系数，以换算成标准立方体抗压强度：200 mm×200 mm×200 mm 的立方体试块取 1.05；100 mm×100 mm×100 mm 的立方体试块取 0.95。

2. 棱柱体轴心抗压强度

混凝土的抗压强度与试件的形状尺寸有关，采用棱柱体测定的抗压强度能够更好地反映混凝土在实际构件中的受压情况。我国《普通混凝土力学性能试验方法标准》(GB/T 50081—2002)规定以 150 mm×150 mm×300 mm 的棱柱体作为混凝土轴心抗压强度试验的标准试件，用标准方法测得的抗压强度为混凝土轴心抗压强度标准值，用符号 f_{ck} 表示。

图 2-7 所示为混凝土棱柱体抗压试验和试件破坏情况。棱柱体试件的制作、养护和加载方法同立方体试件。

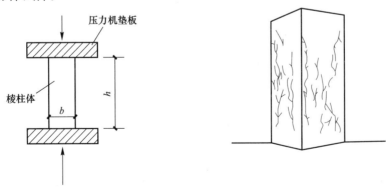

图 2-7   混凝土棱柱体抗压试验和试件破坏情况

3. 轴心抗拉强度

轴心抗拉强度也是混凝土的基本力学性能，它是混凝土结构计算中计算抗裂度和裂缝宽度以及斜截面强度的主要指标。混凝土轴心抗拉强度标准值用符号 f_{tk} 表示，下标 t 表示抗拉，下标 k 表示标准值。其值远小于立方体抗压强度，一般只有抗压强度的 $1/17 \sim 1/8$。混凝土强度等级越高，轴心抗拉强度与立方体抗压强度的比值越小。《混凝土规范》规定了轴心抗拉强度和立方体抗压强度标准值的关系：

$$f_{tk} = 0.88 \times 0.395 f_{cu,k}^{0.55} (1 - 1.645\delta)^{0.45} \times \alpha_{c2}$$

测定混凝土轴心抗拉强度的试验方法通常有两种：一种为直接拉伸试验，如图 2-8 所示，试件为 100 mm×100 mm×500 mm 的棱柱体，试件两端中心埋设长为 150 mm 的变形钢筋($d = 16$ mm)，试验机夹紧两端伸出的钢筋进行拉伸，当试件中部产生横向裂缝破坏时的平均拉应力即为混凝土的轴心抗拉强度；另一种为间接测试方法，称为劈裂试验，试件为 150 mm×150 mm×150 mm 的立方体或 ϕ150 mm×300 mm 的圆柱体，通过钢垫条施加线性荷载，如图 2-9 所示。在试验荷载作用下，试件中部垂直截面上，除钢垫条附近受压应力外，其余均为基本均匀分布的拉应力。当拉应力达到混凝土的抗拉强度时，试件劈裂破坏。根据破坏荷载计算得到劈裂抗拉强度。

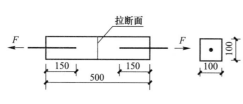

图 2-8　直接拉伸试验

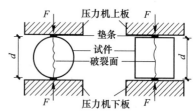

图 2-9　劈裂试验

(a)圆柱体；(b)立方体

4. 混凝土强度标准值

材料强度的标准值是一种特征值，《混凝土规范》取具有 95% 保证率的下限分位值作为材料强度的代表值，该代表值即为材料强度的标准值。

混凝土轴心抗压强度标准值 f_{ck}、抗拉强度标准值 f_{tk} 按表 2-5 采用。

表 2-5　混凝土轴心抗压强度、抗拉强度标准值　　　　　　　　　　N/mm²

强度	混凝土强度等级												
	C15	C20	C25	C30	C35	C40	C45	C50	C55	C60	C65	C70	C75	C80
f_{ck}	10.0	13.4	16.7	20.1	23.4	26.8	29.6	32.4	35.5	38.5	41.5	44.5	47.4	50.2
f_{tk}	1.27	1.54	1.78	2.01	2.20	2.39	2.51	2.64	2.74	2.85	2.93	2.99	3.05	3.11

2.2.2　混凝土的变形

混凝土在一次短期加载、长期加载和重复荷载作用下都会产生变形，混凝土的变形不仅仅来源于受力，混凝土自身的收缩及温度的变化也会产生变形。混凝土的变形是其重要的物理力学性能之一。

1. 混凝土在一次短期加载下的变形性能

图 2-10 所示为棱柱体试件一次短期加荷下混凝土受压应力-应变曲线，反映了受荷各阶段

混凝土内部结构变化及破坏机理，是研究混凝土结构极限强度理论的重要依据。曲线分为上升段 OC 和下降段 CE 两部分。上升段又可分为 3 段：OA 段为第 I 阶段，$\sigma = (0.3 \sim 0.4) f_c$，应力-应变关系接近直线，称为弹性阶段，$A$ 点为比例极限点，这时混凝土变形主要取决于骨料和水泥石的弹性变形，而水泥胶体的黏性流动以及初始微裂缝变化的影响一般很小；AB 段为第 II 阶段，$\sigma = (0.3 \sim 0.8) f_c$，由于水泥凝胶体的塑性变形，应力-应变曲线开始凸向应力轴，随着 σ 加大，微裂缝开始扩展，并出现新的裂缝，在 AB 段，混凝土表现出明显的塑性性质，$\sigma = 0.8 f_c$ 可作为混凝土长期荷载作用下的极限强度；BC 段为第 III 阶段，$\sigma > f_c$，此时，微裂缝发展贯通，ε 增长更快，曲线曲率随荷载不断增加，应变加大，表现为混凝土体积加大，直至应力峰值点 C，这时的峰值应力 σ_{max} 通常作为混凝土棱柱体的抗压强度 f_c，相应的应变称为峰值应变 ε_0，其值取 0.001 5～0.002 5，通常取为 0.002。

OA 段：应力较小（$\sigma \leqslant 0.3 f_c$），应力-应变关系接近于直线，可将混凝土视为理想的弹性体，其内部的初始微裂缝没有发展，混凝土变形主要是骨料和水泥结晶体受力产生的弹性变形。

AB 段：应力 $\sigma = (0.3 \sim 0.8) f_c$，应变增长速度大于应力增长速度，应力-应变曲线逐渐偏离直线，呈现出非弹性性质。在此阶段，混凝土内部微裂缝已有所发展，但仍处于稳定状态。

BC 段：应力 $\sigma > 0.8 f_c$，应变增长速度进一步加快，曲线斜率急剧减小，混凝土内部微裂缝扩大且贯通，进入非稳定发展阶段。当应力达到 C 点即峰值应力 σ_{max} 时，混凝土发挥出它受压时的最大承载能力。这时的峰值应力即为混凝土棱柱体的轴心抗压强度 f_c，相应的应变为峰值应变 ε_0，其值在 0.001 5～0.002 5 范围内变动，平均值 $\varepsilon_0 = 0.002$。

压应力超过 C 点后，随着压应变的增加，压应力将不断降低，试件表面相继出现多条不连续的纵向裂缝，横向变形急剧发展混凝土骨料与砂浆的黏结不断遭到破坏，当达到 E 点时裂缝连通，形成斜向破坏面。E 点的应变 ε_E 为 0.004～0.006。E 点以后，应力下降缓慢，趋向于稳定的残余应力。由图 2-10 可见，混凝土的应力-应变关系是一条曲线，这说明混凝土是一种弹塑性材料，只有在压应力很低时才可将它视为弹性材料。

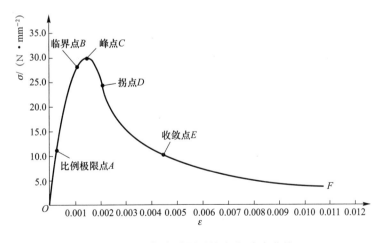

图 2-10　混凝土受压时的应力-应变曲线

对于不同强度等级的混凝土，其相应的应力-应变曲线有着相似的形状，但也有区别。如图 2-11 所示，随着混凝土强度的提高，曲线上升段和峰值应变的变化不是很显著，峰值

应力 f_c 所对应的应变 ε_0 大致都在 0.002 左右，而下降段形状有较大的差异，强度越高，混凝土的极限压应变 ε_{cu} 明显减少。《混凝土规范》规定，混凝土的极限压应变 ε_{cu} 可按 $\varepsilon_{cu}=0.003\,3-(f_{cu,k}-50)\times10^{-5}$ 计算，如算得的 $\varepsilon_{cu}\geqslant0.003\,3$，则取 $\varepsilon_{cu}=0.003\,3$。

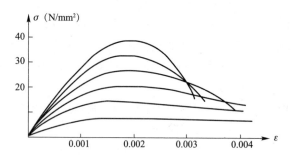

图 2-11　不同强度等级混凝土的应力-应变曲线图

2. 混凝土的弹性模量

在分析计算混凝土构件的变形、裂缝以及预应力混凝土构件中的预压应力和应力损失等时，都要应用混凝土的弹性模量。由于混凝土应力-应变关系呈曲线变化，只有当应力很小时，应力-应变关系才近似于直线。

如图 2-12 所示，过混凝土应力-应变曲线的原点 O 作切线，该切线的斜率即为混凝土的弹性模量，用 E_c 表示，即

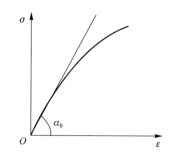

图 2-12　混凝土弹性模量的表示方法

$$E_c=\tan\alpha_0 \qquad (2\text{-}1)$$

混凝土弹性模量的确定并非易事，因为要在混凝土一次加载应力-应变曲线上做原点切线，找出 α_0 角是很难做到准确的。但其近似值可以利用重复加载、卸载后应力-应变关系趋于直线的特性来测定。即先加载至 $\sigma_c=(0.4\sim0.5)f_c$，然后卸载至零，再重复加载、卸载 5~10 次，应力-应变曲线渐趋稳定并接近于一直线，该直线基本上平行于一次加载应力-应变曲线的原点切线，故该直线的斜率即为混凝土的弹性模量。根据不同等级混凝土弹性模量试验值的统计分析，混凝土弹性模量 E_c 与立方体强度 $f_{cu,k}$ 的关系为

$$E_c=\dfrac{10^5}{2.2+\dfrac{34.7}{f_{cu,k}}}\quad(\text{N/mm}^2) \qquad (2\text{-}2)$$

《混凝土规范》规定的各混凝土强度等级的弹性模量 E_c 按表 2-6 采用。

表 2-6　混凝土的弹性模量　　　　　　　　　　　　　　$\times10^4\,\text{N/mm}^2$

混凝土强度等级	C15	C20	C25	C30	C35	C40	C45	C50	C55	C60	C65	C70	C75	C80
E_c	2.20	2.55	2.80	3.00	3.15	3.25	3.35	3.45	3.55	3.60	3.65	3.70	3.75	3.80

注：1. 当有可靠试验数据时，弹性模量值也可根据实测数据确定。
　　2. 当混凝土中掺有大量矿物掺合料时，弹性模量可按规定龄期根据实测数据确定。
　　3. 混凝土的剪切变形模量 G_c 可按相应弹性模量值的 40% 采用。

3. 混凝土在长期荷载作用下的变形性能

混凝土在长期荷载作用下，应力不变，应变随时间的增加还会不断增长的现象称为混凝土的徐变。徐变主要是由混凝土中水泥凝胶体的黏性流动以及骨料界面和砂浆内部微裂缝的发展引起的。

徐变的发展规律是先快后慢，前 4 个月徐变增长较快，6 个月可达最终徐变值的 70%～80%，以后增长逐渐缓慢，2～3 年后趋于稳定。

影响混凝土徐变的主要因素有内在因素、环境影响和应力条件。

(1)内在因素。内在因素是混凝土的组成和配合比。水泥用量越多，徐变越大；水胶比越大，徐变也越大。骨料越坚硬、弹性模量越高，对水泥浆体徐变的约束作用越大，徐变越小。

(2)环境影响。环境影响是指混凝土的养护条件和使用条件。受荷前养护温度越高、湿度越大，水泥水化作用越充分，徐变就越小。采用蒸汽养护可使徐变减少 20%～35%。而混凝土受荷后所处的环境的温度越高、相对湿度越小，则徐变越大。构件的形状、截面尺寸也会影响徐变大小。截面面积与截面周界长度的比值越大，混凝土内部失水受限，徐变减小。

(3)应力条件。相关试验表明混凝土的收缩与应力有着密切的关系，徐变随着应力的增大而增大。混凝土的应变与应力不是简单的线性关系，开始为线性徐变，后期则慢慢趋于平缓。应力条件是指初应力水平(σ/f_c)和加荷时混凝土的龄期，它们是影响徐变的主要因素。加荷时混凝土构件的龄期越长，水泥石中结晶体所占比例就越大，胶体的黏结流动相对就越小，徐变也越小。当加荷龄期相同时，初应力越大，徐变也越大。

混凝土的徐变对混凝土结构或构件的受力性能有较大影响，它将使结构或构件的变形增大，可能会影响内力的重分布，特别是对于以自重为主的大跨结构。在预应力混凝土结构中，徐变变形将引起相当大的预应力损失，降低预应力效果。徐变对结构和构件的影响，在多数情况下是不利的。但徐变引起的内力或应力重分布及应力松弛有时候对结构构件有利。如对钢筋混凝土轴心受压柱，徐变引起的混凝土和受压钢筋之间的应力重分布，使钢筋和混凝土的应力有可能同时达到各自的强度，有利于充分发挥材料强度。

4. 混凝土应力-应变关系

(1)重复荷载下混凝土应力-应变关系(疲劳变形)。如钢筋混凝土吊车梁受到重复荷载的作用，港口海岸的混凝土结构受到波浪冲击而损伤等，这种重复荷载作用下引起的结构破坏称为疲劳破坏。其破坏特征是裂缝小而变形大，在重复荷载作用下，混凝土的强度和变形有着重要的变化。

图 2-13(a)所示为混凝土棱柱体(150 mm×150 mm×450 mm)在多次重复荷载作用下的应力-应变曲线。当混凝土棱柱体一次短期加荷，其应力达到 A 点时，应力-应变曲线为 OA，此时卸荷至零，其卸荷的应力-应变曲线为 AB，如果停留一段时间，再量测试件的变形，发现变形恢复一部分而到达 B'，则 BB' 恢复的变形称为弹性后效，而不能恢复的变形 $B'O$ 称为残余变形。可见，一次加卸荷过程的应力-应变图形，是一个环状曲线。

图 2-13(b)所示为混凝土棱柱体在多次重复荷载作用下的应力-应变曲线。若加荷、卸荷循环往复进行，当 σ_1 小于疲劳强度 f_c^f 时，在一定循环次数内，塑性变形的累积是收敛的，滞回环越来越小，趋于一条直线 CD。继续循环加载、卸载，混凝土将处于弹

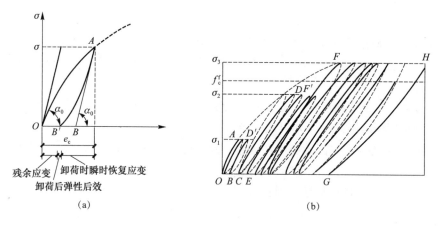

(a)

(b)

图 2-13　混凝土在重复荷载作用下的受压应力-应变曲线

性工作状态。如加大应力至 σ_2（仍小于 f_c^f）时，荷载多次重复后，应力-应变曲线也接近直线 EF；CD 与 EF 直线都大致平行于在一次加载曲线的原点所作的切线。如果再加大应力至 σ_3（大于 f_c^f），则经过不多几次循环，滞回环变成直线后，继续循环，塑性变形会重新开始出现，而且塑性变形的累积成为发散的，即累积塑性变形一次比一次大，且由凸向应力轴转变为凹向应变轴，如此循环若干次以后，由于累积变形超过混凝土的变形能力而破坏，破坏时裂缝小但变形大，这种现象称为疲劳。塑性变形收敛与不收敛的界限，就是材料的疲劳强度，大致在 $(0.4～0.5)f_c$，小于一次加载的棱柱强度 f_c^f，此值与荷载的重复次数、荷载变化幅值及混凝土强度等级有关，通常以使材料破坏所需的荷载循环次数不少于 200 万次时的疲劳应力作为疲劳强度。施加荷载时的应力大小是影响应力-应变曲线不同的发展和变化的关键因素，即混凝土的疲劳强度与重复作用时应力变化的幅度有关。在相同的重复次数下，疲劳强度随着疲劳应力比值的增大而增大，疲劳应力比值 ρ_c^f 按下式计算：

$$\rho_c^f = \frac{\sigma_{c,min}^f}{\sigma_{c,max}^f} \tag{2-3}$$

式中　$\sigma_{c,min}^f$，$\sigma_{c,max}^f$——分别表示构件截面同一纤维上的混凝土最小应力及最大应力。

（2）单轴向受拉时混凝土应力-应变关系。混凝土受拉时的应力-应变曲线形状与受压时是相似的，如图 2-14 所示。采用等应变速度加载，可以测得应力-应变曲线的下降段，只不过其峰值应力和应变均比受压时小很多。采用一般的拉伸试验方法，只能测得应力-应变曲线的上升段。受拉应力-应变曲线的原点切线斜率与受压时是基本一致的，因此，受拉弹性模量可取与受压弹性模量相同的值。

当拉应力 $\sigma \leqslant 0.5 f_t$ 时，应力-应变曲线接近于直线，随着应力的增大，曲线逐渐偏离直线，反映了

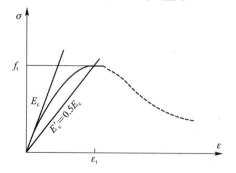

图 2-14　混凝土受拉时的应力-应变曲线

混凝土受拉时塑性变形的发展。一般试验方法得出的极限拉应变在 $0.5 \times 10^{-4}～2.7 \times 10^{-4}$ 范围内，与混凝土的强度等级、配合比、养护条件有关。在构件计算中 $\varepsilon_{t\eta}$ 常取 $1 \times 10^{-4}～1.5 \times 10^{-4}$。达到最大拉应力 f_t 时，弹性特征系数 $\lambda \approx 0.5$，相应于 f_t 的变形模量为

$$E_c' = f_t/\varepsilon_t = \lambda f_t/\varepsilon_{ela} = \lambda E_c = 0.5E_c$$

5. 混凝土的收缩与膨胀

(1)混凝土的收缩。混凝土在空气中结硬时，体积随时间增长而缩小的现象称为收缩。收缩是混凝土在不受外力情况下因体积变化而产生的变形。影响混凝土收缩的主要因素包括温度和湿度，根据原铁道部研究院的试验结果。蒸汽养护的混凝土收缩小于自然养护，这是因为高温、高湿加速了水泥的水化，水分的散失减少。

混凝土的收缩从浇筑完成后就已经开始了，早期收缩变形发展较快，6个月后就趋于稳定。

除养护条件外，影响混凝土收缩的因素还包括：水泥品种，所用水泥强度等级越高，混凝土收缩越大；水泥用量和水胶比，水泥用量越多，水胶比越大，收缩也越大；骨料性质，骨料颗粒越小，空隙率越大，骨料的弹性模量越低，收缩越大；混凝土的振捣和所处环境，混凝土振捣越密实，收缩越小，构件所处环境湿度越大，收缩越小；构件的体积与表面面积比值越小，收缩越大。

混凝土的收缩会使结构或构件在未受荷前就产生裂缝，影响结构的正常使用；在预应力混凝土构件中，收缩将引起预应力筋的应力损失。

(2)混凝土的膨胀。混凝土在自然状态下膨胀小于收缩，一般可以忽略不计，但是不能否认混凝土膨胀的意义，混凝土的膨胀可以抵消收缩，可以减少裂缝的产生，对混凝土的耐久性具有重要的意义，目前，已经有补偿收缩混凝土和自应力混凝土两类，它们就是利用了混凝土膨胀的原理。

2.2.3 混凝土的选用

《混凝土规范》规定，混凝土结构的混凝土强度等级不应低于C15；素混凝土结构的混凝土结构的混凝土强度等级不应低于C20；采用强度等级400 MPa及以上的钢筋时，混凝土强度等级不应低于C25。预应力混凝土结构的混凝土强度等级不宜低于C40，且不应低于C30。承受重复荷载的钢筋混凝土构件，混凝土强度等级不应低于C30。

2.3　钢筋与混凝土的黏结

2.3.1 黏结力的概念

钢筋与混凝土这两种力学性能完全不同的材料为何能结合在一起共同工作，除了两者具有相近的温度线膨胀系数及混凝土对钢筋具有保护作用外，主要是由于混凝土硬化后，在钢筋与混凝土之间的接触面上产生了良好的黏结力。一般来说，外力很少直接作用在钢筋上，钢筋所受到的力是通过周围的混凝土传递给它的，这就要依靠钢筋与混凝土之间的黏结力来传力。所谓黏结力，是指在钢筋与混凝土接触界面上所产生的沿钢筋纵向的剪应力。正是通过这种黏结作用使钢筋与混凝土两者之间可进行应力传递并协调变形。试验表明，钢筋与混凝土之间的黏结力由三部分组成：一是因混凝土收缩将钢筋紧紧握固而产生的摩擦力，钢筋和混凝土之间挤压力越大、接触面越粗糙，则摩擦力越大；二是因水泥凝胶体与钢筋表面之间的化学吸附作用产生的胶合力，该力一般较小，当接触面发生相对滑移时，该力即消失；三是由于钢筋表面凹凸不平与混凝土之间产生的机械咬合力，机械咬合力约占总黏结力的一半以上。另外，钢筋端部弯折、弯钩、焊接件等的附加机械作用也起到两种材料共同受力与变形的作用。光圆钢筋以摩擦力为主，变形钢筋则以机械咬合力为主。

2.3.2 黏结强度及其影响因素

黏结强度通常采用拔出试验来确定，如图 2-15 所示，将钢筋的一端埋置在混凝土试件中，在伸出的一端施力将钢筋拔出。取钢筋拉拔力到达极限时的平均黏结应力来代表钢筋与混凝土之间的黏结强度 τ_u，由下式确定：

$$\tau_u = \frac{F}{\pi d l} \qquad (2-4)$$

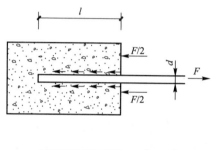

式中　F——拉拔力的极限值；

　　　d——钢筋的直径；

　　　l——钢筋的埋入长度。

影响钢筋与混凝土之间黏结强度的主要因素如下：

（1）混凝土的强度等级。混凝土的强度等级越高，黏结强度越大。

图 2-15　拔出试验及黏结应力分布

（2）混凝土保护层厚度及钢筋间的净距。当钢筋外围的混凝土保护层太薄时，二氧化碳等会通过混凝土渗透到钢筋表面，加速钢筋的腐蚀。外围混凝土将发生径向劈裂；钢筋间的净距过小，外围混凝土将发生水平劈裂，形成贯穿整个梁宽的劈裂裂缝，造成整个混凝土保护层剥落，黏结强度显著降低。因此，《混凝土规范》对保护层最小厚度和钢筋的最小间距均作了要求。

（3）钢筋的表面形状。变形钢筋表面凹凸不平会增大其与混凝土之间产生的机械咬合力，因此，黏结强度高于光圆钢筋。对于受拉光圆钢筋，需要在其端部做弯钩以此来增加其黏结强度。

（4）横向钢筋的设置。构件中设置横向钢筋(主要是箍筋，还包括拉筋等)，可以抵抗剪力，同时限制混凝土内部因为混凝土受拉而产生的裂缝，同时可以提高黏结强度。因此，在使用较大直径钢筋的锚固区、搭接长度范围内，以及当一排的并列钢筋根数较多时，应设置一定数量的附加箍筋，以防止混凝土保护层产生劈裂崩落。

另外，黏结强度还和钢筋周围有无侧向压力及浇筑混凝土时钢筋所处位置有关。有侧向压力，可以约束混凝土的横向变形，增大摩阻力，则黏结力增大；浇筑混凝土时，如果钢筋下部的混凝土厚度较大，钢筋底面的混凝土会出现沉淀收缩和离析泌水，使水平钢筋的底面与混凝土之间形成了疏松空隙层，黏结强度就将大大降低。

第3章 建筑结构设计方法

✳ 学习目标

通过本章的学习，掌握结构上的荷载、荷载效应和结构抗力的概念；学会荷载效应标准值、组合值和准永久值的计算；了解结构的功能要求和极限状态的基本概念；掌握结构构件承载力极限状态和正常使用极限状态的实用设计表达式，以及表达式中各符号所代表的含义；熟悉耐久性设计。

学习重点

荷载、荷载效应和结构抗力；荷载效应标准值、组合值和准永久值；结构构件承载力极限状态和正常使用极限状态实用设计表达式的应用。

3.1 基本概念

3.1.1 结构上的荷载

建筑结构要承受各种作用，这些作用主要是在施工阶段还有使用阶段。作用可分为直接作用和间接作用两大类。直接作用是指施加在结构上的集中力或分布力，包括构件自重、人的荷载、风荷载、雪荷载和积灰荷载等；间接作用包括引起结构外加变形或约束变形的原因，如温度变化、混凝土收缩和徐变、基础沉降、地震作用等。因为能使结构产生效应的主要是直接作用在结构上的力（集中荷载和分布荷载），所以习惯上将结构上的各种作用称为荷载。

结构上的荷载按其作用时间的长短和性质不同，可分为以下三类：

（1）永久荷载。顾名思义是指在结构使用阶段，荷载的大小不随时间而变化，或其变化幅度很小可以忽略不计，永久荷载又称恒荷载。《建筑结构荷载规范》(GB 50009—2012)规定，永久荷载应包括结构构件、围护构件、面层及装饰、固定设备、长期储物的自重，土压力、水压力，以及其他需要按永久荷载考虑的荷载。

（2）可变荷载。可变荷载又称活荷载。在结构使用期间，其值随时间变化而变化，且其变化与平均值相比不可以忽略不计，主要有楼面活荷载、屋面活荷载、积灰荷载、吊车荷载、风荷载、雪荷载和温度作用等。

（3）偶然荷载。偶然荷载在结构设计使用年限内不一定出现，而一旦发生其量值很大，且持续时间很短的荷载，如爆炸力、撞击力等。

3.1.2 荷载代表值

荷载标准值是《建筑结构荷载规范》(GB 50009—2012)规定的荷载基本代表值，为设计基准期内最大荷载统计分布的特征值(如均值、众值、中值或某个分位值)。由于最大荷载值是随机变量，因此，原则上应由设计基准期(50年)荷载最大值概率分布的某一分位数来确定。但是，有些荷载并不具备充分的统计参数，只能根据已有的工程经验确定。故实际上荷载标准值取值的分位数并不统一。

1. 荷载标准值

不同的荷载，其变异情况不同。对于不同的荷载，根据大量的统计分析，可以取具有一定保证率的上限分位值作为荷载的代表值，该代表值称为荷载标准值。

(1)永久荷载标准值。对于结构或非承重构件的自重，可由设计尺寸与材料单位体积的自重计算确定。《建筑结构荷载规范》(GB 50009—2012)给出的自重大体上相当于统计平均值，其分位数为0.5。对于自重变异较大的材料(如屋面保温材料、防水材料、找平层等)，在设计中应根据该荷载对结构有利或不利，分别取《建筑结构荷载规范》(GB 50009—2012)中给出的自重上限值和下限值。

(2)可变荷载标准值。《建筑结构荷载规范》(GB 50009—2012)已给出了民用建筑活荷载标准值的取值，设计时可直接查用。民用建筑楼面均布活荷载的标准值及其组合值系数、频遇值系数和准永久值系数的取值，不应小于表3-1的规定。

表3-1 民用建筑楼面均布活荷载的标准值及其组合值、频遇值和准永久值系数

项次	类别			标准值 /(kN·m^{-2})	组合值系数 ψ_c	频遇值系数 ψ_f	准永久值系数 ψ_q
1	住宅、宿舍、旅馆、办公楼、医院病房、托儿所、幼儿园			2.0	0.7	0.5	0.4
	试验室、阅览室、会议室、医院门诊室			2.0	0.7	0.6	0.5
2	教室、食堂、餐厅、一般资料档案室			2.5	0.7	0.6	0.5
3	礼堂、剧场、影院、有固定座位的看台			3.0	0.7	0.5	0.3
	公共洗衣房			3.0	0.7	0.6	0.5
4	商店、展览厅、车站、港口、机场大厅及其旅客等候室			3.5	0.7	0.6	0.5
	无固定座位的看台			3.5	0.7	0.5	0.3
5	健身房、演出舞台			4.0	0.7	0.6	0.5
	运动场、舞厅			4.0	0.7	0.6	0.3
6	书库、档案库、贮藏室			5.0	0.9	0.9	0.8
	密集柜书库			12.0	0.9	0.9	0.8
7	通风机房、电梯机房			7.0	0.9	0.9	0.8
8	汽车通道及客车停车库	单向板楼盖(板跨不小于2 m)和双向板楼盖(板跨不小于3 m×3 m)	客车	4.0	0.7	0.7	0.6
			消防车	35.0	0.7	0.5	0.0
		双向板楼盖(板跨不小于6 m×6 m)和无梁楼盖(柱网不小于6 m×6 m)	客车	2.5	0.7	0.7	0.6
			消防车	20.0	0.7	0.5	0.0

项次	类别		标准值 /(kN·m^{-2})	组合值系数 ψ_c	频遇值系数 ψ_f	准永久值系数 ψ_q
9	厨房	餐厅	4.0	0.7	0.7	0.7
		其他	2.0	0.7	0.6	0.5
10	浴室、卫生间、盥洗室		2.5	0.7	0.6	0.5
11	走廊、门厅	宿舍、旅馆、医院病房、托儿所、幼儿园、住宅	2.0	0.7	0.5	0.4
		办公室、餐厅、医院门诊部	2.5	0.7	0.6	0.5
		教学楼及其他可能出现人员密集的情况	3.5	0.7	0.5	0.3
12	楼梯	多层住宅	2.0	0.7	0.5	0.4
		其他	3.5	0.7	0.5	0.3
13	阳台	可能出现人员密集的情况	3.5	0.7	0.6	0.5
		其他	2.5	0.7	0.6	0.5

注：1. 本表所给各项活荷载适用于一般使用条件，当使用荷载较大、情况特殊或有专门要求时，应按实际情况采用；

2. 第6项书库活荷载当书架高度大于2 m时，书库活荷载尚应按每米书架高度不小于2.5 kN/m^{2}确定；

3. 第8项中的客车活荷载仅适用于停放载人少于9人的客车；消防车活荷载适用于满载总重为300 kN的大型车辆；当不符合本表的要求时，应将车轮的局部荷载按结构效应的等效原则，换算为等效均布荷载；

4. 第8项消防车活荷载，当双向板楼盖板跨介于3 m×3 m～6 m×6 m时，应按跨度线性插值确定；

5. 第12项楼梯活荷载，对预制楼梯踏步平板，尚应按1.5 kN集中荷载验算；

6. 本表各项荷载不包括隔墙自重和二次装修荷载；对固定隔墙的自重应按永久荷载考虑，当隔墙位置可灵活自由布置时，非固定隔墙的自重应取不小于1/3的每延米长墙重(kN/m)作为楼面活荷载的附加值(kN/m^2)计入，且附加值不应小于1.0 kN/m^2。

2. 可变荷载组合值

当两种或两种以上可变荷载同时作用在结构上时，考虑到各种可变荷载同时达到其标准值的可能性较小，故除产生最大效应的荷载(主导荷载)仍用标准值外，其他可变荷载标准值均乘以小于1的组合值系数 ψ_c 作为代表值，称为可变荷载组合值。

3. 可变荷载准永久值

荷载准永久值是指可变荷载在设计基准期内，其超越的总时间约为设计基准一半的荷载值。可变荷载准永久值为可变荷载标准值乘以荷载准永久值系数 ψ_q。荷载准永久值系数 ψ_q 由《建筑结构荷载规范》(GB 50009—2012)给出，如住宅楼面均布荷载标准为2.0 kN/m^2，荷载准永久值系数 ψ_q 为0.4，则活荷载准永久值为 $2.0 \times 0.4 = 0.8$(kN/m^2)。

3.1.3　荷载效应

作用效应 S 是指在各种作用(如荷载、基础的差异沉降、混凝土收缩、温度变化、地震等)下使结构或构件内产生的内力(如轴力、剪力、弯矩、扭矩等)、变形(如挠度、转角等)和裂缝的总称。当内力和变形由荷载产生时，为荷载效应。荷载效应和荷载一般近似呈线性关系，即

$$S=CQ \tag{3-1}$$

式中　S——荷载效应；

　　　Q——某种荷载；

　　　C——荷载效应系数。如承受均布活荷载作用的简支梁，$C=\frac{1}{8}l_0^2$。

3.1.4　结构抗力

结构抗力 R 是指结构或构件能够承受作用效应的能力。对应于作用的各种效应，结构构件具有相应的抗力，如截面的抗弯承载力、抗剪承载力、抗压承载力、刚度、抗裂度等均为结构构件的抗力。

结构抗力是材料性能、截面几何特征以及计算模式的函数。由于材料性能的变异性、结构构件几何特征的不定性以及基本假设和计算公式不精确等，因此，结构抗力 R 是一个随机变量。

3.1.5　材料强度设计值

1. 钢筋强度设计值

对于钢筋强度标准值，应按符合规定质量的钢筋强度总体分布的 0.05 分位数确定，即保证率不小于 95%，经校核，国家标准规定的钢筋强度绝大多数符合这一要求且偏于安全。规范规定，以国家标准规定的数值作为确定钢筋强度标准值 f_{sk} 的依据。

(1)对有明显屈服点的热轧钢筋，取国家标准规定的屈服点作为标准值。

(2)对无明显屈服点的碳素钢丝、钢绞线、热处理钢筋及冷拔低碳钢丝，取国家标准规定的极限抗拉强度作为标准值，但设计时取 $0.8f_{su}$（f_{su} 为极限抗拉强度）作为条件屈服点。

(3)对冷拉钢筋，取其冷拉后的屈服点作为强度标准值。

钢筋强度设计值与其标准值之间的关系为

$$f_s=f_{sk}/\gamma_s \tag{3-2}$$

式中　f_s——钢筋强度设计值；

　　　γ_s——钢筋的材料分项系数，对 HPB300、HRB335 钢筋取值 1.12；对 HRB400、RRB400 取值 1.11。

普通钢筋的抗拉强度设计值 f_y、抗压强度设计值 f_y' 按表 3-2 采用；预应力筋的抗拉强度设计值 f_{py}、抗压强度设计值 f_{py}' 按表 3-3 采用。

表 3-2　普通钢筋强度设计值　　　　　　　　　　　　　　　　　　　N/mm^2

牌号	抗拉强度设计值 f_y	抗压强度设计值 f_y'
HPB300	270	270
HRB335	300	300
HRB400、HRBF400、RRB400	360	360
HRB500、HRBF500	435	435

表 3-3　预应力筋强度设计值　　　　　　　　　　　　　　　　　N/mm²

种类	极限强度标准值 f_{ptk}	抗拉强度设计值 f_{py}	抗压强度设计值 f'_{py}
中强度预应力钢丝	800	510	410
	970	650	
	1 270	810	
消除应力钢丝	1 470	1 040	410
	1 570	1 110	
	1 860	320	
钢绞线	1 570	1 110	390
	1 720	1 220	
	1 860	1 320	
	1 960	1 390	
预应力螺纹钢筋	980	650	400
	1 080	770	
	1 230	900	

注：当预应力筋的强度标准值不符合表中规定时，其强度设计值应进行相应的比例换算。

2. 混凝土强度设计值

混凝土轴心抗压强度标准值 f_{ck} 和轴心抗拉强度标准值 f_{tk}，是假定与立方体强度具有相同的变异系数，由立方体抗压强度标准值 f_{cu} 推算而得到。

混凝土轴心抗压强度标准值 f_{ck}，可由其强度平均值 μ_{fcu} 按概率和试验分析来确定。

因
$$f_{cu} = \mu_{fcu}(1 - 1.645\delta) \tag{3-3}$$
$$\mu_{fc} = \alpha_{c1}\mu_{fcu} \tag{3-4}$$
故
$$f_{ck} = \mu_{fcu}(1 - 1.645\delta) = \alpha_{c1}\mu_{fcu}(1 - 1.645\delta) = \alpha_{c1}f_{cu,k} \tag{3-5}$$

考虑到结构中混凝土强度与试件强度之间的差异，《混凝土规范》根据以往的经验，并结合试验数据分析，以及参考国家的其他有关规定，对试件混凝土强度修正系数取值 0.88。另外，还考虑混凝土脆性折减系数 α_{c2}，则

$$f_{ck} = 0.88\alpha_{c1}\alpha_{c2}f_{cu,k} \tag{3-6}$$

棱柱体强度与立方体强度之比值 α_{c1}：对普通混凝土取值 0.76，对高强度混凝土则随着混凝土强度等级的提高而提高。《混凝土规范》规定，对混凝土 C50 及其以下取 0.76，对 C80 取 0.82，中间按线性规律变化。

混凝土脆性折减系数 α_{c2} 是考虑高强度混凝土脆性破坏特征对强度影响的系数，强度等级越高，脆性越明显。《混凝土规范》规定，对混凝土 C40 及其以下取值 1.0，对 C80 取 0.87，中间按线性规律变化。

轴心抗拉强度标准值 f_{tk}，与轴心抗压强度标准值的确定方法和取值类似，可由其强度平均值 μ_{ft} 按概率和试验分析来确定，并考虑试件混凝土强度修正系数 0.88 和脆性系数 α_{c2}，则

$$f_{tk} = 0.88 \times 0.395 f_{cu,k}^{0.55}(1 - 1.645\delta)^{0.45} \times \alpha_{c2}$$
$$= 0.348 f_{cu,k}^{0.55}(1 - 1.645\delta)^{0.45}\alpha_{c2} \tag{3-7}$$

式(3-7)中，混凝土的变异系数 δ 按表 3-4 取用。

表 3-4　混凝土的变异系数 δ

混凝土强度等级	C15	C20	C25	C30	C35	C40	C45	C50	C55	C60~C80
变异系数 δ	0.21	0.18	0.16	0.14	0.13	0.12	0.12	0.11	0.11	0.10

混凝土各种强度设计值与其标准值之间的关系为

$$f_c = f_{ck}/\gamma_c \tag{3-8}$$
$$f_t = f_{tk}/\gamma_c \tag{3-9}$$

式中　f_c——混凝土轴心抗压强度设计值，见表 3-5；

　　　f_t——混凝土轴心抗拉强度设计值，见表 3-5；

　　　γ_c——混凝土的材料分项系数，取值为 1.40。

表 3-5　混凝土强度设计值　　　　　　　　　　　　　　N/mm²

强度种类	混凝土强度等级													
	C15	C20	C25	C30	C35	C40	C45	C50	C55	C60	C65	C70	C75	C80
f_c	7.2	9.6	11.9	14.3	16.7	19.1	21.1	23.1	25.3	27.5	29.7	31.8	33.8	35.9
f_t	0.91	1.10	1.27	1.43	1.57	1.71	1.80	1.89	1.96	2.04	2.09	2.14	2.18	2.22

3.2　建筑结构的功能和极限状态

3.2.1　结构的功能要求

结构设计的基本目的是以最经济的手段，使结构在规定的使用期限内，能满足设计所预定的各种功能要求。《建筑结构可靠度设计统一标准》(GB 50068—2018)规定，结构应满足下列功能要求。

1. 安全性

结构在预定的使用期间内(一般为 50 年)，应能承受在正常施工、正常使用情况下可能出现的各种荷载、外加变形(如超静定结构的支座不均匀沉降时)、约束变形(如温度和收缩变形受到约束时)等的作用。在偶然事件(如地震、爆炸)发生时和发生后，结构应能保持整体稳定性，不应发生倒塌或连续破坏而造成生命财产的严重损失。

2. 适用性

结构在正常使用过程中应保持良好的工作性能。例如，不发生影响正常使用的过大挠度、位移，不发生使使用者不舒适的振动，或过大的裂缝宽度等。

3. 耐久性

结构在正常的使用和维护条件下，能够在预定的设计使用期限内满足各项功能的要求，即应具有足够的耐久性，在各种外界因素下不会产生混凝土的碳化、腐蚀或钢筋锈蚀等影响，使结构在预定使用期限内丧失安全性，影响其正常使用。

结构的安全性、适用性和耐久性统称为结构的可靠性。结构的可靠性用可靠度来进行定量描述，即结构在规定的时间内(一般建筑结构规定为 50 年，称为设计基准期)和规定的条件下(正常设计、正常施工、正常使用和正常维修)完成预定功能的概率，称为结构的可靠度，结构的可靠度是衡量结构可靠性的重要指标。

3.2.2 设计基准期

设计基准期为确定可变作用及与时间有关的材料性能等的取值而选用的时间参数，它是结构可靠度分析的一个时间坐标。设计使用年限为设计规定的结构或结构构件不需进行大修即可按其预定目的使用的时期，它是房屋建筑的地基基础工程和主体结构工程"合理使用年限"的具体化。

设计基准期可参考结构设计使用年限的要求适当选定，但不能将设计基准期简单地理解为结构的使用寿命，两者是有联系的，然而又不完全等同。结构的使用年限超过设计基准期时，表明其失效概率可能会增大，不能保证其承载力极限状态的可靠指标，但不等于结构丧失所要求的功能甚至破坏。一般来说，使用寿命长，设计基准期可以长一些；使用寿命短，设计基准期可以短一些。通常设计基准期应该小于寿命期，而不应该大于寿命期。影响结构可靠度的设计基本变量，如荷载、温度等，都是随时间变化的，设计变量取值大小与时间长短有关，从而直接影响结构可靠度。因此，必须参照结构的预期寿命、维护能力和措施等，规定结构的设计基准期。

结构可靠度与结构的使用年限有关，我国对普通房屋和建筑物取用的设计基准期为 50 年。这是因为设计中所考虑的基本变量，如荷载(尤其是可变荷载)和材料性能等大多是随时间变化的，因此，计算结构可靠度时，必须确定结构的使用期，即设计基准期。

3.2.3 结构的极限状态

结构能够满足功能要求而良好地工作，则称结构为"可靠"或"有效"；反之，则称结构为"不可靠"或"失效"。区分结构"可靠"与"失效"的临界工作状态称为"极限状态"，即整个结构或结构的一部分超过某一特定状态就不能满足设计规定的某一功能要求，此特定状态即为该功能的极限状态。

结构功能的极限状态可分为承载能力极限状态和正常使用极限状态两类。前者主要是使结构满足安全要求，后者则是使结构满足适用性能要求。

1. 承载能力极限状态

承载能力极限状态是指状态结构或结构构件达到最大承载能力、出现疲劳破坏、发生不适于继续承载的变形或结构局部破坏而引发的连续倒塌。具体来说，当结构或结构构件出现下列状态之一时，即认为超过了承载能力极限状态：

(1)结构或构件达到最大承载力(包括疲劳)。

(2)构件截面或其连接因超过材料强度而破坏。

(3)结构整体或其中一部分作为刚体失去平衡，如倾覆、滑移。

(4)结构或构件因受动力荷载的作用而产生疲劳破坏。

(5)结构塑性变形过大而不适于继续承载。

(6)结构形成几何可变体系(超静定结构中出现足够多的塑性铰)。

(7)结构或构件因达到临界荷载而丧失稳定,如细长受压构件的压屈失稳。

同时结构对于地震、爆炸、撞击突发事件应具有良好的整体性,不致因个别构件或结构局部破坏而导致连续倒塌或大范围破坏。

2. 正常使用极限状态

正常使用极限状态是指结构或结构构件达到正常使用的某项规定限值或耐久性的某种规定状态。具体来说,当结构或结构构件出现下列状态之一时,即认为超过了正常使用极限状态。

(1)过大的变形、侧移往往会导致非结构构件受力破坏,会给人带来不安全感或导致结构不能正常使用(如吊车梁)等。

(2)影响正常使用或耐久性能的局部损坏,如混凝土构件裂缝过宽导致钢筋锈蚀,水池池壁开裂漏水不能正常使用等。

(3)过大的震动使人感到不舒适,或者影响精密仪器的运作。

(4)影响正常使用的其他特定状态,地基相对沉降量过大,在侵蚀性介质作用下结构或构件严重腐蚀。

结构超过正常使用极限状态时将不能正常工作,影响其耐久性和适用性,但一般不会导致人身伤亡或重大经济损失。这就要求设计时,先按承载能力极限状态设计或计算结构构件,再按正常使用极限状态进行验算。

3.2.4 结构的功能函数与极限状态方程

极限状态函数可表示为

$$Z=R-S \tag{3-10}$$

式中　R——结构构件抗力,其与材料的力学指标及材料用量有关;

S——作用(荷载)效应及其组合,其与作用的性质有关。

R 和 S 均可视为随机变量,Z 为复合随机变量,它们之间的运算规则应按概率理论进行。

式(3-10)可以用来表示结构的 3 种工作状态:

当 $Z>0$ 时,结构能够完成预定的功能,处于可靠状态。

当 $Z<0$ 时,结构不能完成预定的功能,处于失效状态。

当 $Z=0$ 时,即 $R=S$,结构处于临界的极限状态,$Z=g(R, S)=R-S=0$,称为极限状态方程。

保证结构可靠的条件 $Z=R-S>0$,是非确定性的问题,只有用概率来加以解决。

结构设计中经常考虑的不仅是结构的承载能力,多数场合还需要考虑结构对变形或开裂等的抵抗能力,也就是说要考虑结构的实用性和耐久性的要求。因此,上述的极限状态方程可推广为

$$Z=g(x_1, x_2, \cdots, x_n) \tag{3-11}$$

式中,$g(x_1, x_2, \cdots, x_n)$ 是函数记号,在这里称为功能函数。$g(x_1, x_2, \cdots, x_n)$ 由所研究的结构功能而定,可以是承载力,也可以是变形或裂缝宽度等,$x_1, x_2, \cdots, x_n$ 为影响该结构功能的各种荷载效应,以及材料强度、构件的几何尺寸等。结构功能则为上述各变量的函数。

设 R、S 符合正态分布,R 的均值为 μ_r,标准差为 σ_r;S 的均值为 μ_s,标准差为 σ_s,则 Z 的统计参数(两正态分布随机变量差)为

$$\mu_z = \mu_r - \mu_s \tag{3-12}$$

$$\sigma_z = \sqrt{\sigma_r^2 + \sigma_s^2} \tag{3-13}$$

$$f(z) = \frac{1}{2\pi\sigma_z} \exp{-\frac{(Z - \mu_z)^2}{2\sigma_z^2}} dz \tag{3-14}$$

3.3　极限状态设计法

结构在规定的时间内和规定的条件下完成预定功能的能力，称为结构的可靠性，是结构安全性、实用性和耐久性的总称。

结构可靠度是结构可靠性的概率度量，是指结构在规定时间内，在规定的条件下完成预定功能的概率。规定的时间是指设计使用年限，所有的统计分析均以该时间区间为准；规定的条件是指正常设计、正常施工、正常使用和维护的条件，不包括非正常的，如人为的错误等。

3.3.1　结构设计的状况

结构设计的状况是代表一定时段内实际情况的一组设计条件，设计应做到在该组条件下结构不超越有关的极限状态。《建筑结构可靠度设计统一标准》(GB 50068—2018)规定，工程结构设计时应区分下列设计状况：

(1)持久设计状况，适用于结构使用时的正常情况；

(2)短暂设计状况，适用于结构出现的临时情况，包括结构施工和维修时的情况等；

(3)偶然设计状况，适用于结构出现的异常情况，包括结构遭受火灾、爆炸、撞击时的情况等；

(4)地震设计状况，适用于结构遭受地震时的情况。

3.3.2　承载能力极限状态计算

1. 计算内容

(1)结构构件应进行承载力(包括失稳)计算；

(2)直接承受重复荷载的构件应进行疲劳验算；

(3)有抗震设防要求时，应进行抗震承载力计算；

(4)必要时还应进行结构倾覆、滑移、漂浮验算；

(5)对于可能遭受偶然作用，且倒塌可能引起严重后果的重要结构，宜进行防连续倒塌设计。

2. 设计表达式

《建筑结构荷载规范》(GB 50009—2012)规定，采用以概率理论为基础的极限状态设计法，以可靠指标度量结构构件的可靠度，采用分项系数的设计表达式进行设计。承载能力极限状态设计表达式为

$$\gamma_0 S_d \leqslant R_d \tag{3-15}$$

式中 γ_0——结构重要性系数；

S_d——荷载组合的效应设计值；

R_d——结构构件抗力的设计值。

3. 结构重要性系数 γ_0

根据建筑结构破坏后果的严重程度，将建筑结构划分为三个安全等级：对安全等级为一级或设计使用年限为 100 年及以上的结构构件，不应小于 1.1；对安全等级为二级或设计使用年限为 50 年的结构构件，不应小于 1.0；对安全等级为三级或设计使用年限为 5 年及以下的结构构件，不应小于 0.9。在抗震设计中不考虑结构构件的重要性系数。

结构设计时应根据具体情况按表 3-6 的规定选用相应的安全等级。

表 3-6　建筑结构的安全等级

安全等级	破坏后果
一级	很严重：对人的生命、经济、社会或环境影响很大
二级	严重：对人的生命、经济、社会或环境影响较大
三级	不严重：对人的生命、经济、社会或环境影响较小

4. 作用组合的效应设计值 S_d

作用组合的效应设计值 S_d 是指由可能同时出现的各种荷载设计值所产生的结构内力设计值（N、M、V、T 等）。

荷载设计值是荷载标准值与相应的荷载分项系数的乘积。当两种或两种以上可变荷载同时作用在结构上时，除主导可变荷载外，其他可变荷载标准值还应乘以组合值系数，即采用荷载组合值。荷载分项系数及组合值系数由可靠度分析，并结合工程经验确定。

荷载基本组合的效应设计值 S_d，应从下列荷载组合值中取用最不利的效应设计值确定。

（1）由可变荷载控制的效应设计值，应按下式进行计算：

$$S_d = \sum_{j=1}^{m} \gamma_{G_j} S_{G_j k} + \gamma_{Q_1} \gamma_{L_1} S_{Q_1 k} + \sum_{i=2}^{n} \gamma_{Q_i} \gamma_{L_i} \psi_{c_i} S_{Q_i k} \tag{3-16}$$

（2）由永久荷载控制的效应设计值，应按下式进行计算：

$$S_d = \sum_{j=1}^{m} \gamma_{G_j} S_{G_j k} + \sum_{i=1}^{n} \gamma_{Q_i} \gamma_{L_i} \psi_{c_i} S_{Q_i k} \tag{3-17}$$

式中 γ_{G_j}——第 j 个永久荷载的分项系数，对由可变荷载效应控制的组合，应取 1.2；对由永久荷载效应控制的组合，应取 1.35；

γ_{Q_i}——第 i 个可变荷载的分项系数，其中 γ_{Q_1} 为主导可变荷载 Q_1 的分项系数，一般情况下应取 1.4；对标准值大于 4 kN/m^2 的工业房屋楼面结构的活荷载应取 1.3；

γ_{L_i}——第 i 个可变荷载考虑设计使用年限的调整系数，其中 γ_{L1} 为主导可变荷载 Q_1 考虑设计使用年限的调整系数；

$S_{G_j k}$——按第 j 个永久荷载标准值 G_{jk} 计算的荷载效应值；

$S_{Q_i k}$——按第 i 个可变荷载标准值 G_{ik} 计算的荷载效应值，其中 $S_{Q_1 k}$ 为所有可变荷载效应中起控制作用者；

ψ_{c_i}——第 i 个可变荷载 Q_i 的组合值系数；

m——参与组合的永久荷载数；

n——参与组合的可变荷载数。

可变荷载考虑设计使用年限的调整系数 γ_L 应按下列规定采用：

(1)楼面和屋面活荷载考虑设计使用年限的调整系数 γ_L 应按表 3-7 采用。

表 3-7　楼面和屋面活荷载考虑设计使用年限的调整系数 γ_L

结构设计使用年限/年	5	50	100
γ_L	0.9	1.0	1.1
注：1. 当设计使用年限不为表中数值时，调整系数 γ_L 可按线性内插确定； 　　2. 对于荷载标准值可控制的活荷载，设计使用年限调整系数 γ_L 取 1.0。			

(2)对雪荷载和风荷载，应取重现期为设计使用年限，按《建筑结构荷载规范》(GB 50009—2012)相关规定确定基本雪压和基本风压，或按有关规范的规定采用。

5. 结构构件的抗力设计值 R_d

结构构件的抗力设计值的大小，取决于截面的几何尺寸、截面上材料的种类、用量与强度等级等多种因素，以钢筋混凝土结构构件为例，它的一般形式为

$$R_d = R(f_c, f_s, a_k, \cdots)/\gamma_{Rd} \tag{3-18}$$

式中　f_c、f_s——混凝土、钢筋的强度设计值；

　　　　a_k——几何参数的标准值，当几何参数的变异性对结构性能有明显的不利影响时，应增减一个附加值；

　　　　γ_{Rd}——结构构件的抗力模型不定性系数：静力设计取 1.0，对不确定性较大的结构构件根据具体情况取大于 1.0 的数值；抗震设计应用承载力抗震调整系数 γ_{RE} 代替 γ_{Rd}。

【例 3-1】　受均布荷载和集中荷载作用的住宅楼面简支梁，跨长 $l=6.0$ m。荷载的标准值：永久荷载均布值(包括梁自重)$g_k=8$ kN/m，集中荷载 $G_k=12$ kN；楼面活荷载 $q_k=12$ kN/m，结构安全等级为二级，求简支梁跨中截面荷载效应设计值 M。

【解】　(1)荷载效应标准值：

永久荷载引起的跨中弯矩标准值：$M_{g_k} = \dfrac{1}{8}g_k l^2 + \dfrac{1}{4}G_k l = 36.0$ kN·m

楼面活荷载引起的跨中弯矩标准值：$M_{q_k} = \dfrac{1}{8}q_k l^2 = 54.0$ kN·m

(2)荷载效应设计值：

按可变荷载效应控制的组合：

$$M = \gamma_g S_{g_k} + \gamma_{q_1} S_{q_1 k} + \sum_{i=2}^{n} \gamma_{q_i} \psi_{c_i} S_{q_i k} = 1.2 \times 36.0 + 1.4 \times 54.0 = 118.8 (\text{kN·m})$$

按永久荷载效应控制的组合：

$$M = \gamma_g S_{g_k} + \gamma_{q_1} S_{q_1 k} + \sum_{i=2}^{n} \gamma_{q_i} \psi_{c_i} S_{q_i k} = 1.35 \times 36.0 + 1.4 \times 54.0 = 124.2 (\text{kN·m})$$

3.3.3　正常使用极限状态验算

1. 验算内容

混凝土结构构件应根据其使用功能及外观要求进行如下正常使用极限状态的验算：

(1)对需要控制变形的截面，应进行变形验算；

(2)对不允许出现裂缝的构件，应进行混凝土拉应力验算；

(3)对允许出现裂缝的构件，应进行受力裂缝宽度验算；

(4)对舒适度有要求的楼盖结构，应进行竖向自振频率验算。

对一般的建筑结构，正常使用极限状态验算主要为裂缝控制验算和挠度验算。

2. 设计表达式

与承载能力极限状态相比，正常使用极限状态的目标可靠指标要低一些。因而，在计算中对荷载和材料强度不再乘以分项系数，直接采用标准值，结构的重要性系数 γ_0 也不予考虑。

对于正常使用极限状态，应根据不同的设计要求，采用荷载的标准组合、频遇组合或准永久组合，并应按下列设计表达式进行设计：

$$S_d \leqslant C \tag{3-19}$$

式中　S_d——正常使用极限状态的荷载效应组合值；

　　　C——结构或结构构件达到正常使用要求的规定限值，如变形、裂缝、振幅、加速度、应力等的限值，应按各有关建筑结构设计规范的规定采用。

(1)标准组合。荷载标准组合的效应设计值 S_d 应按下式进行计算：

$$S_d = \sum_{j=1}^{m} S_{G_j k} + S_{Q_1 k} + \sum_{i=2}^{n} \psi_{c_i} S_{Q_i k} \tag{3-20}$$

(2)准永久组合。荷载准永久组合的效应设计值 S_d 应按下式进行计算：

$$S_d = \sum_{j=1}^{m} S_{G_j k} + \sum_{i=1}^{n} \psi_{q_i} S_{Q_i k} \tag{3-21}$$

式中　ψ_{q_i}——第 i 个可变荷载的准永久值系数。

【例 3-2】 已知某受弯构件在各种荷载引起的弯矩标准值分别为：永久荷载为 $1\ 000\ \text{N} \cdot \text{m}$，使用活荷载为 $1\ 500\ \text{N} \cdot \text{m}$，风荷载为 $300\ \text{N} \cdot \text{m}$，雪荷载为 $200\ \text{N} \cdot \text{m}$。其中使用活荷载的组合值系数 $\psi_{c_1} = 0.7$，风荷载的组合值系数 $\psi_{c_2} = 0.6$，雪荷载的组合值系数 $\psi_{c_3} = 0.7$。设计使用年限为 50 年，雪荷载和风荷载重现期为 50 年，安全等级为二级，求按承载能力极限状态设计时的荷载效应 M。又若各种活荷载的准永久值系数分别为：使用活荷载 $\psi_{q_1} = 0.4$，风荷载 $\psi_{q_2} = 0$，雪荷载 $\psi_{q_3} = 0.2$，求在正常使用极限状态下的荷载标准组合 M_s 和荷载准永久组合 M_1。

【解】 (1)按承载能力极限状态计算荷载效应 M。由可变荷载效应控制的组合：

$$M = \gamma_0 \left(\gamma_G M_{G_k} + \gamma_{Q_1} \gamma_{L_1} M_{Q_1 k} + \sum_{i=2}^{3} \gamma_{Q_i} \gamma_{L_i} \psi_{c_i} M_{Q_i k} \right)$$

$$= 1.0 \times (1.2 \times 1\ 000 + 1.4 \times 1.0 \times 1\ 500 + 1.4 \times 1.0 \times 0.6 \times 300 + 1.4 \times 1.0 \times 0.7 \times 200)$$

$$= 3\ 748 (\text{N} \cdot \text{m})$$

由永久荷载效应控制的组合：

$$M = \gamma_0 \left(\gamma_G M_{G_k} + \sum_{i=1}^{3} \gamma_{Q_i} \gamma_{L_i} \psi_{c_i} M_{Q_i k} \right)$$

$$= 1.0 \times [1.35 \times 1\ 000 + 1.4 \times (1.0 \times 0.7 \times 1\ 500 + 1.0 \times 0.6 \times 300 + 1.0 \times 0.7 \times 200)]$$

$$= 3\ 268 (\text{N} \cdot \text{m})$$

可见是由永久荷载效应控制。

(2)按正常使用极限状态计算荷载效应 M_s 和 M_1。

荷载效应的标准组合：

$$M_s = M_{G_k} + M_{Q_1k} + \sum_{i=2}^{3} \psi_{c_i} M_{Q_ik} = 1\,000 + 1\,500 + 0.6 \times 300 + 0.7 \times 200 = 2\,820(\text{N} \cdot \text{m})$$

荷载效应的准永久组合：

$$M_1 = M_{G_k} + \sum_{i=1}^{3} \psi_{q_i} M_{Q_ik} = 1\,000 + 0.4 \times 1\,500 + 0 \times 300 + 0.2 \times 200 = 1\,640(\text{N} \cdot \text{m})$$

3.4 　混凝土结构的耐久性

3.4.1　混凝土结构耐久性的概念与影响因素

1. 混凝土结构耐久性的概念

混凝土结构在自然工作环境的长期作用下，将会发生极其复杂的物理化学反应，除了应保证建成后的承载力和适用性外，还应能保证在其预定的使用年限内，不出现无法接受的承载力减小、使用功能降低和不能接受的外观破损等耐久性要求，以免影响结构的使用寿命。

混凝土结构的耐久性是指结构在规定的工作环境中，在预定的设计使用年限内，在正常维护条件下不需要进行大修就能完成预定功能要求的能力。规定的工作环境是指建筑物所在地区的环境及工业生产所形成的环境等；设计使用年限是设计规定的一个时期，在这一时期内，只需正常维修（不需大修）就能完成预定功能，即房屋建筑在正常设计、正常施工、正常使用和维护所应达到的使用年限。

2. 影响混凝土结构耐久性的因素

影响混凝土结构耐久性的因素很多，主要有内部因素和外部因素两个方面。内部因素有混凝土的强度、渗透性、保护层厚度、水泥品种、强度等级和用量、氯离子及碱含量、外加剂等；外部因素主要有环境温度、湿度、CO_2 含量、侵蚀性介质、冻融及磨损等。出现耐久性能下降的问题，往往是内、外部因素综合作用的结果。另外，设计不周、施工质量差或使用中维修不当等也会影响混凝土结构的耐久性。

混凝土结构耐久性问题表现为：钢筋混凝土构件表面出现锈渍或锈胀裂缝；预应力筋开始锈蚀；结构表面混凝土出现可见的耐久性损伤（酥裂、粉化等）。

3.4.2　耐久性设计

鉴于混凝土结构材料性能劣化的规律不确定性很大，目前，除个别特殊工程外，一般建筑结构的耐久性问题只能采用经验性的方法解决。

1. 环境类别

混凝土结构所处的使用环境是影响耐久性的重要外因，根据混凝土结构暴露表面所处的环境条件，设计时按表 3-8 的要求确定环境类别。

表 3-8　混凝土结构的环境类别

环境类别	条件
一	室内干燥环境；无侵蚀性静水浸没环境
二 a	室内潮湿环境；非严寒和非寒冷地区的露天环境；非严寒和非寒冷地区与无侵蚀性的水或土壤直接接触的环境；严寒和寒冷地区的冰冻线以下与无侵蚀性的水或土壤直接接触的环境
二 b	干湿交替环境；水位频繁变动环境；严寒和寒冷地区的露天环境；严寒和寒冷地区冰冻线以上与无侵蚀性的水或土壤直接接触的环境
三 a	严寒和寒冷地区冬季水位变动区环境；受除冰盐影响环境；海风环境
三 b	盐渍土环境；受除冰盐作用环境；海岸环境
四	海水环境
五	受人为或自然的侵蚀性物质影响的环境

注：1. 室内潮湿环境是指构件表面经常处于结露或湿润状态的环境；
    2. 严寒和寒冷地区的划分应符合现行国家标准《民用建筑热工设计规范》(GB 50176—2016)的有关规定；
    3. 海岸环境和海风环境宜根据当地情况，考虑主导风向及结构所处迎风、背风部位等因素的影响，由调查研究和工程经验确定；
    4. 受除冰盐影响环境是指受到除冰盐盐雾影响的环境，受除冰盐作用环境是指被除冰盐溶液溅射的环境以及使用除冰盐地区的洗车房、停车楼等建筑；
    5. 暴露的环境是指混凝土结构表面所处的环境。

2. 混凝土材料的基本要求

(1)混凝土结构材料的质量是影响耐久性的主要内因，对设计使用年限为 50 年的混凝土结构，其混凝土材料宜符合表 3-9 的规定。

表 3-9　混凝土结构材料的耐久性基本要求

环境等级	最大水胶比	最低强度等级	最大氯离子含量/%	最大碱含量/(kN·m⁻³)
一	0.60	C20	0.30	不限制
二 a	0.55	C25	0.20	3.0
二 b	0.50(0.55)	C30(C25)	0.15	
三 a	0.45(0.50)	C35(C30)	0.15	
三 b	0.40	C40	0.10	

注：1. 氯离子含量是指其占胶凝材料总量的百分比；
    2. 预应力构件混凝土中的最大氯离子含量为 0.06%，其最低混凝土强度等级宜按表中的规定提高两个等级；
    3. 素混凝土构件的水胶比及最低强度等级的要求可适当放松；
    4. 有可靠工程经验时，二类环境中的最低混凝土强度等级可降低一个等级；
    5. 处于严寒和寒冷地区二 b、三 a 类环境中的混凝土应使用引气剂，并可采用括号中的有关参数；
    6. 当使用非碱活性骨料时，对混凝土中的碱含量可不作限制。

(2)一类环境中，设计使用年限为 100 年的混凝土结构应符合下列规定：

1)钢筋混凝土结构的最低强度等级为 C30；预应力混凝土结构的最低强度等级为 C40；

2)混凝土中的最大氯离子含量为 0.06％；

3)宜使用非碱活性骨料，当使用碱活性骨料时，混凝土中的最大碱含量为 3.0 kg/m³；

4)混凝土保护层厚度应符合表 3-10 的规定；当采取有效的表面防护措施时，混凝土保护层厚度可适当减小。

表 3-10　混凝土保护层的最小厚度 c　　　　　　　　　　　　mm

环境等级	板、墙、壳	梁、柱、杆
一	15	20
二 a	20	25
二 b	25	35
三 a	30	40
三 b	40	50

注：1. 混凝土强度等级不大于 C25 时，表中混凝土保护层厚度数值应增加 5 mm；
　　2. 钢筋混凝土基础宜设置混凝土垫层，基础中钢筋的混凝土保护层厚度应从垫层顶面算起，且不应小于 40 mm。

(3)二、三类环境中，设计使用年限 100 年的混凝土结构应采取专门的有效防护措施。

(4)耐久性环境类别为四类和五类的混凝土，其耐久性要求应符合有关标准的规定。

3. 保证耐久性的技术措施

(1)混凝土结构及构件还应采取下列耐久性技术措施：

1)预应力混凝土结构中的预应力筋应根据工程的具体情况采取表面防护、孔道灌浆、加大混凝土保护层厚度等措施，外露的锚固端应采取封锚和混凝土表面处理等有效措施。

2)有抗渗要求的混凝土结构，混凝土的抗渗等级应符合有关标准的要求。

3)严寒及寒冷地区的潮湿环境中，结构混凝土应满足抗冻要求，混凝土抗冻等级应符合有关标准的要求。

4)处于二、三类环境中的悬臂构件宜采用悬臂梁－板的结构形式，或在其上表面增设防护层。

5)处于二、三类环境中的结构构件，其表面的预埋件、吊钩、连接件等金属部件应采取可靠的防锈措施。

6)处于三类环境中的混凝土结构构件，可采用阻锈剂、环氧树脂涂层钢筋或其他具有耐腐蚀性能的钢筋、采取阴极保护措施或采用可更换的构件等措施。

(2)混凝土结构在设计使用年限内还应遵守下列规定：

1)建立定期检测、维修制度；

2)设计中可更换的混凝土构件应按规定更换；

3)构件表面的防护层，应按规定维护或更换；

4)结构出现可见的耐久性缺陷时，应及时进行处理。

第 4 章　钢筋混凝土梁承载力计算

学习目标

通过本章的学习，掌握混凝土梁的构造要求；了解受弯构件正截面的三种破坏形式；重点理解适筋梁从加荷到破坏的三个阶段；熟练掌握单筋矩形、双筋矩形、T 形截面受弯构件正截面承载力设计、截面复核的方法及适用条件的验算；掌握装配式混凝土梁的构造要求和设计要点；了解斜截面受剪破坏的三种主要形态；熟练掌握斜截面受剪承载力的计算方法及适用条件的验算；掌握纵向钢筋的弯起、锚固、截断及箍筋间距的主要构造要求；了解受弯构件的变形特点，钢筋混凝土构件的刚度；掌握受弯构件挠度计算和裂缝宽度的验算方法；了解减少构件挠度和裂缝宽度的措施。

学习重点

受弯构件正截面承载力计算；受弯构件斜截面受剪承载力计算；纵向钢筋的弯起、锚固、截断及箍筋间距的主要构造要求；受弯构件挠度计算和裂缝宽度的验算。

4.1　概　述

受弯构件是指截面上通常有弯矩和剪力共同作用而轴力忽略不计的构件。受弯构件是土木工程中数量最多，使用较为广泛的一类构件。工程结构中的梁就是典型的受弯构件。

受弯构件在弯矩和剪力的共同作用下，其破坏形态分为两种：一种破坏主要是由弯矩作用引起的，破坏时截面大致与构件的纵轴线垂直正交，称为正截面破坏，如图 4-1(a)所示；另一种破坏主要是由弯矩和剪力共同作用引起的，破坏时截面与构件的纵轴线呈一定角度斜向相交，称为斜截面破坏，如图 4-1(b)所示。

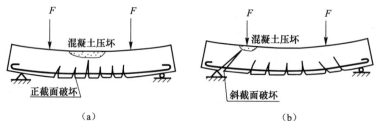

（a）　　　　　　　　　　　　　　　（b）

图 4-1　受弯构件破坏情况

(a)正截面破坏；(b)斜截面破坏

混凝土梁在弯矩作用下，通常情况下截面中和轴的下侧受压，上侧受拉，仅在受拉区配置纵向受力钢筋的截面称为单筋截面，如图4-2(a)所示；受拉区和受压区都配置纵向受力钢筋的截面称为双筋截面，如图4-2(b)所示。

钢筋混凝土受弯构件设计通常包括以下内容：

（1）正截面受弯承载力计算，按控制截面的弯矩设计值M，计算确定截面尺寸和纵向受力钢筋；

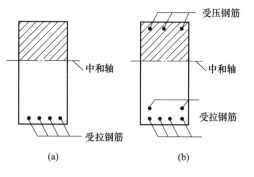

图 4-2　梁的横截面
(a)单筋截面；(b)双筋截面

（2）斜截面受剪承载力计算，按受剪控制截面处的剪力设计值V，计算确定箍筋和弯起钢筋的数量。以上两项属于构件承载能力极限状态的设计范畴；

（3）钢筋布置，为保证钢筋与混凝土的黏结，并使钢筋充分发挥作用，根据荷载产生的弯矩图和剪力图确定钢筋的布置；

（4）根据其使用条件还需要进行挠度变形和裂缝宽度的验算，以保证适用性和耐久性的要求，这属于构件正常使用极限状态的设计范畴；

（5）绘制施工图。对于混凝土结构和构件设计，通常先按承载能力极限状态进行结构构件的设计，再按正常使用极限状态进行验算。

4.2　梁的构造要求

4.2.1　梁的一般构造要求

1. 梁的截面形式和截面尺寸

（1）截面形式。混凝土梁常见的截面形式包括矩形、T形、I形、箱形、倒L形、花篮形等，如图4-3所示。

（2）截面尺寸。梁的截面尺寸的确定，既要满足承载能力的要求，也要满足正常使用的要求，同时，还要满足施工方便的要求。表4-1给出了不需要做挠度验算的梁的截面最小高度。

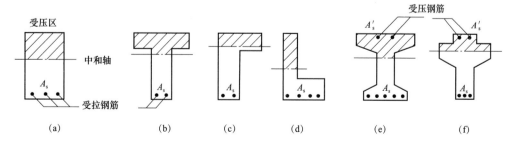

图 4-3　梁的截面形式
(a)矩形梁；(b)T形梁；(c)倒L形梁；(d)L形梁；(e)I形梁；(f)花篮形梁

表 4-1　不需要做挠度验算的梁的截面最小高度

项次	构件种类		简支	两端连续	悬臂
1	整体肋形梁	主梁	$l_0/12$	$l_0/15$	$l_0/6$
		次梁	$l_0/15$	$l_0/20$	$l_0/8$
2	独立梁		$l_0/12$	$l_0/15$	$l_0/6$

注：l_0 为梁的计算跨度；当 $l_0>9$ m 时表中数值应乘以 1.2 的系数；悬臂梁的高度指其根部的高度。

矩形截面梁的高宽比 h/b 一般取 2.0～3.5；T 形截面梁的高宽比 h/b 一般取 2.5～4.0。矩形截面的宽度或 T 形截面的梁肋宽 b 一般取为 100 mm、120 mm、150 mm（180 mm）、200 mm（220 mm）、250 mm、300 mm、350 mm…，300 mm 以上每级级差为 50 mm。括号中的数值仅用于木模板。

矩形截面梁和 T 形梁高度一般为 250 mm、300 mm、350 mm…750 mm、800 mm、900 mm…，800 mm 以下每级级差为 50 mm，800 mm 以上每级级差为 100 mm。

2. 梁的钢筋

梁内的钢筋通常有纵向受力钢筋、箍筋、弯起钢筋和架立钢筋等，构成钢筋骨架，如图 4-4 所示。当梁的截面高度较大时，还应在梁侧设置纵向构造钢筋。

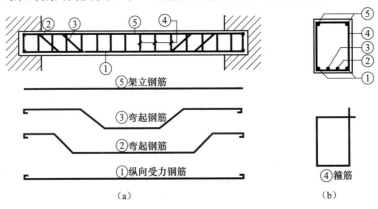

图 4-4　梁内钢筋布置

（1）纵向受力钢筋。纵向受力钢筋主要布置在梁的受拉区，用来承受由弯矩产生的拉力，其数量由计算确定。

1）直径。为使钢筋骨架有较好的刚度并便于施工，纵向受力钢筋的直径不宜过细；同时，为了避免受拉区混凝土产生过宽的裂缝，直径也不宜过粗，通常采用 10～32 mm，常用的直径为 12 mm、14 mm、16 mm、18 mm、20 mm、22 mm、25 mm、28 mm。

2）钢筋的根数不得小于 2 根。设计中若需要两种不同直径的钢筋，钢筋直径相差至少 2 mm，以便于在施工中能用肉眼识别，但相差也不宜超过两级。

为了便于混凝土的浇筑，保证钢筋能与混凝土黏结在一起，保证钢筋周围混凝土的密实性，纵筋的净间距以及钢筋的最小保护层厚度应满足图 4-5 所示的要求。如果受力纵筋必须排成两排，上下两排钢筋应对齐。

根据《混凝土规范》，梁的纵向受力钢筋应符合下列规定：

1）伸入梁支座范围内的钢筋不应少于 2 根。

2)梁高不小于 300 mm 时，钢筋直径不应小于 10 mm；梁高小于 300 mm 时，钢筋直径不应小于 8 mm。

3)梁上部钢筋水平方向的净间距 d_1 不应小于 30 mm 和 1.5d；梁下部钢筋水平方向的净间距不应小于 25 mm 和 d。当下部钢筋多于两层时，两层以上钢筋水平方向的中距应比下面两层的中距增大一倍；各层钢筋之间的净间距 d_2 不应小于 25 mm 和 d，d 为钢筋的最大直径，如图 4-5 所示。

4)在梁的配筋密集区域宜采用并筋的配筋形式。

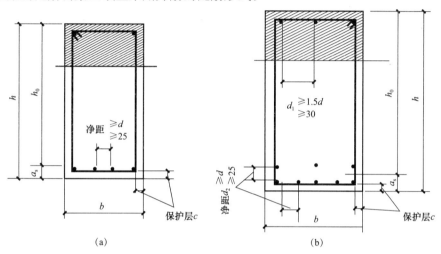

图 4-5　梁内钢筋净距
(a)单层钢筋；(b)双层钢筋

(2)箍筋。混凝土梁宜采用箍筋作为承受剪力的钢筋。

1)对截面高度 $h>800$ mm 的梁，箍筋直径不宜小于 8 mm。对截面高度 $h\leqslant800$ mm 的梁，不宜小于 6 mm；梁中配有计算需要的纵向受压钢筋时，箍筋直径还不应小于 $d/4$，d 为受压钢筋最大直径。

2)梁中箍筋的最大间距宜符合表 4-2 的规定。

表 4-2　梁中箍筋的最大间距　　　　　　　　　　　　　　　　　　mm

梁高 h	$V>0.7f_tbh_0+0.05N_{P0}$	$V\leqslant0.7f_tbh_0+0.05N_{P0}$
150<h≤300	150	200
300<h≤500	200	300
500<h≤800	250	350
h>800	300	400

3)当梁中配有按计算需要的纵向受压钢筋时，箍筋应符合以下规定：

①箍筋应做成封闭式，且弯钩直线段长度不应小于 5d，d 为箍筋直径。

②箍筋的间距不应大于 15d，并不应大于 400 mm。当一层内的纵向受压钢筋多于 5 根且直径大于 18 mm 时，箍筋间距不应大于 10d，d 为纵向受压钢筋的最小直径。

③当梁的宽度大于 400 mm 且一层内的纵向受压钢筋多于 3 根时，或当梁的宽度不大于 400 mm 但一层内的纵向受力钢筋多于 4 根时，应设置复合箍筋。

箍筋末端采用135°弯钩,弯钩端头直线段长度不小于50 mm,且不小于5d,d为箍筋直径。

④按计算需要配置箍筋时,一般可在梁的全长均匀布置箍筋,也可以在梁两端剪力较大的部位布置得密一些;按承载力计算不需要配置箍筋的梁,当截面高度$h>300$ mm 时,应沿梁全长设置构造箍筋;当截面高度$h=150\sim300$ mm 时,可仅在构件端部$l_0/4$范围内设置构造箍筋,l_0为跨度。但当在构件中部$l_0/2$范围内有集中荷载作用时,则应沿梁全长设置箍筋。当截面高度$h<150$ mm 时,可不设置箍筋。

梁支座处的箍筋一般从梁边(或墙边)处开始设置。支承在砌体结构上的钢筋混凝土独立梁,在纵向受力钢筋的锚固长度范围内应配置不少于2个箍筋,其直径不宜小于$d/4$,d为纵向受力钢筋的最大直径;间距不宜大于$10d$,当采取机械锚固措施时,箍筋间距尚不宜大于$5d$,d为纵向受力钢筋的最小直径。当梁与钢筋混凝土梁或柱整体连接时,支座内可不设置箍筋,如图4-6所示。

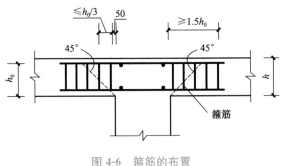

图 4-6 箍筋的布置

(3)弯起钢筋。弯起钢筋由纵向受力钢筋在支座附近弯起而成。弯起段承受斜截面剪力,弯起后的水平段既可承受压力,也可承受支座处负弯矩产生的拉力。常用的直径为$12\sim28$ mm。钢筋的弯起角度一般为45°;当梁高$h>800$ mm 时,可采用60°。

梁底层钢筋中的角部钢筋不应弯起,顶层钢筋中的角部钢筋不应弯下,而应直通至梁端部,以便和箍筋构成钢筋骨架。当梁宽较大(如$b\geqslant250$ mm)时,为使弯起钢筋在整个宽度范围内受力均匀,宜在一个截面内同时弯起两根钢筋。

(4)架立钢筋。对于架立钢筋的直径,当梁的跨度$l<4$ m 时,直径不宜小于8 mm;当l为$4\sim6$ m 时,直径不应小于10 mm;当$l>6$ m 时,直径不宜小于12 mm。

当梁上部无须配置纵向受力钢筋时,需配置与纵向受力钢筋平行的架立钢筋。其作用是:固定箍筋位置,与纵向受力钢筋形成钢筋骨架;承受因温度变化、混凝土收缩而产生的内应力,以防止发生裂缝。架立钢筋一般为两根,布置在梁截面受压区的角部。

(5)纵向构造钢筋。纵向构造钢筋的作用是控制由于混凝土收缩和温度变化产生垂直于梁轴线的裂缝;同时,也可控制受拉区弯曲裂缝在梁腹部汇集成宽度较大的根状裂缝,如图4-7(a)所示,也可加强梁内钢筋骨架的刚性,增强梁的抗扭能力。

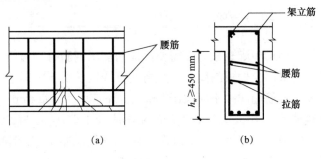

图 4-7 腰筋和拉筋

当梁的腹板高度 $h_w \geqslant 450$ mm 时，在梁的两个侧面应沿高度配置纵向构造钢筋(俗称腰筋)。每侧纵向构造钢筋(不包括梁上、下部受力钢筋及架立钢筋)的间距不宜大于 200 mm，截面面积不应小于腹板截面面积(bh_w)的 0.1‰，如图 4-7(b)所示。但当梁宽较大时，可以适当放松。两侧纵向构造钢筋之间用拉筋连系起来，拉筋也称连系筋，拉筋的直径可取与箍筋相同，拉筋的间距约为箍筋间距的 2 倍。

4.2.2 叠合梁的一般构造

(1)采用叠合梁时，楼板一般采用叠合板，梁、板的后浇层一起浇筑。当板的总厚度不小于梁的后浇层厚度要求时，可采用矩形截面预制梁。当板的总厚度小于梁的后浇层厚度要求时，为增加梁的后浇层厚度，可采用凹口形截面预制梁。某些情况下，为方便施工，预制梁也可采用其他截面形式，如倒 T 形截面或者传统的花篮梁的形式等。

(2)采用叠合梁时，在施工条件允许的情况下，箍筋宜采用闭口箍筋。当采用闭口箍筋不便安装上部纵筋时，可采用组合封闭箍筋，即开口箍筋加箍筋帽的形式，并且规定，箍筋帽两端均采用 135°弯钩。由于对封闭组合箍的研究仍不够完善，因此，在抗震等级为一、二级的叠合框架梁梁端加密区中不建议采用。

(3)当梁的下部纵向钢筋在后浇段内采用机械连接时，一般只能采用加长丝扣型直螺纹接头，滚轧直螺纹加长丝头在安装中会存在一定的困难，且无法达到Ⅰ级接头的性能测试指标。套筒灌浆连接接头也可用于水平钢筋的连接。

(4)对于叠合楼盖结构，次梁与主梁的连接可采用后浇混凝土节点，即主梁上后留后浇段，混凝土断开而钢筋连续，以便穿过和锚固次梁钢筋。当主梁截面较高且次梁面较小时，主梁预制混凝土也可不完全断开，采用预留凹槽的形式供次梁钢筋穿过。次梁端部可设计为刚接和铰接。次梁钢筋在主梁内采用锚固板的方式锚固时，锚固长度根据现行行业标准《钢筋锚固板应用技术规程》(JGJ 256—2011)确定。

4.2.3 混凝土保护层和截面的有效高度

1. 混凝土保护层

为防止钢筋锈蚀，保证耐久性、防火性以及钢筋与混凝土的黏结，梁内钢筋的两侧和近边都应有足够的混凝土保护层。构件最外层钢筋(包括箍筋、构造筋、分布筋等)的外缘至混凝土表面的距离为钢筋的混凝土保护层最小厚度。根据《混凝土规范》的规定，构件中普通钢筋及预应力筋的混凝土保护层厚度应满足下列要求：

(1)构件中受力钢筋的保护层厚度不应小于钢筋的公称直径 d；

(2)设计使用年限为 50 年的混凝土结构，最外层钢筋的保护层厚度应符合表 3-10 的规定；设计使用年限为 100 年的混凝土结构，最外层钢筋的保护层厚度不应小于表 3-10 中数值的 1.4 倍。

当有充分依据并采取下列措施时，可适当减小混凝土保护层的厚度：

(1)构件表面有可靠的防护层；

(2)采用工厂化生产的预制构件；

(3)在混凝土中掺加阻锈剂或者采用阴极保护处理等防锈措施；

(4)当对地下室墙体采用可靠的建筑防水做法或者防护措施时，与土层接触一侧钢筋的保护层厚度可适当减少，但不应小于 25 mm。

2. 截面的有效高度

截面的有效高度 h_0 是指受拉钢筋的重心至截面受压混凝土边缘的垂直距离。它与混凝土保护层厚度、箍筋和受拉钢筋的直径及层数有关。截面的有效高度 h_0 的计算公式为

$$h_0 = h - a_s \tag{4-1}$$

式中　h——截面高度；

　　　a_s——受拉钢筋的重心至截面受拉混凝土边缘的垂直距离。

对梁，当受拉钢筋放置一层时，$a_s = c + d_v + d/2$，当受拉钢筋放置双层时，$a_s = c + d_v + d + d_n/2$。

其中，c 为混凝土保护层厚度；d_v 为箍筋直径；d 为受力钢筋直径；d_n 为上、下层钢筋之间的垂直净距。

若取受拉钢筋直径为 20 mm，则不同环境类别下钢筋混凝土梁设计计算中 a_s 取值可参考表 4-3 中的数值。

表 4-3　钢筋混凝土梁 a_s 取近似值　　　　　　　　　　　　　　mm

环境类别	梁混凝土保护层最小厚度	箍筋直径 Φ6		箍筋直径 Φ8	
		受拉钢筋一层	受拉钢筋两层	受拉钢筋一层	受拉钢筋两层
一	20	35	60	40	65
二 a	25	40	65	45	70
二 b	35	50	75	55	80
三 a	40	55	80	60	85
三 b	50	65	90	70	95

板类构件的受力钢筋通常布置在外侧，常用直径为 8～12 mm，对于一类环境可取 $a_s = 20$ mm，对于二 a 类环境可取 $a_s = 25$ mm。

4.3　受弯构件正截面的受力性能试验

4.3.1　梁的试验和工作阶段

图 4-8 所示为一配筋适中的钢筋混凝土矩形截面试验梁。为着重研究正截面的应力-应变规律，试验梁采用两点对称加荷方式，以消除剪力对正截面受弯的影响，使正截面只受到弯矩的作用。使两个对称集中荷载之间的截面，在忽略自重的情况下，只受纯弯矩而无剪力，称为纯弯区段。为分析梁截面的受弯性能，在纯弯段内沿梁高两侧布置了若干应变计，量测沿构件高度截面纵向应变的分布。同时，在受拉钢筋上也布置了应变计，量测受拉钢筋的应变。在跨中和两端布置位移计，量测梁的挠度变形；并使用读数放大镜或裂缝

测宽仪观察裂缝的出现与开展。试验时按预计的破坏荷载由零开始分级加荷，并逐级观察梁的变化，分别记录在各级荷载作用下的挠度、裂缝宽度和开展深度、钢筋和混凝土的应变，一直加荷到梁破坏。

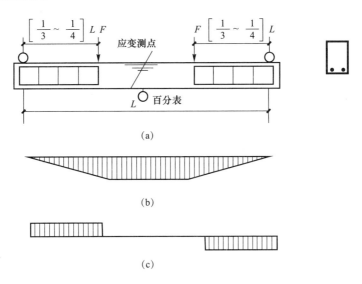

图 4-8　钢筋混凝土简支梁受弯试验

(a)试验梁装置；(b)弯矩图；(c)剪力图

图 4-9 所示为配筋适中梁的弯矩与挠度的实测关系曲线。图中，纵坐标为各级荷载作用下的弯矩 M 相对于梁破坏时极限弯矩 M_u 的比值，M/M_u 为无量纲值，横坐标为梁跨中挠度 f 的实测值。

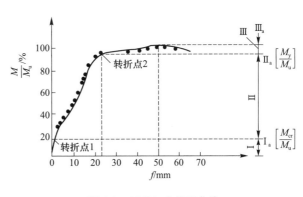

图 4-9　M/M_u-f 关系曲线

试验表明，钢筋混凝土梁从加荷到破坏，正截面上的应力和应变不断变化，在 M/M_u-f 关系曲线上具有两个明显的转折点(转折点 1 和转折点 2)，将梁的受力和变形过程划分为三个阶段。

(1)弹性工作阶段(第Ⅰ阶段)。从开始加荷到受拉区混凝土即将开裂的整个受力过程，称为第Ⅰ阶段。加荷初期，由于荷载较小，混凝土处于弹性阶段。此时，梁的工作情况与均质弹性体梁相似。截面上混凝土的拉应力和压应力分布呈直线变化，截面混凝土的受拉应变和受压应变很小，应变分布符合平截面假定，受拉区的拉力由受拉钢筋和拉区的混凝土共同承担，如图 4-10(a)所示。当荷载逐渐增加，截面所受的弯矩在增大，量测到的应变也随之增大，由于混凝土的抗拉能力远比抗压能力弱，故在受拉区边缘处混凝土首先表现出应变的增长比应力的增长速度快的塑性特征。受拉区应力图形开始偏离直线而逐步变弯。弯矩继续增大，受拉区应力图形中曲线部分的范围不断沿梁高向上发展。

当弯矩增加到 M_{cr} 时,受拉区边缘纤维的应变值将达到混凝土受弯时的极限拉应变 ε_{tu},截面处于即将开裂状态,称为第 I 阶段末,标志着第 I 阶段结束,称为 I_a 阶段。而受压区混凝土仍处于弹性状态,应力、应变呈直线分布,如图 4-10(b)所示。I_a 阶段的应力状态是受弯构件抗裂计算的依据。

(2)带裂缝工作阶段(第 II 阶段)。在开裂弯矩 M_{cr} 下,梁纯弯段最薄弱截面位置处首先出现第一条裂缝开始,到受拉区钢筋即将屈服的整个受力过程,称为第 II 阶段(带裂缝工作阶段)。开裂瞬间,裂缝截面处混凝土承担的拉力将由钢筋承担,导致裂缝截面钢筋应力发生突然增加。这使中和轴比开裂前有较大上移,中和轴附近受拉区未开裂的混凝土仍能承受部分拉力。随着荷载的增加,裂缝不断扩大并向上延伸,中和轴逐渐上移,梁的刚度降低,挠度比开裂前有较快的增长,在 $M/M_u\text{-}f$ 关系曲线上出现了第 1 个明显的转折点,如图 4-9 所示。由于混凝土受压区高度减小,受压区混凝土出现塑性变形,压应力图形呈曲线形,如图 4-10(c)所示。随着荷载继续增加,钢筋应力达到屈服强度 f_y 时,第 II 阶段结束,称为 II_a 阶段,相应的截面弯矩为 M_y,如图 4-10(d)所示。对于一般钢筋混凝土结构构件,在正常使用时都是带裂缝工作的。故第 II 阶段的应力状态是受弯构件在正常使用阶段变形和裂缝宽度验算的依据。

(3)破坏阶段(第 III 阶段)。钢筋应力达到屈服强度 f_y 以后,即认为梁已进入破坏阶段。此时钢筋应力不增加而应变急剧增大,促使裂缝显著开展并向上延伸,中和轴迅速上移。此时,在 $M/M_u\text{-}f$ 关系曲线上出现了第 2 个明显的转折点,挠度急剧增加,如图 4-9 所示。随着中和轴的迅速上移,受压区高度减小将使混凝土的压应力和压应变迅速增大,受压混凝土表现出充分的塑性特征,压应力曲线趋于丰满,如图 4-10(e)所示。当受压区最外边缘处混凝土的压应变达到极限压应变 ε_{cu} 时,受压混凝土发生纵向水平裂缝而被压碎,构件达到极限承载力 M_u,此时称为 III_a 阶段,如图 4-10(f)所示。III_a 阶段是受弯构件破坏的极限状态,作为受弯构件正截面承载力计算的依据。

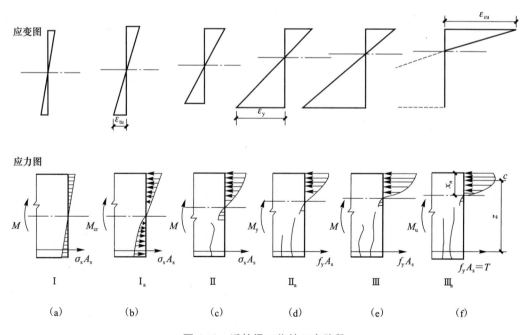

图 4-10　适筋梁工作的三个阶段

4.3.2　受弯构件正截面破坏特征

根据试验研究，梁正截面的破坏形式与配筋率 ρ 和钢筋、混凝土的强度等级有关。但是，以配筋率对构件破坏特征的影响最为明显。配筋率 $\rho = A_s / (b \cdot h_0)$，此处 A_s 为受拉钢筋截面面积，$b \cdot h_0$ 为截面的有效面积。试验表明，在常用的钢筋级别和混凝土强度等级情况下，其破坏形式主要随配筋率 ρ 的大小而异。梁正截面的破坏形式可以分为以下三种形态：

(1)适筋梁破坏。所谓适筋梁是指配筋率比较适中，从开始加载至截面破坏，整个截面的受力过程符合前面所述的三个阶段的梁。这种梁的破坏特点是：受拉钢筋首先达到屈服强度，维持应力不变而发生显著的塑性变形，直到受压区混凝土边缘应变达到混凝土弯曲受压的极限压应变时，受压区混凝土被压碎，截面即告破坏。梁在完全破坏以前，由于钢筋要经历较大的塑性伸长，随之引起裂缝急剧开展和梁挠度的激增，这将给人明显的破坏预兆，习惯上将这种梁的破坏称之为"塑性破坏"，如图 4-11(a)所示。

(2)超筋梁破坏。配筋率 ρ 过大的梁一般称之为"超筋梁"。试验表明，由于这种梁内钢筋配置过多，抗拉能力过强，当荷载加到一定程度后，在钢筋拉应力尚未达到屈服之前，受压区混凝土已先被压碎，致使构件破坏。由于超筋梁在破坏前钢筋尚未屈服而仍处于弹性工作阶段，其延伸较小，因而梁的裂缝较细，挠度较小，破坏没有预兆，比较突然，习惯上称之为"脆性破坏"，如图 4-11(b)所示。

超筋梁虽然在受拉区配置有很多受拉钢筋，但其强度不能充分利用，这是不经济的，同时破坏前又无明显预兆，所以，在实际工程中应避免设计成超筋梁。

(3)少筋梁破坏。当梁的配筋率 ρ 很小时，称为"少筋梁"。这种梁在开裂以前受拉区主要由混凝土承担，钢筋承担的拉力占很少的一部分。在 I_a 阶段，受拉区一旦开裂，拉力就几乎全部转由钢筋承担。但由于受拉区钢筋数量配置太少，使裂缝截面的钢筋拉应力突然剧增，直至超过屈服强度而进入强化阶段，此时受拉钢筋的塑性伸长已经很大，裂缝开展过宽，梁将严重下垂，受压区混凝土不会压碎，但过大的变形及裂缝已经不适于继续承载，从而标志着梁的破坏，如图 4-11(c)所示。

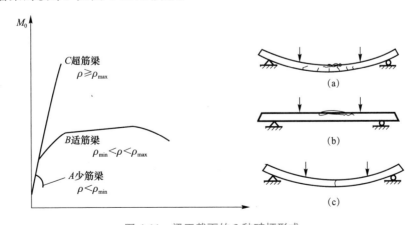

图 4-11　梁正截面的 3 种破坏形式
(a)适筋梁破坏；(b)超筋梁破坏；(c)少筋梁破坏

少筋梁的破坏一般是在梁出现第一条裂缝后突然发生，所以也属于"脆性破坏"。因此，少筋梁也是不安全的。少筋梁虽然在受拉区配置了钢筋，但不能起到提高混凝土梁承载能力的作用，同时，混凝土的抗压强度也不能充分利用，因此，在实际工程中也应避免。

由此可见，当截面配筋率变化到一定程度时，将引起梁破坏性质的改变。由于在实际工程设计中不允许出现超筋梁或少筋梁，因此，必须在设计中对适筋梁的配筋率做出规定，具体规定将在以后的计算中描述。

4.4　受弯构件正截面承载力计算

4.4.1　受弯构件正截面承载力计算的基本规定

1. 基本假定

根据前述钢筋混凝土梁受弯性能分析，正截面受弯承载力计算可采用以下基本假定：

(1)截面应变保持平面，即截面上各点的平均应变与该点到中和轴的距离成正比。

(2)不考虑混凝土的抗拉强度，受拉区开裂后全部拉力由纵向受拉钢筋承担。

(3)混凝土受压的应力与应变关系采用如图 4-12 所示的曲线。其中，ε_0 为混凝土压应力达到 f_c 时的压应变，取 ε_0 为 0.002；ε_{cu} 为正截面的混凝土极限压应变，取 ε_{cu} 为 0.003 3。

(4)纵向受力钢筋的应力-应变关系采用如图 4-13 所示的曲线，即当 $\varepsilon_s \leqslant \varepsilon_y$ 时，$\sigma_s = E_s \varepsilon_s$；当 $\varepsilon_s > \varepsilon_y$ 时，$\sigma_s = f_y$；纵向受拉钢筋的极限拉应变 ε_s 取 0.01。

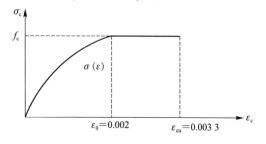
　　　　　　　　　　　　　　　　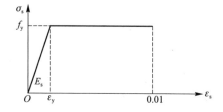

图 4-12　混凝土受压的应力-应变关系　　　　图 4-13　纵向受力钢筋的应力-应变关系

2. 受压区混凝土的等效矩形应力图

由上述可知，达到极限弯矩 M_u 时，受压区混凝土压应力分布与应力-应变曲线形状相似，其合力 C 和作用位置 y_c 仅与混凝土应力-应变曲线形状及受压区高度 x_c 有关。而在极限弯矩的计算中，也仅需知道 C 的大小和作用位置 y_c 就足够了。因此，为简化计算，《混凝土规范》规定，取等效矩形应力图来代替受压区混凝土实际应力图，如图 4-14 所示。

等效代换的原则如下：

(1)压应力的合力大小不变；

(2)合力作用点位置不变。

等效矩形应力图的应力值取为 $\alpha_1 f_c$，α_1 为矩形应力图中混凝土的抗压强度与混凝土轴心抗压强度的比值。等效矩形应力图的高度为 $x = \beta_1 x_c$，β_1 为等效受压区高度 x 与实际应力图受压区高度 x_c 的比值。α_1、β_1 的取值按表 4-4 直接查用。

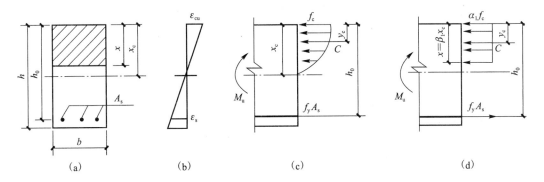

图 4-14　曲线应力图与等效矩形应力图

(a)横截面；(b)应变分布图；(c)曲线应力分布图；(d)等效矩形应力分布图

表 4-4　混凝土受压区等效矩形应力图系数 α_1、β_1

混凝土强度等级	≤C50	C55	C60	C65	C70	C75	C80
α_1	1.0	0.99	0.98	0.97	0.96	0.95	0.94
β_1	0.8	0.79	0.78	0.77	0.76	0.75	0.74

3. 界限相对受压区高度

为研究问题方便，引入相对受压区高度的概念。将等效矩形应力图受压区高度 x 与截面有效高度 h_0 的比值称为相对受压区高度，用 ξ 表示，即

$$\xi = \frac{x}{h_0} \tag{4-2}$$

如前所述，适筋梁与超筋梁破坏的本质区别在于，前者纵向受拉钢筋首先达到屈服，经过一段塑性变形后，受压区混凝土才被压碎；而后者在受拉钢筋屈服前，受压区混凝土的压应变已经达到极限压应变，导致构件破坏。显然，在适筋梁和超筋梁破坏之间必定存在着一种界限状态，这种状态的特征是受拉钢筋达到屈服强度，同时受压区混凝土边缘的压应变恰好达到极限压应变而破坏，即界限破坏。根据图 4-15 所示界限破坏时的截面应变分布，可得界限中和轴高度 x_{cb}，即

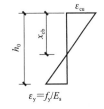

图 4-15　界限破坏时截面应变分布

$$x_{cb} = \frac{\varepsilon_{cu}}{\varepsilon_{cu} + \varepsilon_y} h_0 \tag{4-3}$$

相应地，等效矩形截面的受压区高度 x_b 与截面有效高度 h_0 的比值，称为界限相对受压区高度，用 ξ_b 表示。

$$\xi_b = \frac{x_b}{h_0} = \frac{\beta_1 x_{cb}}{h_0} = \frac{\beta_1 \varepsilon_{cu}}{\varepsilon_{cu} + \varepsilon_y} \tag{4-4}$$

取 $\varepsilon_y = f_y / E_s$，代入式(4-4)，可得

$$\xi_b = \frac{\beta_1}{1 + \dfrac{f_y}{\varepsilon_{cu} E_s}} \tag{4-5}$$

当相对受压区高度 $\xi \leqslant \xi_b$ 时，受拉钢筋首先达到屈服，然后混凝土受压破坏，属于适筋梁情况；当 $\xi > \xi_b$ 时，受压区混凝土先压坏，受拉钢筋未屈服，属超筋梁情况。

对于常用的有明显屈服点的热轧钢筋，将其抗拉设计强度 f_y 和弹性模量 E_s 代入式(4-5)中，可算得有明显屈服点配筋的受弯构件的界限相对受压区高度 ξ_b，见表 4-5，设计时可直接查用。

表 4-5　有明显屈服点配筋的受弯构件的界限相对受压区高度 ξ_b 值

混凝土强度等级	≤C50	C55	C60	C65	C70	C75	C80
HPB300	0.576	0.566	0.556	0.547	0.537	0.528	0.518
HRB335、HRBF335	0.550	0.541	0.531	0.522	0.512	0.503	0.493
HRB400、HRBF400、RRB400	0.518	0.508	0.499	0.490	0.481	0.472	0.463
HRB500、HRBF500	0.482	0.473	0.464	0.455	0.447	0.438	0.429

4. 适筋构件的最小配筋率

从理论上讲，应以钢筋混凝土构件破坏时的极限弯矩 M_u 等于同截面、同强度素混凝土受弯构件所能承担的极限弯矩 M_{cr} 时的受力状态，为适筋破坏与少筋破坏的界限，这时梁的配筋率应是适筋受弯构件的最小配筋率 ρ_{min}。《混凝土规范》规定在确定最小配筋率 ρ_{min} 时，不仅考虑了这种"等承载力"原则，而且还考虑了温度应力、混凝土收缩的影响，以及以往工程设计的经验。《混凝土规范》规定，钢筋混凝土结构构件中纵向受力钢筋的配筋率不应小于表 4-6 规定的数值。

表 4-6　纵向受力钢筋的最小配筋百分率 ρ_{min}　　　　　　　　　　　%

受力类型			最小配筋百分率
受压构件	全部纵向钢筋	强度等级 500 MPa	0.50
		强度等级 400 MPa	0.55
		强度等级 300 MPa、335 MPa	0.60
	一侧纵向钢筋		0.20
受弯构件、偏心受拉、轴心受拉构件一侧的受拉钢筋			0.20 和 $45f_t/f_y$ 中的较大值

注：1. 受压构件全部纵向钢筋最小配筋百分率，当采用 C60 以上强度等级的混凝土时，应按表中规定增加 0.10；
　　2. 板类受弯构件(不包括悬臂板)的受拉钢筋，当采用强度等级为 400 MPa、500 MPa 的钢筋时，其最小配筋百分率应允许采用 0.15 和 $45f_t/f_y$ 中的较大值；
　　3. 偏心受拉构件中的受压钢筋，应按受压构件一侧纵向钢筋考虑；
　　4. 受压构件的全部纵向钢筋和一侧纵向钢筋的配筋率以及轴心受拉构件和小偏心受拉构件一侧受拉钢筋的配筋率均应按构件的全截面面积计算；
　　5. 受弯构件、大偏心受拉构件一侧受拉钢筋的配筋率应按全截面面积扣除受压翼缘面积 $(b'_f - b)h'_f$ 后的截面面积计算；
　　6. 当钢筋沿构件截面周边布置时，"一侧纵向钢筋"是指沿受力方向两个对边中一边布置的纵向钢筋。

4.4.2　单筋矩形截面受弯构件正截面承载力计算

1. 基本计算公式

根据等效矩形应力图原则，得到单筋矩形截面受弯构件正截面承载力的计算应力图，如图 4-16 所示。

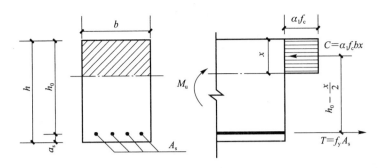

图 4-16 单筋矩形截面受弯构件正截面承载力计算应力图

根据承载能力极限状态设计表达式 $M \leqslant M_u$，受弯构件正截面承载力计算的基本公式为

$$\sum X = 0 \quad \alpha_1 f_c b x = f_y A_s \tag{4-6}$$

$$\sum M = 0 \quad M \leqslant M_u = \alpha_1 f_c b x \left(h_0 - \frac{x}{2} \right) \tag{4-7}$$

或

$$M \leqslant M_u = f_y A_s \left(h_0 - \frac{x}{2} \right) \tag{4-8}$$

式中　M——弯矩设计值；

　　　M_u——正截面极限抵抗弯矩设计值；

　　　f_c——混凝土轴心抗压强度设计值，按表 3-5 取用；

　　　b——截面宽度；

　　　x——等效矩形应力图的混凝土受压区高度；

　　　f_y——钢筋抗拉强度设计值，按表 3-2 取用；

　　　α_1——系数，按表 4-4 取用；

　　　A_s——受拉纵向钢筋的截面面积；

　　　h_0——截面的有效高度。

2. 适用条件

(1)为防止发生超筋破坏，应满足

$$\xi \leqslant \xi_b \text{ 或 } x \leqslant \xi_b h_0 \tag{4-9}$$

或

$$\rho \leqslant \rho_{max} \tag{4-10}$$

(2)为防止发生少筋破坏，应满足

$$\rho \geqslant \rho_{min} \tag{4-11}$$

当计算所得的配筋率 ρ 小于最小配筋率 ρ_{min} 时，则按 $\rho = \rho_{min}$ 配筋，即取

$$A_s \geqslant A_{s,min} = \rho_{min} b h \tag{4-12}$$

取 $x = \xi_b h_0$，得到单筋矩形截面所能承受的最大弯矩为

$$M_{u,max} = \xi_b (1 - 0.5\xi_b) \alpha_1 f_c b h_0^2$$

令

$$\alpha_{s,max} = \xi_b (1 - 0.5\xi_b) \tag{4-13}$$

则有

$$M_{u,max} = \alpha_{s,max} \alpha_1 f_c b h_0^2 \tag{4-14}$$

式中　$\alpha_{s,max}$——截面最大的抵抗矩系数。

对于有明显屈服点配筋的受弯构件，其截面最大的抵抗矩系数可按表 4-7 直接查用。

表 4-7　受弯构件截面最大的抵抗矩系数 $\alpha_{s,max}$ 值

混凝土强度等级	≤C50	C55	C60	C65	C70	C75	C80
HPB300	0.410 1	0.405 8	0.401 4	0.397 4	0.392 8	0.388 6	0.383 8
HRB335、HRBF335	0.398 8	0.394 7	0.390 0	0.385 8	0.380 9	0.376 5	0.371 5
HRB400、HRBF400、RRB400	0.383 8	0.379 0	0.374 5	0.370 0	0.365 3	0.360 6	0.355 8
HRB500、HRBF500	0.365 8	0.361 1	0.356 4	0.351 5	0.347 1	0.342 1	0.337 0

3. 单筋矩形截面受弯构件正截面设计计算方法

已知构件的截面尺寸（$b \times h$）、材料强度设计值（f_c，f_y）、截面承受的弯矩设计值（M），求受拉钢筋截面面积 A_s。

（1）基本公式法。

1）先估计钢筋一层或两层放置，取定 a_s，计算截面有效高度 $h_0 = h - a_s$。

2）计算截面受压区高度 x。

$$x = h_0 - \sqrt{h_0^2 - \frac{2M}{\alpha_1 f_c b}}$$

3）求纵向受拉钢筋 A_s。若 $x \leqslant \xi_b h_0$，则 $A_s = \dfrac{\alpha_1 f_c b x}{f_y}$；若 $x > \xi_b h_0$，则为超筋梁，说明截面尺寸过小，应加大截面尺寸或提高混凝土强度等级（其中，以加大截面高度 h 最为有效），重新设计。

4）根据计算的 A_s 在表 4-8 或表 4-9 中，选择合适的钢筋直径及根数。实际采用的钢筋面积一般宜等于或大于计算所需的钢筋面积，其差值宜控制在 5% 以内。应注意满足有关构造要求，特别是钢筋的净距。

5）验算最小配筋率，检查截面实际配筋率是否大于最小配筋率，即 $\rho \geqslant \rho_{min}$ 或 $A_s \geqslant \rho_{min} bh$。否则取 $\rho = \rho_{min}$，则 $A_s = \rho_{min} bh$。

表 4-8　钢筋的公称直径、计算截面面积及理论质量

公称直径 /mm	不同根数钢筋的计算截面面积/mm²									单根钢筋理论质量 /(kg·m⁻¹)
	1	2	3	4	5	6	7	8	9	
6	28.3	57	85	113	142	170	198	226	255	0.222
8	50.3	101	151	201	252	302	352	402	453	0.395
10	78.5	157	236	314	393	471	550	628	707	0.617
12	113.1	226	339	452	565	678	791	904	1 017	0.888
14	153.9	308	461	615	769	923	1 077	1 231	1 385	1.21
16	201.1	402	603	804	1 005	1 206	1 407	1 608	1 809	1.58
18	254.5	509	763	1 017	1 272	1 527	1 781	2 036	2 290	2.00(2.11)
20	314.2	628	942	1 256	1 570	1 884	2 199	2 513	2 827	2.47
22	380.1	760	1 140	1 520	1 900	2 281	2 661	3 041	3 421	2.98
25	490.9	982	1 473	1 964	2 454	2 945	3 436	3 927	4 418	3.85(4.10)
28	615.8	1 232	1 847	2 463	3 079	3 695	4 310	4 926	5 542	4.83
32	804.2	1 609	2 413	3 217	4 021	4 826	5 630	6 434	7 238	6.31(6.65)

公称直径 /mm	不同根数钢筋的计算截面面积/mm²									单根钢筋 理论质量 /(kg·m⁻¹)
	1	2	3	4	5	6	7	8	9	
36	1 017.9	2 036	3 054	4 072	5 089	6 107	7 125	8 143	9 161	7.99
40	1 256.6	2 513	3 770	5 027	6 283	7 540	8 796	10 053	11 310	9.87(10.31)
50	1 964	3 928	5 892	7 856	9 820	11 784	13 748	15 712	17 676	15.42(16.28)

注：括号内为预应力螺纹钢筋的数值。

表 4-9　各种钢筋间距时每米板宽内的钢筋截面面积　　　　　　mm²

钢筋间距 /mm	钢筋直径/mm													
	3	4	5	6	6/8	8	8/10	10	10/12	12	12/14	14	14/16	16
70	101	179	281	404	561	719	920	1 121	1 369	1 616	1 908	2 199	2 536	2 872
75	94.3	167	262	377	524	671	859	1 047	1 277	1 508	1 780	2 053	2 367	2 681
80	88.4	157	245	354	491	629	805	981	1 198	1 414	1 669	1 924	2 218	2 513
85	83.2	148	231	333	462	592	758	924	1 127	1 331	1 571	1 811	2 088	2 365
90	78.5	140	218	314	437	559	716	872	1 064	1 257	1 484	1 710	1 972	2 234
95	74.5	132	207	298	414	529	678	826	1 008	1 190	1 405	1 620	1 868	2 116
100	70.6	126	196	283	393	503	644	785	958	1 131	1 335	1 539	1 775	2 011
110	64.2	114	178	257	357	457	585	714	871	1 028	1 214	1 399	1 614	1 828
120	58.9	105	163	236	327	419	537	654	798	942	1 112	1 283	1 480	1 676
125	56.5	100	157	226	314	402	515	628	766	905	1 068	1 232	1 420	1 608
130	54.4	96.6	151	218	302	387	495	604	737	870	1 027	1 184	1 366	1 547
140	50.5	89.7	140	202	281	359	460	561	684	808	954	1 100	1 268	1 436
150	47.1	83.8	131	189	262	335	429	523	639	754	890	1 026	1 188	1 340
160	44.1	78.5	123	177	246	314	403	491	599	707	834	962	1 110	1 257
170	41.5	73.9	115	166	231	296	379	462	564	665	786	906	1 044	1 183
180	39.2	69.8	109	157	218	279	358	436	532	628	742	855	985	1 117
190	37.2	66.1	103	149	207	265	339	413	504	595	702	810	934	1 053
200	35.3	62.8	98.2	141	196	251	322	393	479	565	668	770	888	1 005
220	32.1	57.1	89.3	129	178	228	292	357	436	514	607	700	807	914
240	29.4	52.4	81.9	118	164	209	268	327	399	471	556	641	740	838
250	28.3	50.2	78.5	113	157	201	258	314	383	452	534	616	710	804
260	27.2	48.3	75.5	109	151	193	248	302	368	435	514	592	682	773
280	25.2	44.9	70.1	101	140	180	230	281	342	404	477	550	634	718
300	23.6	41.9	65.5	94	131	168	215	262	320	377	445	513	592	670
320	22.1	39.2	61.4	88	123	157	201	245	299	353	417	481	554	628

【例 4-1】 已知某办公楼钢筋混凝土楼面简支梁，计算跨度 $l_0 = 6.0$ m，梁的截面尺寸 $b \times h = 200$ mm $\times 450$ mm，永久荷载(包括梁自重)标准值 $g_k = 15$ kN/m，可变荷载标准值 $q_k = 8$ kN/m，混凝土强度等级为 C30，HRB400 级钢筋，构件的安全等级为二级，设计使用年限为 50 年，环境类别为一类。求梁所需的纵向受拉钢筋面积 A_s。

【解】 1)确定基本数据。

由表3-5、表4-4查得，混凝土的设计强度 $f_c=14.3\ \text{N/mm}^2$，$f_t=1.43\ \text{N/mm}^2$；$\alpha_1=1.0$；

由表3-2、表4-5查得，钢筋的设计强度 $f_y=360\ \text{N/mm}^2$，$\xi_b=0.518$；

由表4-3查得，钢筋混凝土梁的最小保护层厚度为 20 mm，设纵向受拉钢筋按一层放置，设箍筋直径为 8 mm，取 $a_s=35$ mm，则梁的有效高度为

$$h_0=h-a_s=450-35=415(\text{mm})$$

构件的安全等级为二级，重要性系数 $\gamma_0=1.0$；设计使用年限50年，$\gamma_L=1.0$。

2)求跨中截面最大设计弯矩。由可变荷载效应控制的组合，取荷载分项系数 $\gamma_G=1.2$，$\gamma_Q=1.4$。

$$M=\gamma_0\times\frac{1}{8}(\gamma_G g_k+\gamma_Q\gamma_L q_k)l_0^2=1.0\times\frac{1}{8}(1.2\times15+1.4\times1.0\times8.0)\times6.0^2=131.4(\text{kN}\cdot\text{m})$$

由永久荷载效应控制的组合，取荷载分项系数 $\gamma_G=1.35$，$\gamma_Q=1.4$；组合值系数 $\psi_c=0.7$。

$$M=\gamma_0\times\frac{1}{8}(\gamma_G g_k+\gamma_Q\gamma_L\psi_c q_k)l_0^2=1.0\times\frac{1}{8}\times(1.35\times15+1.4\times1.0\times0.7\times8)\times6.0^2$$
$$=126.4(\text{kN}\cdot\text{m})$$

则跨中截面最大设计弯矩为：$M=131.4\ \text{kN}\cdot\text{m}$。

3)求受压区高度。

$$x=h_0-\sqrt{h_0^2-\frac{2M}{\alpha_1 f_c b}}=415-\sqrt{415^2-\frac{2\times131.4\times10^6}{1.0\times14.3\times200}}=131.5(\text{mm})$$

4)验算适用条件。

$x=131.5\ \text{mm}<\xi_b h_0=0.518\times415=214.97(\text{mm})$，满足要求。

5)求受拉钢筋 A_s。

$$A_s=\frac{\alpha_1 f_c bx}{f_y}=\frac{1.0\times14.3\times200\times131.5}{360}=1\ 044.69(\text{mm}^2)$$

6)选配钢筋直径及根数。查表4-8选配3Φ22，实际配筋面积 $A_s=1\ 140\ \text{mm}^2$，配筋如图4-17所示。

钢筋净距 $s=(200-2\times20-2\times8-3\times22)/2=39(\text{mm})>25$ mm。

7)验算适用条件。$\rho_{\min}$ 取 0.2% 和 $45f_t/f_y(\%)$ 中的较大值，$45f_t/f_y(\%)=45\times1.57/435=0.16\%$，故取 $\rho_{\min}=0.2\%$。

$A_{s,\min}=\rho_{\min}bh=0.2\%\times200\times4\ 500=180(\text{mm}^2)<A_s=1\ 140\ \text{mm}^2$，满足要求。

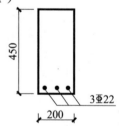

图4-17 例4-1图

(2)表格法。为了方便工程设计，可将基本公式适当变换，引入参数编制成计算表格，采用查表的方法进行计算。

将 $\xi=x/h_0$ 代入式(4-7)得

$$M=\alpha_1 f_c bx\left(h_0-\frac{x}{2}\right)=\alpha_1 f_c bh_0^2\xi(1-0.5\xi)$$

令　　　　　　　　　　　　　　$\alpha_s=\xi(1-0.5\xi)$　　　　　　　　　　(4-15)

则　　　　　　　　　　　　　　$M=\alpha_s\alpha_1 f_c bh_0^2$　　　　　　　　　　(4-16)

式中　α_s——截面抵抗矩系数。

同时，由式(4-8)得 $M=f_y A_s \left(h_0 - \dfrac{x}{2}\right) = f_y A_s h_0 (1-0.5\xi)$

令 $$\gamma_s = 1 - 0.5\xi \tag{4-17}$$

则 $$M = f_y A_s \gamma_s h_0 \tag{4-18}$$

由式(4-18)，得纵向钢筋截面面积为

$$A_s = \frac{M}{f_y \gamma_s h_0} \tag{4-19}$$

由式(4-6)，也可得纵向钢筋截面面积为

$$A_s = \frac{\alpha_1 f_c b x}{f_y} = \frac{x}{h_0} b h_0 \frac{\alpha_1 f_c}{f_y} = \xi b h_0 \frac{\alpha_1 f_c}{f_y} \tag{4-20}$$

式中　γ_s——内力臂系数。

α_s、γ_s 都是相对受压区高度 ξ 的函数，根据不同的 ξ 值可由式(4-15)、式(4-17)计算出 α_s 及 γ_s，并编制计算表格，见表4-10。当已知 ξ、α_s、γ_s 三个系数中的任一值时，就可以查出相对应的另外两个系数。

利用表4-10查取 ξ 和 γ_s 时，可能要用插入法。这时，ξ 和 γ_s 可直接按下列公式计算：

$$\xi = 1 - \sqrt{1 - 2\alpha_s} \tag{4-21}$$
$$\gamma_s = 0.5(1 + \sqrt{1 - 2\alpha_s}) \tag{4-22}$$

表格法计算步骤：

1)先估计钢筋一层或两层放置，取定 a_s，计算截面有效高度 $h_0 = h - a_s$。

2)计算 α_s。

$$\alpha_s = \frac{M}{\alpha_1 f_c b h_0^2}$$

验算 $\alpha_s \leqslant \alpha_{s\max}$，如不满足，则应加大截面尺寸或提高混凝土强度等级后重新设计。

3)查表或计算系数 γ_s 或 ξ。

4)求纵向受拉钢筋 A_s。

若 $x \leqslant \xi_b h_0$，则 $A_s = \dfrac{M}{f_y \gamma_s h_0}$ 或 $A_s = \xi b h_0 \dfrac{\alpha_1 f_c}{f_y}$；若 $x > \xi_b h_0$，则为超筋梁，说明截面尺寸过小，应加大截面尺寸或提高混凝土强度等级，重新设计。

5)根据计算的 A_s 在表4-8或表4-9中选择合适的钢筋直径及根数。

6)验算最小配筋率，检查截面实际配筋率是否大于最小配筋率，即 $\rho \geqslant \rho_{\min}$ 或 $A_s \geqslant \rho_{\min} b h$。否则取 $\rho = \rho_{\min}$，则 $A_s = \rho_{\min} b h$。

表 4-10　钢筋混凝土受弯构件正截面承载力计算系数表

ξ	γ_s	α_s	ξ	γ_s	α_s
0.01	0.995	0.010	0.25	0.875	0.219
0.02	0.990	0.020	0.26	0.870	0.226
0.03	0.985	0.030	0.27	0.865	0.234
0.04	0.980	0.039	0.28	0.860	0.241
0.05	0.975	0.048	0.29	0.855	0.248
0.06	0.970	0.058	0.30	0.850	0.255
0.07	0.965	0.067	0.31	0.845	0.262

ξ	γ_s	α_s	ξ	γ_s	α_s
0.08	0.960	0.077	0.32	0.840	0.269
0.09	0.955	0.085	0.33	0.835	0.276
0.10	0.950	0.095	0.34	0.830	0.282
0.11	0.945	0.104	0.35	0.825	0.289
0.12	0.940	0.113	0.36	0.820	0.295
0.13	0.935	0.121	0.37	0.815	0.302
0.14	0.930	0.130	0.38	0.810	0.308
0.15	0.925	0.139	0.39	0.805	0.314
0.16	0.920	0.147	0.40	0.800	0.320
0.17	0.915	0.155	0.41	0.795	0.326
0.18	0.910	0.164	0.42	0.790	0.332
0.19	0.905	0.172	0.43	0.785	0.338
0.20	0.900	0.180	0.44	0.780	0.343
0.21	0.895	0.188	0.45	0.775	0.349
0.22	0.890	0.196	0.46	0.770	0.354
0.23	0.885	0.203	0.47	0.765	0.360
0.24	0.880	0.211	0.48	0.760	0.365
0.482	0.759	0.366	0.53	0.735	0.390
0.49	0.755	0.370	0.54	0.730	0.394
0.50	0.750	0.375	0.550	0.725	0.399
0.51	0.745	0.380	0.56	0.720	0.403
0.518	0.741	0.384	0.57	0.715	0.408
0.52	0.740	0.385	0.576	0.713	0.410

注：1. 本表数值适用于混凝土强度等级不超过 C50 的受弯构件；

  2. 表中 $\xi=0.482$ 以下数值不适用于 500 MPa 级钢筋，$\xi=0.518$ 以下数值不适用于 400 MPa 级钢筋，$\xi=0.550$ 以下数值不适用于 335 MPa 级钢筋。

【例 4-2】 已知单筋矩形截面梁如图 4-18 所示，$b \times h = 250\ \text{mm} \times 700\ \text{mm}$，环境类别为一类，混凝土强度等级为 C30，钢筋采用 5Φ22，$A_s = 1\ 900\ \text{mm}^2$。求该截面能否承受弯矩设计值 M。

【解】 1）确定基本数据。

由表 3-5、表 4-4 查得，混凝土的设计强度 $f_c = 14.3\ \text{N/mm}^2$，$f_t = 1.43\ \text{N/mm}^2$；$\alpha_1 = 1.0$。

由表 3-2、表 4-5 查得，钢筋的设计强度 $f_y = 300\ \text{N/mm}^2$，$\xi_b = 0.550$。

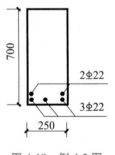

图 4-18　例 4-2 图

2）求 a_s 和 h_0。判别 5Φ22 能否放在一层：混凝土保护层最小厚度为 25 mm，设箍筋直径为 8 mm，则

$$2 \times 25 + 5 \times 22 + 4 \times 25 + 2 \times 8 = 276(\text{mm}) > b = 250\ \text{mm}$$

改为两层，第一层 3Φ22，第二层 2Φ22。

$$a_s = \frac{3 \times (25+11) + 2 \times (25+22+25+11)}{5} + 8 = 62.8 (mm)$$

$$h_0 = 700 - 62.8 = 637.2 (mm)$$

3）验算适用条件。

ρ_{min} 取 0.2% 和 $45f_t/f_y$（%）中的较大值，$45f_t/f_y$（%）$= 45 \times 1.43/300 = 0.21$%，故取 $\rho_{min} = 0.21$%。

$A_{s,min} = \rho_{min}bh = 0.21\% \times 250 \times 700 = 367 (mm^2) < A_s = 1\ 900\ mm^2$，满足要求。

4）求受压区高度 x。

$$x = \frac{f_y A_s}{\alpha_1 f_c b} = \frac{300 \times 1\ 900}{1 \times 11.9 \times 250} = 191.6 (mm) < \xi_b h_0 = 0.550 \times 637.2 = 350.46 (mm)$$

5）计算正截面受弯极限承载力。

$$M_u = f_y A_s \left(h_0 - \frac{x}{2} \right) = 300 \times 1\ 900 \times \left(637.2 - \frac{191.6}{2} \right) = 308.6 \times 10^6 (N \cdot m) = 308.6\ kN \cdot m$$

6）承载力复核。

$$M = 300\ kN \cdot m < M_u = 308.6\ kN \cdot m$$

该梁正截面是安全的。

4.4.3 双筋矩形截面受弯构件正截面承载力计算

钢筋混凝土结构中，钢筋不但可以设置在构件的受拉区，而且也可以配置在受压区与混凝土共同抗压。这种在梁的受拉区和受压区都配置纵向受力钢筋的截面，称为双筋截面。受压钢筋可以提高构件截面的延性，并可减少构件在荷载作用下的变形，但用钢量较大，一般情况下，梁中采用受压钢筋来协同混凝土承受压力是不经济的，但在下列情况下可考虑采用双筋截面。

(1)梁承受的弯矩很大且截面尺寸和材料品种等由于某些原因不能改变，此时，若采用单筋则会出现超筋现象。按单筋截面计算，出现 $\xi > \xi_b$ 的情况；同时，构件截面尺寸和混凝土强度等级受到使用和施工条件的限制不便加大或提高，此时应采用双筋截面。

(2)在实际工程中，有些受弯构件在不同荷载组合下，同一控制截面可能承受正、负弯矩作用，为承受变号弯矩分别作用于截面的拉力，需要配置受拉和受压钢筋，形成双筋截面构件。

(3)在截面的受压区配置一定数量的受压钢筋，可提高混凝土的极限压应变，增加构件的延性，使构件在最终破坏之前产生较大的塑性变形，吸收大量的能量，对结构抗震有利。因此，设计地震区的构件时可考虑采用双筋截面。

1. 计算应力图

双筋梁与单筋梁的区别是只在截面的受压区配置了纵向受压钢筋。试验证明，若满足 $\xi \leqslant \xi_b$ 及双筋截面构造条件，双筋截面梁达到极限弯矩时的破坏形态与适筋梁类似。即双筋梁破坏时，仍然是受拉钢筋应力先达到屈服强度 f_y，然后受压最外边缘混凝土的压应变达到极限压应变 ε_{cu}，受压区混凝土应力分布图仍采用等效矩形应力图，其应力值取为 $\alpha_1 f_c$，如图 4-19(a)所示。由于构件中混凝土受配箍约束，极限受压应变加大，受压钢筋可以达到较高的强度，其抗压强度 f_y' 取与抗拉强度相同。

2. 基本计算公式

由平衡条件，双筋矩形截面承载力的基本公式为

$$\alpha_1 f_c bx + f'_y A'_s = f_y A_s \tag{4-23}$$

$$M \leqslant M_u = \alpha_1 f_c bx\left(h_0 - \frac{x}{2}\right) + f'_y A'_s(h_0 - a'_s) \tag{4-24}$$

式中　f'_y——钢筋抗压强度设计值；

　　　　A'_s——受压区纵向钢筋的截面面积；

　　　　a'_s——受压钢筋合力点到截面受压边缘的距离。

双筋矩形截面的受弯承载力设计值 M_u 及纵向受拉钢筋 A_s 可分解为两部分之和，即 $M_u = M_{u1} + M_{u2}$，$A_s = A_{s1} + A_{s2}$。

由图 4-19(b)得

$$\alpha_1 f_c bx = f_y A_{s1} \tag{4-25}$$

$$M_{u1} = \alpha_1 f_c bx\left(h_0 - \frac{x}{2}\right) \tag{4-26}$$

由图 4-19(c)得

$$f'_y A'_s = f_y A_{s2} \tag{4-27}$$

$$M_{u2} = f'_y A'_s(h_0 - a'_s) \tag{4-28}$$

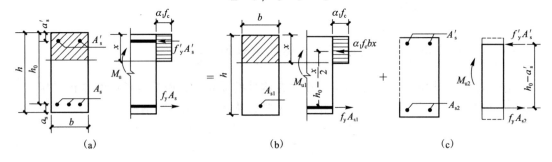

图 4-19　双筋矩形截面

(a)双筋截面；(b)单筋截面；(c)纯钢筋截面

第一部分是由受压混凝土合力 $\alpha_1 f_c bx$ 与部分受拉钢筋合力 $f_y A_{s1}$ 组成的单筋矩形截面的受弯承载力 M_{u1}；第二部分则是由受压钢筋合力 $f'_y A'_s$ 与另一部分受拉钢筋合力 $f_y A_{s2}$ 构成纯钢筋截面的受弯承载力 M_{u2}。

3. 适用条件

(1)为防止发生超筋破坏，应满足

$$\xi \leqslant \xi_b \text{ 或 } x \leqslant \xi_b h_0 \text{ 或 } \rho = \frac{A_{s1}}{bh_0} \leqslant \xi_b \frac{\alpha_1 f_c}{f_y} \tag{4-29}$$

(2)为保证受压钢筋达到抗压设计强度值，应满足

$$x \geqslant 2a'_s \tag{4-30}$$

4. 设计计算方法

(1)截面设计。双筋截面受弯构件正截面设计，一般有以下两种情况：

1)第一种情况：已知截面尺寸($b \times h$)、截面弯矩设计值(M)、混凝土的强度等级和钢筋的种类(f_c、f_y、f'_y)，求受拉钢筋截面面积 A_s 和受压钢筋截面面积 A'_s。

由于式(4-23)、式(4-24)两个基本公式中含有 x、A_s、A'_s 三个未知数，可有多组解，故应补充一个条件才能求定解。为使钢筋的总用量($A_s + A'_s$)为最小，应充分发挥混凝土的

抗压作用，由适用条件 $x \leqslant \xi_b h_0$，取 $x = \xi_b h_0$ 作为补充条件。计算步骤如下：

①判断是否需要采用双筋截面。若 $M > M_{u,max} = \alpha_1 f_c b h_0^2 \xi_b (1 - 0.5\xi_b)$，则按双筋截面设计，否则按单筋截面设计。

②令 $x = \xi_b h_0$，由式(4-24)可得

$$A_s' = \frac{M - \alpha_1 f_c b h_0^2 \xi_b (1 - 0.5\xi_b)}{f_y'(h_0 - a_s')} \tag{4-31}$$

由式(4-23)可得

$$A_s = \xi_b b h_0 \frac{\alpha_1 f_c}{f_y} + A_s' \frac{f_y'}{f_y} \tag{4-32}$$

2)第二种情况：已知截面尺寸($b \times h$)、截面弯矩设计值(M)、混凝土的强度等级和钢筋的种类(f_c、f_y、f_y')，受压钢筋截面面积 A_s'。求受拉钢筋的截面面积 A_s。

①由已知的 A_s' 求纯钢筋截面承担的弯矩 M_{u2} 和所需受拉钢筋 A_{s2}。

$$M_{u2} = f_y' A_s'(h_0 - a_s')$$

$$A_{s2} = A_s' \frac{f_y'}{f_y}$$

②求单筋矩形截面承担的弯矩 M_{u1}。

$$M_{u1} = M - M_{u2} = M - f_y' A_s'(h_0 - a_s')$$

③求 α_{s1}、ξ、x。

$$\alpha_{s1} = \frac{M_{u1}}{\alpha_1 f_c b h_0^2}, \quad \xi = 1 - \sqrt{1 - 2\alpha_{s1}}, \quad x = \xi h_0$$

④求所需受拉钢筋 A_s。

当 $2a_s' \leqslant x \leqslant \xi_b h_0$ 时，$A_s = A_{s1} + A_{s2} = \frac{\alpha_1 f_c b x}{f_y} + A_s' \frac{f_y'}{f_y}$。

当 $x < 2a_s'$ 时，说明受压钢筋 A_s' 的应力达不到抗压强度，这时应取 $x = 2a_s'$，$A_s = \frac{M}{f_y(h_0 - a_s')}$。

当 $x > \xi_b h_0$ 时，说明已配置的受压钢筋 A_s' 数量不足，此时应按受压钢筋 A_s' 未知的情况重新计算 A_s 和 A_s'。

【例4-3】 一矩形截面简支梁，截面尺寸为 $b \times h = 200 \text{ mm} \times 500 \text{ mm}$；混凝土强度等级为 C30；采用 HRB400 级钢筋，环境类别为二 a 类；截面的弯矩设计值为 296 kN·m，求此截面所需配置的纵向受力钢筋。

【解】 1)确定基本数据。

由表3-5、表4-4查得，混凝土的设计强度 $f_c = 14.3 \text{ N/mm}^2$，$f_t = 1.43 \text{ N/mm}^2$；$\alpha_1 = 1.0$；

由表3-2、表4-5查得，钢筋的设计强度 $f_y = 360 \text{ N/mm}^2$，$\xi_b = 0.518$；

由表4-3查得，钢筋混凝土梁的保护层最小厚度为 25 mm，纵向受拉钢筋按两层放置，设箍筋直径为 8 mm，取 $a_s = 70 \text{ mm}$，则梁的有效高度为

$$h_0 = h - a_s = 500 - 70 = 430 \text{(mm)}$$

2)判断是否需要采用双筋截面。

$M = 296 \text{ kN·m} > \alpha_1 f_c b h_0^2 \xi_b (1 - 0.5\xi_b) = 1.0 \times 14.3 \times 200 \times 430^2 \times 0.518 \times$
$(1 - 0.5 \times 0.518) = 202.98 \times 10^6 \text{(N·mm)} = 202.98 \text{ kN·m}$

因此，应采用双筋截面。

3)配筋计算。受压钢筋为单层，取 $a'_s=40$ mm，为节约钢筋，充分利用混凝土抗压，令 $\xi=\xi_b$，则

$$A'_s=\frac{M-\alpha_1 f_c bh_0^2\xi_b(1-0.5\xi_b)}{f'_y(h_0-a'_s)}=\frac{296\times10^6-202.98\times10^6}{360\times(430-40)}=662.54(\text{mm}^2)$$

$$A_s=\frac{\alpha_1 f_c\xi_b bh_0+f'_y A'_s}{f_y}=\frac{1.0\times14.3\times0.518\times200\times430+360\times662.54}{360}=2\,432.09(\text{mm}^2)$$

4)选配钢筋直径及根数。受拉钢筋选配 3⊕25＋3⊕20，实际配筋面积 $A_s=2\,415$ mm²，受压钢筋选配 2⊕20，$A'_s=628$ mm²，配筋如图 4-20 所示。

钢筋净距 $s=(200-2\times25-2\times8-3\times25)/2=29.5$ mm＞25 mm。

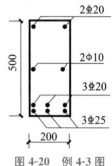

图 4-20　例 4-3 图

【例 4-4】　某矩形截面梁，截面尺寸为 $b\times h=250$ mm×500 mm；混凝土强度等级为 C30；采用 HRB400 级钢筋，环境类别为一类，梁的受压区已配置 3⊕20 的受压钢筋，$A'_s=942$ mm²，梁承受的设计弯矩值为 200 kN·m，求受拉钢筋的截面面积 A_s。

【解】　1)确定基本数据。

由表 3-5、表 4-4 查得，混凝土的设计强度 $f_c=14.3$ N/mm²，$f_t=1.43$ N/mm²；$\alpha_1=1.0$。

由表 3-2、表 4-5 查得，钢筋的设计强度 $f_y=360$ N/mm²，$\xi_b=0.518$。

由表 4-3 查得，钢筋混凝土梁的最小保护层厚度为 25 mm，设箍筋直径为 8 mm，受压钢筋为一层，取 $a'_s=25+8+20/2=43(\text{mm})$，纵向受拉钢筋按两层放置，取 $a_s=70$ mm，则梁的有效高度为

$$h_0=h-a_s=500-70=430(\text{mm})$$

2)计算 ξ 及 x。

$$M_{u2}=f'_y A'_s(h_0-a'_s)=360\times942\times(430-43)=131.24\times10^6(\text{N}\cdot\text{mm})=131.24\ \text{kN}\cdot\text{m}$$

$$M_{u1}=M-M_{u2}=200-131.24=68.76(\text{kN}\cdot\text{m})$$

$$\alpha_{s1}=\frac{M_{u1}}{\alpha_1 f_c bh_0^2}=\frac{68.76\times10^6}{1.0\times11.9\times250\times430^2}=0.104$$

$$\xi=1-\sqrt{1-2\alpha_{s1}}=1-\sqrt{1-2\times0.104}=0.11<\xi_b=0.518$$

$$x=\xi h_0=0.136\times430=58.48(\text{mm})<2a'_s=2\times43=86(\text{mm})$$

3)受拉钢筋面积。

$$A_s=\frac{M}{f_y(h_0-a'_s)}=\frac{200\times10^6}{360\times(430-43)}=1\,442.72(\text{mm}^2)$$

4)选配钢筋直径及根数。

受拉钢筋选配 3⊕20＋2⊕18，实际配筋面积 $A_s=1\,451$ mm²，配筋如图 4-21 所示。

钢筋净距 $s=(250-2\times25-2\times8-3\times20)/2=62(\text{mm})＞25$ mm。

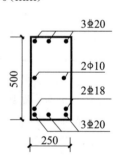

图 4-21　例 4-4 图

(2)截面复核。已知截面尺寸($b\times h$)、混凝土的强度等级和钢筋的种类(f_c、f_y、f'_y)、受拉钢筋和受压钢筋截面面积(A_s、A'_s)，截面弯矩设计值 M。复核截面是否安全。

1)先由式(4-24)计算受压区高度 x

$$x=\frac{f_y A_s - f'_y A'_s}{\alpha_1 f_c b}$$

2)受弯承载力极限值 M_u。

①当 $2a'_s \leqslant x \leqslant \xi_b h_0$ 时，直接由式(4-24)得 $M_u = \alpha_1 f_c bx\left(h_0 - \frac{x}{2}\right) + f'_y A'_s(h_0 - a'_s)$。

②当 $x > \xi_b h_0$ 时，说明单筋截面部分可能发生超筋破坏，此时，以 $x = \xi_b h_0$ 代入式(4-24)得 $M_u = \alpha_1 f_c b h_0^2 \xi_b(1 - 0.5\xi_b) + f'_y A'_s(h_0 - a'_s)$。

③当 $x < 2a'_s$ 时，则 $M_u = f_y A_s(h_0 - a'_s)$。

3)如 $M \leqslant M_u$，则正截面承载力满足要求，否则不满足。

【例4-5】 某双筋矩形截面梁如图4-22所示，截面尺寸为 $b \times h = 200\,\text{mm} \times 500\,\text{mm}$，混凝土强度等级为C30；采用HRB400级钢筋，环境类别为一类，梁的受压区已配置 $2\phi16$ 的受压钢筋，$A'_s = 402\,\text{mm}^2$，受拉钢筋 $3\phi25$，$A_s = 1\,473\,\text{mm}^2$；梁承受的弯矩设计值 $M = 175\,\text{kN·m}$，试校核该截面是否安全。

【解】 1)确定基本数据。

由表3-5、表4-4查得，混凝土的设计强度 $f_c = 14.3\,\text{N/mm}^2$，$f_t = 1.43\,\text{N/mm}^2$；$\alpha_1 = 1.0$。

由表3-2、表4-5查得，钢筋的设计强度 $f_y = 360\,\text{N/mm}^2$，$\xi_b = 0.518$。

由表4-3查得，钢筋混凝土梁的最小保护层厚度为20 mm，由于受拉钢筋直径为25 mm，取混凝土保护层厚度为25 mm，设箍筋直径为8 mm，受压钢筋为一层，$a'_s = 25 + 8 + 16/2 = 41(\text{mm})$，纵向受拉钢筋一层放置，$a_s = 25 + 8 + 25/2 = 45.5(\text{mm})$，则梁的有效高度为 $h_0 = h - a_s = 500 - 45.5 = 454.5(\text{mm})$。

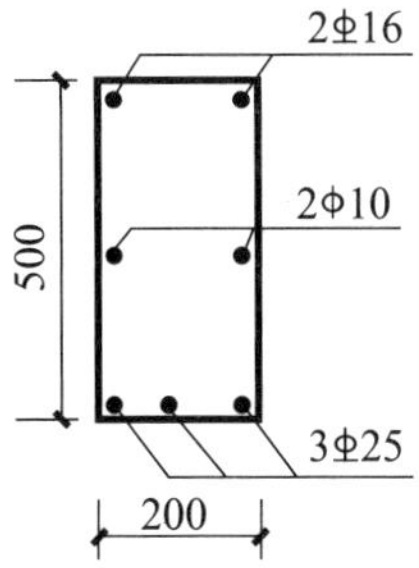

图4-22 例4-5图

2)计算受压区高度。

$$x = \frac{f_y A_s - f'_y A'_s}{\alpha_1 f_c b} = \frac{360 \times 1\,473 - 360 \times 402}{1.0 \times 14.3 \times 200} = 134.8(\text{mm})$$

$a'_s = 2 \times 41 = 82(\text{mm})$，$\xi_b h_0 = 0.518 \times 454.5 = 235.43(\text{mm})$

所以，满足 $2a'_s < x < \xi_b h_0$。

(3)计算受弯承载力。

$$M_u = \alpha_1 f_c bx\left(h_0 - \frac{x}{2}\right) + f'_y A'_s(h_0 - a'_s)$$

$$= 1.0 \times 14.3 \times 200 \times 134.8 \times \left(454.5 - \frac{134.8}{2}\right) + 360 \times 402 \times (454.5 - 41)$$

$$= 209.08 \times 10^6(\text{N·mm}) = 209.08\,\text{kN·m}$$

$M = 175\,\text{kN·m} < M_u = 209.08\,\text{kN·m}$，此截面是安全的。

4.4.4 T形截面受弯构件正截面承载力计算

矩形截面受弯构件承载力计算的基本假定有一条是忽略混凝土的抗拉能力，这就意味着产生裂缝后，受拉区混凝土不会承担拉力，拉力认为全部由受拉钢筋承担，介于这种情况可将受拉区混凝土去掉一部分，减轻自重，就形成T形截面，如图4-23(a)所示。若所需受拉钢筋面积较大，在不能通过增大钢筋直径的情况下，可以通过增大底部截面大小，放较多的钢筋，便形成I形截面，如图4-23(b)所示。I形截面的受弯承载力的计算与T形截面相同。

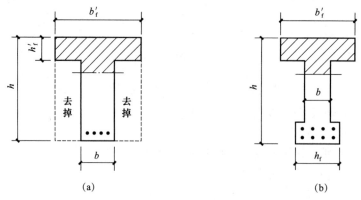

图 4-23　T形截面

(a)T形截面；(b)I形截面

　　T形和I形截面受弯构件在工程中具有广泛的应用，如T形吊车梁、薄腹屋面梁、槽形板和现浇肋形楼盖中的主、次梁等均为T形截面；空心楼板、箱形截面、桥梁中的梁为I形截面。T形梁由梁肋和位于受压区的翼缘组成。对于翼缘位于受拉区的T形截面，因翼缘受拉后混凝土会发生裂缝，不起受力作用，所以仍按矩形截面计算，如图4-24所示的肋形楼盖中的负弯矩区段(2—2截面)。T形梁受压区较大，混凝土足够承担压力，一般不必再加受压钢筋，采用单筋截面即可。

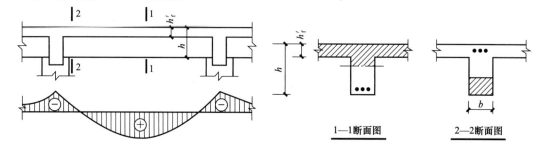

图 4-24　T形截面构件

1. 有效翼缘计算宽度

　　根据试验和理论分析可知，当T形梁受力时，压应力沿翼缘宽度的分布是不均匀的，压应力由梁肋中部向两边逐渐减小，如图4-25(a)、(b)所示。为了简化计算，在设计中将翼缘宽度限制在一定范围内，称为有效翼缘计算宽度b_f'，并认为在b_f'范围内应力是均匀分布的，而在b_f'范围以外的翼缘不考虑其作用，如图4-25(c)、(d)所示。

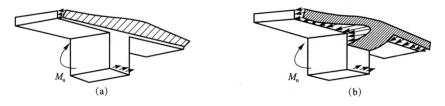

图 4-25　T形梁受压区实际应力和计算应力图

(a)第一类T形梁实际应力分布图；(b)第二类T形梁实际应力分布图；

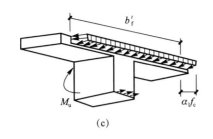
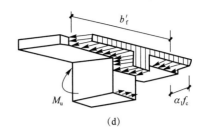

(c)   (d)

图 4-25 T 形梁受压区实际应力和计算应力图(续)

(c)第一类 T 形梁应力计算图；(d)第二类 T 形梁应力计算图

《混凝土规范》规定，梁受压区有效翼缘计算宽度 b_f' 可按表 4-11 所列情况中的最小值取用。

表 4-11 受弯构件受压区有效翼缘计算宽度 b_f'

情况			T 形、I 形截面		倒 L 形截面
			肋形梁(板)	独立梁	肋形梁(板)
1	按计算跨度 l_0 考虑		$l_0/3$	$l_0/3$	$l_0/6$
2	按梁(肋)净距 s_n 考虑		$b+s_n$	—	$b+s_n/2$
3	按翼缘高度 h_f' 考虑	$h_f'/h_0 \geq 0.1$	—	$b+12h_f'$	—
		$0.1 > h_f'/h_0 \geq 0.05$	$b+12h_f'$	$b+6h_f'$	$b+5h_f'$
		$h_f'/h_0 < 0.05$	$b+12h_f'$	b	$b+5h_f'$

注：1. 表中，b 为梁的腹板厚度；
 2. 肋形梁在梁跨内设有间距小于纵肋间距的横肋时，可不考虑表中情况 3 的规定；
 3. 加腋的 T 形、I 形和倒 L 形截面，当受压区加腋的高度 h_h 不小于 h_f' 且加腋的长度 b_h 不大于 $3h_h$ 时，其翼缘计算宽度可按表中情况 3 的规定分别增加 $2b_h$(T 形、I 形截面)和 b_h(倒 L 形截面)；
 4. 独立梁受压区的翼缘板在荷载作用下经验算沿纵肋方向可能产生裂缝时，其计算宽度应取腹板宽度 b。

2. T 形截面的类型及判别条件

根据中和轴所处的位置或受压区高度 x 的大小，可将 T 形截面分为以下两类：

(1)第一类 T 形截面：中和轴在翼缘内，即 $x \leq h_f'$，受压区面积为矩形，如图 4-26(a)所示。

(2)第二类 T 形截面：中和轴在梁肋内，即 $x > h_f'$，受压区面积为 T 形，如图 4-26(b)所示。

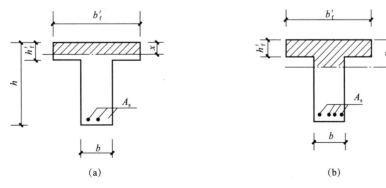

(a)   (b)

图 4-26 两类 T 形截面

(a)第一类 T 形截面；(b)第二类 T 形截面

两类 T 形截面的界限情况为 $x=h'_f$，如图 4-27 所示，由平衡方程可得

$$\alpha_1 f_c b'_f h'_f = f_y A_s \tag{4-33}$$

$$M_u' = \alpha_1 f_c b'_f h'_f \left(h_0 - \frac{h'_f}{2} \right) \tag{4-34}$$

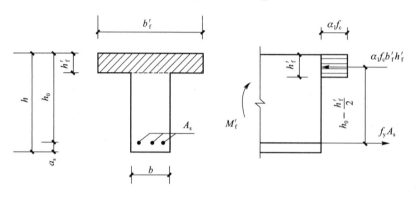

图 4-27　两类 T 形截面的界限

两类 T 形截面的判别可按下述方法进行：

(1)截面设计时，如果 $M \leqslant M'_u = \alpha_1 f_c b'_f h'_f \left(h_0 - \frac{h'_f}{2} \right)$，说明 $x \leqslant h'_f$，属于第一类 T 形截面；如果 $M > M'_u = \alpha_1 f_c b'_f h'_f \left(h_0 - \frac{h'_f}{2} \right)$，说明 $x > h'_f$，属于第二类 T 形截面。

(2)截面复核时，如果 $f_y A_s \leqslant \alpha_1 f_c b'_f h'_f$，说明 $x \leqslant h'_f$，属于第一类 T 形截面；如果 $f_y A_s > \alpha_1 f_c b'_f h'_f$，说明 $x > h'_f$，属于第二类 T 形截面。

3. T 形截面的基本计算公式及适用条件

(1)第一类 T 形截面。对于第一类 T 形截面，因 $x \leqslant h'_f$，故其受压区混凝土为 $b'_f \times x$ 的矩形截面，因此，可以将 T 形截面看成 $b'_f \times h$ 的单筋矩形截面来计算。计算应力图，如图 4-28 所示。

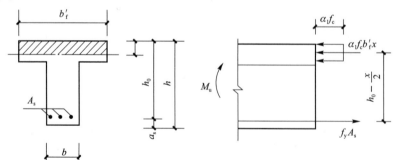

图 4-28　第一类 T 形截面计算应力图

1)基本计算公式。计算公式与单筋矩形截面计算公式完全一样，只需将梁宽 b 换成翼缘宽度 b'_f 即可，由平衡条件得

$$\alpha_1 f_c b'_f x = f_y A_s \tag{4-35}$$

$$M \leqslant M_u = \alpha_1 f_c b'_f x \left(h_0 - \frac{x}{2} \right) \tag{4-36}$$

2)适用条件。

①为防止发生超筋破坏，应满足

$$\xi\leqslant\xi_b \ \text{或} \ x\leqslant\xi_b h_0$$

对于第一类 T 形截面，由于受压区高度 x 较小，通常均能满足这一条件，不必验算。

②为防止发生少筋破坏，应满足

$$\rho\geqslant\rho_{\min} \ \text{或} \ A_s\geqslant A_{s,\min}=\rho_{\min}bh$$

由于最小配筋率是由截面的开裂弯矩 M_{cr} 决定的，而 M_{cr} 主要取决于受拉区混凝土的面积，故 $\rho=A_s/bh$。

(2)第二类 T 形截面。

1)基本计算公式。中和轴位于梁肋内，即 $x>h'_f$，受压区面积为 T 形，计算应力图，如图 4-29(a)所示。

由截面平衡条件可得基本计算公式为

$$\alpha_1 f_c bx+\alpha_1 f_c(b'_f-b)h'_f=f_y A_s \tag{4-37}$$

$$M\leqslant M_u=\alpha_1 f_c bx\left(h_0-\frac{x}{2}\right)+\alpha_1 f_c(b'_f-b)h'_f\left(h_0-\frac{h'_f}{2}\right) \tag{4-38}$$

由式(4-37)和式(4-38)可以看出，第二类 T 形截面的受弯承载力设计值 M_u 及纵向受拉钢筋 A_s 可看成由两部分组成，即 $M_u=M_{u1}+M_{u2}$，$A_s=A_{s1}+A_{s2}$。

对第一部分，如图 4-29(b)所示，由平衡条件可得

$$\alpha_1 f_c bx=f_y A_{s1} \tag{4-39}$$

$$M_{u1}=\alpha_1 f_c bx\left(h_0-\frac{x}{2}\right) \tag{4-40}$$

对第二部分，如图 4-29(c)所示，由平衡条件可得

$$\alpha_1 f_c(b'_f-b)h'_f=f_y A_{s2} \tag{4-41}$$

$$M_{u2}=\alpha_1 f_c(b'_f-b)h'_f\left(h_0-\frac{h'_f}{2}\right) \tag{4-42}$$

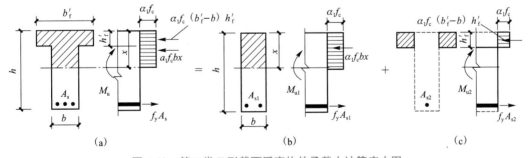

图 4-29　第二类 T 形截面受弯构件承载力计算应力图

第一部分是由肋部受压混凝土与相应部分受拉钢筋 A_{s1} 组成的单筋矩形截面部分的受弯承载力 M_{u1}；第二部分则是由受压翼缘挑出部分 $(b'_f-b)h'_f$ 混凝土与相应其余部分受拉钢筋 A_{s2} 组成的受弯承载力 M_{u2}。

2)适用条件。

①为防止发生超筋破坏，应满足

$$x\leqslant\xi_b h_0 \ \text{或} \ \rho_1=\frac{A_s}{bh}\leqslant\xi_b\frac{\alpha_1 f_c}{f_y}\cdot\frac{h_0}{h}$$

②为防止发生少筋破坏，应满足

$$\rho_1 \geqslant \rho_{\min}$$

由于截面受压区已进入肋部，相应的受拉钢筋配置较多，故此条件一般均能满足，不必验算。

4. 设计计算方法

(1)截面设计。已知构件的截面尺寸(b、h、b'_f、h'_f)、材料强度设计值(f_c、f_y)、截面承受的弯矩设计值(M)，求受拉钢筋截面面积 A_s。

1)第一类 T 形截面。当 $M \leqslant \alpha_1 f_c b'_f h'_f \left(h_0 - \dfrac{h'_f}{2} \right)$ 时，属于第一类 T 形截面。其计算方法与 $b'_f \times h$ 的单筋矩形截面完全相同。

2)第二类 T 形截面。当 $M > \alpha_1 f_c b'_f h'_f \left(h_0 - \dfrac{h'_f}{2} \right)$ 时，属于第二类 T 形截面。其计算方法与双筋截面梁类似，其计算步骤如下：

①计算 A_{s2} 和相应承担的弯矩 M_{u2}。

$$A_{s2} = \frac{\alpha_1 f_c (b'_f - b) h'_f}{f_y}$$

$$M_{u2} = \alpha_1 f_c (b'_f - b) h'_f \left(h_0 - \frac{h'_f}{2} \right)$$

②计算受压肋部的受弯承载力 M_{u1}。

$$M_{u1} = M - M_{u2} = M - \alpha_1 f_c (b'_f - b) h'_f \left(h_0 - \frac{h'_f}{2} \right)$$

③计算在弯矩 M_{u1} 作用下所需的受拉钢筋截面面积 A_{s1}。

$$\alpha_{s1} = \frac{M_{u1}}{\alpha_1 f_c b h_0^2} = \frac{M - \alpha_1 f_c (b'_f - b) h'_f \left(h_0 - \dfrac{h'_f}{2} \right)}{\alpha_1 f_c b h_0^2}$$

由 α_{s1} 可求得相应的 ξ、γ_s。

如 $\xi > \xi_b$，表明梁的截面尺寸不够，应加大截面尺寸或改用双筋 T 形截面。

如 $\xi \leqslant \xi_b$，表明梁处于适筋状态，截面尺寸满足要求，则

$$A_{s1} = \frac{M_{u1}}{f_y \gamma_s h_0} \text{ 或 } A_{s1} = \xi b h_0 \frac{\alpha_1 f_c}{f_y}$$

④受拉钢筋截面面积 $A_s = A_{s1} + A_{s2}$。

【例 4-6】 已知 T 形截面梁如图 4-30 所示，承受弯矩设计值 $M = 140$ kN·m，混凝土强度等级为 C30，采用 HRB400 级钢筋，环境类别为二 a 类。求梁所需的纵向受拉钢筋面积 A_s。

【解】 1)确定基本数据。

由表 3-5、表 4-4 查得，混凝土的设计强度 $f_c = 14.3$ N/mm²，$f_t = 1.43$ N/mm²；$\alpha_1 = 1.0$。

由表 3-2、表 4-5 查得，钢筋的设计强度 $f_y = 360$ N/mm²，$\xi_b = 0.518$。

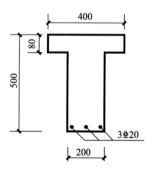

图 4-30　例 4-6 图

由表 4-3 查得，钢筋混凝土梁的最小保护层厚度为 25 mm，设纵向受拉钢筋按一层放置，设箍筋直径为 8 mm，取 $a_s=45$ mm，则梁的有效高度为

$$h_0=h-a_s=500-45=455(\text{mm})$$

2）判别 T 形截面类型。

$$\alpha_1 f_c b_f' h_f'\left(h_0-\frac{h_f'}{2}\right)=1.0\times14.3\times400\times80\times(455-80/2)=189.9\times10^6(\text{N}\cdot\text{mm})$$

$$=189.9\text{ kN}\cdot\text{m}>M=142\text{ kN}\cdot\text{m}$$

属于第一类 T 形截面。

3）配筋计算。

$$\alpha_s=\frac{M}{\alpha_1 f_c b_f' h_0^2}=\frac{140\times10^6}{1.0\times14.3\times400\times455^2}=0.12$$

$$\xi=1-\sqrt{1-2\alpha_s}=1-\sqrt{1-2\times0.12}=0.128<\xi_b=0.518$$

$$A_s=\xi\frac{\alpha_1 f_c b_f' h_0}{f_y}=0.128\times\frac{1.0\times14.3\times400\times455}{360}=925.37(\text{mm}^2)$$

4）选配钢筋直径及根数。选配 3⊈20，实际配筋面积 $A_s=942$ mm²，配筋如图 4-30 所示。钢筋净距 $s=(200-2\times25-2\times8-3\times20)/2=37(\text{mm})>25$ mm。

5）验算适用条件。

$\rho_{\min}$ 取 0.2% 和 $45f_t/f_y$（%）中的较大值，$45f_t/f_y$（%）$=45\times1.43/360=0.18\%$，故取 $\rho_{\min}=0.2\%$。

$A_{s,\min}=\rho_{\min}bh=0.2\%\times200\times500=200(\text{mm}^2)<A_s=942$ mm²，满足要求。

【例 4-7】 已知 T 形截面梁如图 4-31 所示，承受弯矩设计值 $M=500$ kN·m，混凝土强度等级 C25，采用 HRB400 级钢筋，环境类别为一类。求梁所需的纵向受拉钢筋面积 A_s。

【解】 1）确定基本数据。

由表 3-5、表 4-4 查得，混凝土的设计强度 $f_c=11.9$ N/mm²，$f_t=1.43$ N/mm²；$\alpha_1=1.0$。

由表 3-2、表 4-5 查得，钢筋的设计强度 $f_y=360$ N/mm²，$\xi_b=0.518$。

由表 4-3 查得，钢筋混凝土梁的最小保护层厚度为 25 mm，设纵向受拉钢筋按两层放置，设箍筋直径为 8 mm，取 $a_s=70$ mm，则梁的有效高度为 $h_0=h-a_s=800-70=730(\text{mm})$。

2）判别 T 形截面类型。

$$\alpha_1 f_c b_f' h_f'\left(h_0-\frac{h_f'}{2}\right)=1.0\times11.9\times600\times100\times\left(730-\frac{100}{2}\right)$$

$$=485.5\times10^6(\text{N}\cdot\text{mm})=485.5\text{ kN}\cdot\text{m}<M=500\text{ kN}\cdot\text{m}$$

属于第二类 T 形截面。

3）配筋计算。

$$A_{s2}=\frac{\alpha_1 f_c(b_f'-b)h_f'}{f_y}=\frac{1.0\times11.9\times(600-300)\times100}{360}=991.67(\text{mm}^2)$$

$$M_{u2}=\alpha_1 f_c(b_f'-b)h_f'\left(h_0-\frac{h_f'}{2}\right)=1.0\times11.9\times(600-300)\times100\times\left(730-\frac{100}{2}\right)$$

$$=242.76\times10^6(\text{N}\cdot\text{mm}^2)=242.76\text{ kN}\cdot\text{m}$$

$$M_{u1}=M-M_{u2}=500-242.76=257.24(\text{kN}\cdot\text{m})$$

$$\alpha_{s1}=\frac{M_{u1}}{\alpha_1 f_c b h_0^2}=\frac{257.24\times10^6}{1.0\times11.9\times300\times730^2}=0.135$$

$$\xi=1-\sqrt{1-2\alpha_{s1}}=1-\sqrt{1-2\times0.135}=0.146<\xi_b=0.518$$

$$\gamma_s=0.5\times(1+\sqrt{1-2\alpha_{s1}})=0.5\times(1+\sqrt{1-2\times0.146})=0.92$$

$$A_{s1}=\frac{M_{u1}}{f_y\gamma_s h_0}=\frac{407.24\times10^6}{360\times0.92\times730}=1\,684.4\ (mm^2)$$

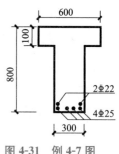

4）受拉钢筋截面面积 A_s。

$$A_s=A_{s1}+A_{s2}=1684.4+991.67=2\,676(mm^2)$$

5）选配钢筋直径及根数。选配 4⾠25+2⾠22，实际配筋面积 $A_s=2\,724\ mm^2$，配筋如图 4-31 所示。

钢筋净距 $s=(300-2\times25-2\times8-4\times25)/3=44.7(mm)>25\ mm$。

图 4-31　例 4-7 图

【例 4-8】　一根肋形楼盖的次梁，计算跨度 $l_0=5.2\ m$，间距为 2 m，截面尺寸如图 4-32(a)所示，跨中最大弯矩设计值 $M=150\ kN\cdot m$，混凝土强度等级为 C30，采用 HRB400 级钢筋，环境等级为二 a 类。求梁所需的纵向受拉钢筋面积 A_s。

【解】　1）确定基本数据。

由表 3-5、表 4-4 查得，混凝土的设计强度 $f_c=14.3\ N/mm^2$，$f_t=1.43\ N/mm^2$；$\alpha_1=1.0$。

由表 3-2、表 4-5 查得，钢筋的设计强度 $f_y=360\ N/mm^2$，$\xi_b=0.518$；

由表 4-3 查得，钢筋混凝土梁的最小保护层厚度为 25 mm，设箍筋直径为 6 mm，并设纵向受拉钢筋按一层放置，取 $a_s=40\ mm$，则梁的有效高度为 $h_0=h-a_s=450-40=410(mm)$。

2）确定翼缘计算宽度 b_f'。由表 4-11 查得

按计算跨度 l_0 考虑：$b_f'=l_0/3=5\,200/3=1\,733(mm)$；

按梁肋净距 s_n 考虑：$b_f'=b+s_n=200+1\,800=2\,000(mm)$；

按翼缘高度 h_f' 考虑：$h_f'/h_0=80/410=0.195>0.1$，不按翼缘高度考虑；

翼缘计算宽度 b_f' 取两者中的较小值，即 $b_f'=1\,733(mm)$。

3）判别 T 形截面类型。

$$\alpha_1 f_c b_f' h_f'\left(h_0-\frac{h_f'}{2}\right)=1.0\times14.3\times1\,733\times80\times(410-80/2)$$

$$=733.5\times10^6(N\cdot mm)$$

$$=733.5\ kN\cdot m>M=150\ kN\cdot m$$

属于第一类型 T 形截面。

4）配筋计算。

$$\alpha_s=\frac{M}{\alpha_1 f_c b_f' h_0^2}=\frac{150\times10^6}{1.0\times14.3\times1\,733\times410^2}=0.036$$

$$\xi=1-\sqrt{1-2\alpha_s}=1-\sqrt{1-2\times0.036}=0.037<\xi_b=0.518$$

$$A_s=\xi\frac{\alpha_1 f_c b_f' h_0}{f_y}=0.037\times\frac{1.0\times14.3\times1\,733\times410}{360}=1\,044.28(mm^2)$$

5）选配钢筋直径及根数。选配 2⾠22+1⾠20，实际配筋面积 $A_s=1\,074.2(mm^2)$，配筋如图 4-32(b)所示。

钢筋净距 $s=(200-2\times25-2\times6-1\times20-2\times22)/2=37(mm)>25\ mm$。

6）验算适用条件。ρ_{min} 取 0.2% 和 $45f_t/f_y(\%)$ 中的较大值，$45f_t/f_y(\%)=45\times1.43/360=$

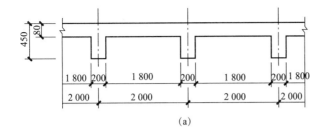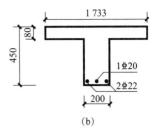

图 4-32　例 4-8 图

0.18%，故取 $\rho_{\min}=0.2\%$。

$A_{s,\min}=\rho_{\min}bh=0.2\%\times200\times450=180(\text{mm}^2)<A_s=1\,074.2\text{ mm}^2$，满足要求。

（2）截面复核。

已知截面尺寸（b、h、b'_f、h'_f），混凝土的强度等级和钢筋的级别（f_c、f_y），受拉钢筋截面面积（A_s），截面弯矩设计值 M。

1）第一类 T 形截面。当 $f_yA_s\leqslant\alpha_1f_cb'_fh'_f$ 时，属于第一类 T 形截面。其计算方法与 $b'_f\times h$ 的单筋矩形截面完全相同。

2）第二类 T 形截面。当 $f_yA_s>\alpha_1f_cb'_fh'_f$ 时，属于第二类 T 形截面。其计算步骤如下：

①求受压区高度 x。

$$x=\frac{f_yA_s-\alpha_1f_c(b'_f-b)h'_f}{\alpha_1f_cb}$$

②求极限承载力 M_u。

当 $x\leqslant\xi_bh_0$ 时，由式（4-38）得

$$M_u=\alpha_1f_cbx\left(h_0-\frac{x}{2}\right)+\alpha_1f_c(b'_f-b)h'_f\left(h_0-\frac{h'_f}{2}\right)$$

当 $x>\xi_bh_0$ 时，以 $x=\xi_bh_0$ 代入式（4-38）得

$$M_u=\alpha_1f_cbh_0^2\xi_b(1-0.5\xi_b)+\alpha_1f_c(b'_f-b)h'_f\left(h_0-\frac{h'_f}{2}\right)$$

③如 $M\leqslant M_u$，则正截面承载力满足要求，否则不满足。

【例 4-9】　T 形截面梁，$b'_f=450$ mm，$h'_f=100$ mm，$b=250$ mm，$h=600$ mm，混凝土强度等级为 C25，采用 HRB335 级钢筋，环境类别为一类。受拉纵筋为 4Φ25，$A_s=1\,964$ mm^2，求梁截面所能承受的弯矩设计值 M_u。

【解】　1）确定基本数据。

由表 3-5、表 4-4 查得，混凝土的设计强度 $f_c=11.9$ N/mm^2，$f_t=1.27$ N/mm^2；$\alpha_1=1.0$。

由表 3-2、表 4-5 查得，钢筋的设计强度 $f_y=300$ N/mm^2，$\xi_b=0.55$。

由表 4-3 查得，钢筋混凝土梁的最小保护层厚度为 25 mm，纵向受拉钢筋一层放置，设箍筋直径为 6 mm，$a_s=25+6+25/2=43.5$ mm，则梁的有效高度为

$$h_0=h-a_s=600-43.5=556.5(\text{mm})$$

2）判别 T 形截面类型。

$f_yA_s=300\times1\,964\times10^{-3}=589.2$（kN）$>\alpha_1f_cb'_fh'_f=1.0\times11.9\times450\times100\times10^{-3}=535.5$（kN），属于第二类 T 形截面。

3）计算受压区高度。

$$x=\frac{f_yA_s-\alpha_1f_c(b_f'-b)h_f'}{\alpha_1f_cb}=\frac{300\times1\,964-1.0\times11.9\times(450-250)\times100}{1.0\times11.9\times250}=118.05\,(\text{mm})<$$

$$\xi_bh_0=0.55\times556.5=306.08\,(\text{mm})$$

4）计算弯矩设计值。

$$M_u=\alpha_1f_cbx\left(h_0-\frac{x}{2}\right)+\alpha_1f_c(b_f'-b)h_f'\left(h_0-\frac{h_f'}{2}\right)$$

$$=1.0\times11.9\times250\times118.05\times(556.5-118.05/2)+1.0\times11.9\times(450-250)\times100\times$$

$$(556.5-100/2)=295.3\times10^6\text{ N}\cdot\text{mm}=295.3(\text{kN}\cdot\text{m})$$

4.5   受弯构件斜截面承载力计算

4.5.1 概述

受弯构件在荷载作用下，截面上除产生弯矩 M 外，还作用有剪力 V。图 4-33 所示的钢筋混凝土简支梁，在两集中荷载之间，剪力 V 为零，仅有弯矩 M 作用，该区段称为纯弯段，可能发生正截面破坏；而在集中荷载到支座之间的区段，截面上既有弯矩 M 又有剪力 V 的作用，该区段称为剪弯段。在剪弯段内可能产生斜裂缝，导致斜截面破坏，这种破坏通常较为突然，具有脆性性质。因此，对于受弯构件既要进行正截面承载力计算，还要进行斜截面承载力计算。

为防止斜截面破坏，首先应保证梁的斜截面受剪承载力满足要求，即应使梁具有合理的截面尺寸并配置适当的腹筋。腹筋包括箍筋和弯起钢筋。配置了箍筋、弯起钢筋和纵向钢筋的梁称为有腹筋梁；仅有纵向钢筋而未配置腹筋的梁称为无腹筋梁。由腹筋、纵向钢筋以及架立筋构成的钢筋骨架，如图 4-34 所示。

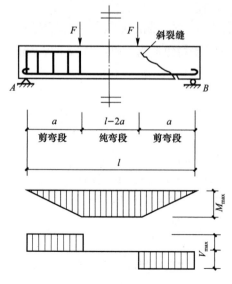

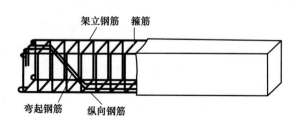

图 4-33　对称加载简支梁示意图　　　　　　　　　图 4-34　钢筋骨架

除满足斜截面受剪承载力要求外，还应使梁具有合理的构造配筋，以使梁的斜截面抗弯承载力不低于相应的正截面抗弯承载力。

4.5.2　受弯构件斜截面破坏形态

受弯构件斜截面破坏形态主要取决于剪跨比 λ 和配箍率 ρ_{sv}。

对如图 4-38 所示集中荷载作用下的简支梁，集中荷载作用截面的剪跨比为

$$\lambda = \frac{a}{h_0} \tag{4-43}$$

式中　a——集中荷载作用点至支座的距离，称为剪跨。

配箍率是指混凝土单位水平截面面积上的箍筋截面面积，如图 4-35 所示。钢筋混凝土梁的配箍率按下式计算：

$$\rho_{sv} = \frac{A_{sv}}{bs} = \frac{nA_{sv1}}{bs} \tag{4-44}$$

式中　A_{sv}——配置在同一截面内箍筋各肢的截面面积总和，$A_{sv} = nA_{sv1}$，n 为同一截面内的箍筋肢数，A_{sv1} 为单肢箍筋的截面面积；

　　　s——沿梁长度方向上箍筋的间距；

　　　b——矩形截面的宽度，T 形截面或 I 形截面的腹板宽度。

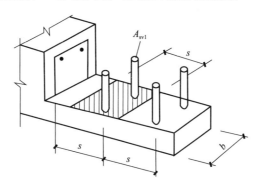

图 4-35　配箍率示意

根据剪跨比和配箍率的不同，受弯构件主要有三种不同的斜截面破坏形态，即斜压破坏、剪压破坏和斜拉破坏，如图 4-36 所示。

1. 斜压破坏

斜压破坏一般发生在剪跨比较小（$\lambda < 1$）或箍筋配置过多时，如图 4-36(a)所示。斜压破坏一般发生在支座附近，破坏过程是：先在梁腹部出现若干条相互平行的斜裂缝，随着荷载的增加，梁腹部被这些斜裂缝分割成若干倾斜的受压短柱，最后短柱混凝土在斜向压应力的作用下受压破坏，没有预兆呈脆性破坏，破坏时箍筋尚未达到屈服强度。

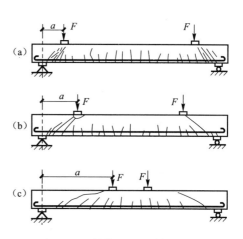

图 4-36　斜截面受剪破坏形态
(a)斜压破坏；(b)剪压破坏；(c)斜拉破坏

2. 剪压破坏

剪压破坏一般发生在剪跨比适中（$1<\lambda<3$）、箍筋配置合适时，如图 4-36(b) 所示。破坏过程是：随着荷载的增加，首先在剪弯段的受拉区出现垂直裂缝和斜裂缝。当荷载增大到一定程度时，在几条斜裂缝中形成一条主要的斜裂缝，称为临界斜裂缝。临界斜裂缝出现以后，梁还能继续承担荷载，直到与斜裂缝相交的箍筋应力达到屈服强度。由于钢筋塑性变形的发展，临界斜裂缝不断地向斜上方延伸，但仍能保留一定的压区混凝土截面而不裂通，直到斜裂缝顶端处混凝土在剪应力和压应力共同作用下，达到极限强度而破坏。

3. 斜拉破坏

斜拉破坏一般发生在剪跨比较大（$\lambda>3$）且箍筋配置过少时，如图 4-36(c) 所示。破坏过程是：随着荷载的增加，斜裂缝一旦出现，与斜裂缝相交的箍筋应力立即达到屈服强度，箍筋对斜裂缝发展的约束作用消失，斜裂缝迅速延伸到梁的受压区边缘，整个构件被斜拉为两部分而破坏。斜拉破坏的破坏过程非常突然，没有预兆呈脆性破坏。

对于钢筋混凝土梁的三种斜截面破坏形态，在工程设计时都应设法避免，但采用的方式有所不同。对于斜拉破坏，通常用满足最小配箍率条件和构造要求来防止；对于斜压破坏，则用限制截面尺寸的条件来防止；对于常见的剪压破坏，因为梁的受剪承载力变化幅度较大，必须通过计算，使构件满足一定的斜截面受剪承载力，从而防止剪压破坏。

4.5.3 斜截面受剪承载力的计算

斜截面受剪承载力的计算是以剪压破坏形态为依据的。发生这种破坏时，与斜截面相交的腹筋应力达到屈服强度，斜截面剪压区混凝土达到极限强度。现取斜截面左侧部分为受力体，如图 4-37 所示。

可见，斜截面受剪承载力由三部分组成，即

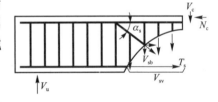

图 4-37 斜截面计算简图

$$V_u = V_c + V_{sv} + V_{sb} \qquad (4\text{-}45)$$

或

$$V_{cs} = V_c + V_{sv} \qquad (4\text{-}46)$$

式中　V_u——构件斜截面受剪承载力设计值；

　　　V_c——构件斜截面上混凝土受剪承载力设计值；

　　　V_{sv}——构件斜截面上箍筋受剪承载力设计值；

　　　V_{sb}——构件斜截面上弯起钢筋的受剪承载力设计值；

　　　V_{cs}——构件斜截面上混凝土和箍筋的受剪承载力设计值。

1. 斜截面受剪承载力计算公式

(1)仅配箍筋的受弯构件。

1)对矩形、T 形和 I 形截面一般受弯构件，其受剪承载力计算公式为

$$V \leqslant V_{cs} = 0.7 f_t b h_0 + f_{yv} \frac{A_{sv}}{s} h_0 \qquad (4\text{-}47)$$

式中　f_{yv}——箍筋的抗拉强度设计值，一般可取 $f_{yv} = f_y$，但当 $f_y > 360\ \text{N/mm}^2$ 时，应取 $f_{yv} = 360\ \text{N/mm}^2$；

　　　A_{sv}——配置在同一截面内箍筋各肢的全部截面面积，即 nA_{sv1}，此处，n 为在同一个截面内箍筋的肢数，A_{sv1} 为单肢箍筋的截面面积；

s——沿构件长度方向的箍筋间距。

2)对集中荷载作用下(包括作用有多种荷载,其中,集中荷载对支座截面或节点边缘所产生的剪力值占总剪力的75%以上的情况)的独立梁,其受剪承载力计算公式为

$$V \leqslant V_{cs} = \frac{1.75}{\lambda + 1.0} f_t b h_0 + f_{yv} \frac{A_{sv}}{s} h_0 \tag{4-48}$$

式中 λ——计算截面的剪跨比,可取 $\lambda = a/h_0$,a 为集中荷载作用点至支座截面或节点边缘的距离。当 $\lambda < 1.5$ 时,取 $\lambda = 1.5$;当 $\lambda > 3$ 时,取 $\lambda = 3$。

(2)同时配置箍筋和弯起钢筋的受弯构件。

1)对矩形、T形和I形截面一般受弯构件,其受剪承载力计算公式为

$$V \leqslant V_u = 0.7 f_t b h_0 + f_{yv} \frac{A_{sv}}{s} h_0 + 0.8 f_{yv} A_{sb} \sin\alpha_s \tag{4-49}$$

式中 A_{sb}——同一弯起平面内的弯起钢筋的截面面积;

f_{yv}——弯起钢筋的抗拉强度设计值,其取值同箍筋的抗拉强度;

0.8——考虑到弯起钢筋与破坏斜截面相交位置的不定性,其应力可能达不到屈服强度的不均匀系数;

α_s——斜截面上弯起钢筋的切线与梁纵轴线之间的夹角,一般取45°;当梁高 h 大于800 mm 时,取60°。

2)对集中荷载作用下的矩形、T形和I形截面独立梁,其受剪承载力计算公式为

$$V \leqslant V_u = \frac{1.75}{\lambda + 1.0} f_t b h_0 + f_{yv} \frac{A_{sv}}{s} h_0 + 0.8 f_{yv} A_{sb} \sin\alpha_s \tag{4-50}$$

2. 计算公式的适用条件

受弯构件斜截面受剪承载力计算公式是根据剪压破坏的受力特点建立的,为防止斜压破坏和斜拉破坏的发生,《混凝土规范》规定了计算公式的上限值、下限值。

(1)上限值——截面尺寸的最小值。当梁的截面尺寸较小而剪力过大时,可能在梁的腹部产生过大的主压应力,使梁腹产生斜压破坏。这种梁的承载力取决于混凝土的抗压强度和截面尺寸,不能靠增加腹筋来提高承载力,多配置的腹筋不能充分发挥作用。因此,《混凝土规范》规定,矩形、T形和I形截面受弯构件的受剪截面应符合下列条件:

当 $h_w/b \leqslant 4.0$ 时

$$V \leqslant 0.25\beta_c f_c b h_0 \tag{4-51}$$

当 $h_w/b \geqslant 6.0$ 时

$$V \leqslant 0.2\beta_c f_c b h_0 \tag{4-52}$$

当 $4.0 < h_w/b < 6.0$ 时,按线性内插法确定。

式中 V——构件斜截面上的最大剪力设计值;

β_c——混凝土强度影响系数:当混凝土强度等级不超过C50时,β_c 取1.0;当混凝土强度等级为C80时,取 $\beta_c = 0.8$;其间按线性内插法确定;

b——矩形截面的宽度,T形截面或I形截面的腹板宽度;

h_w——截面的腹板高度:矩形截面,取有效高度 h_0;T形截面,取有效高度减去翼缘高度;对I形截面,取腹板净高。

如果上述条件不能满足,则必须加大截面尺寸或提高混凝土强度等级。

(2)下限值——最小配箍率。当配箍率小于一定值时,斜裂缝出现后,箍筋不足以承担沿

斜裂缝截面混凝土退出工作所释放出来的拉应力,受剪承载力与无腹筋梁基本相同,且当剪跨比较大时,可能产生斜拉破坏。为防止这种情况发生,《混凝土规范》规定,当 $V > \alpha_{cv} f_t b h_0$ 时,箍筋的配筋率应满足:

$$\rho_{sv} = \frac{A_{sv}}{bs} \geqslant \rho_{sv,min} = 0.24 \frac{f_t}{f_{yv}} \tag{4-53}$$

对于一般受弯构件,将上述最小配箍率代入式(4-47),可得

$$V_{cs} = 0.7 f_t b h_0 + f_{yv}(0.24 f_t / f_{yv}) b h_0 = 0.94 f_t b h_0 \tag{4-54}$$

式(4-54)表明,当设计剪力 V 小于 $0.94 f_t b h_0$ 时,可直接按最小配箍率配置箍筋。

为了控制使用荷载下的斜裂缝宽度,并保证必要数量的箍筋穿过每一条斜裂缝。《混凝土规范》规定了箍筋的最大间距 s_{max}(表4-2)和箍筋的最小直径。当梁中配有计算需要的纵向受压钢筋时,箍筋直径及间距还应满足防止受压钢筋压屈的有关构造要求。

3. 斜截面受剪承载力的计算截面

保证梁不发生斜截面剪切破坏,必须先选择控制截面即受剪承载力的关键部位,其次验算这些控制截面,使其满足斜截面所受剪力设计值小于该截面的受剪承载力。根据梁上受剪情况分析,控制截面即斜截面剪力设计值的计算截面应按下列规定选定,如图4-38所示。

(1)支座边缘处的截面[图4-38(a)、(b)截面1—1]。通常支座边缘处截面的剪力最大,用该值确定第一排弯起钢筋 A_{sb1} 的用量和截面1—1箍筋的用量。

(2)受拉区弯起钢筋弯起点处的截面[图4-38(a)中的截面2—2、截面3—3]。用该处的剪力设计值计算后排弯起钢筋的数量。

(3)箍筋截面面积或间距改变处的截面[图4-38(b)中的截面4—4]。用该处的剪力设计值计算改变处截面箍筋的数量。

(4)截面尺寸改变处的截面。

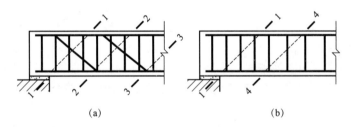

图4-38　斜截面受剪承载力剪力设计值的计算截面
(a)配箍筋和弯起钢筋的梁;(b)仅配箍筋的梁

4. 斜截面受剪承载力的设计计算方法

受弯构件斜截面受剪承载力的设计计算包括两类问题,即截面设计和承载力复核。

(1)截面设计。截面设计是在正截面计算完成以后,即在截面尺寸(b、h 等)、材料强度(f_c、f_t、f_{yv})、纵向受力钢筋已知的条件下,计算箍筋和弯起钢筋的数量。计算步骤如下:

1)复核截面尺寸。按式(4-51)或式(4-52)复核梁截面尺寸。若不满足要求,应加大截面尺寸或提高混凝土强度等级。

2)判别是否需要按计算配置腹筋。对一般受弯构件满足 $V \leqslant 0.7 f_t b h_0$,对集中荷载作用下的独立梁满足 $V \leqslant \dfrac{1.75}{\lambda + 1.0} f_t b h_0$ 时,只需按构造要求配置箍筋;否则,应按计算配置腹筋。

3)计算腹筋用量。配置腹筋有两种方案:一种是仅配箍筋;另一种是既配箍筋又配弯起钢筋。

①仅配箍筋。

对一般受弯构件有

$$\frac{nA_{sv1}}{s} \geqslant \frac{V - 0.7f_t b h_0}{f_{yv} h_0} \tag{4-55}$$

对集中荷载作用下的独立梁有

$$\frac{nA_{sv1}}{s} \geqslant \frac{V - \dfrac{1.75}{\lambda+1.0}f_t b h_0}{f_{yv} h_0} \tag{4-56}$$

求得 $\dfrac{nA_{sv1}}{s}$ 后,可先确定箍筋肢数(常用双肢箍 $n=2$)、箍筋直径和单肢箍筋截面面积 A_{sv1},然后求出箍筋的间距 s,对 s 取整,并应满足最大箍筋间距的要求;也可先按构造要求选取 s,再算出 A_{sv},确定 n 和 A_{sv1},确定直径。

②既配箍筋又配弯起钢筋。一般先按常规配置箍筋数量(肢数、直径和间距)$\dfrac{nA_{sv1}}{s}$,不足部分用弯起钢筋承担,则需要弯起钢筋面积为

$$A_{sb} \geqslant \frac{V - V_{cs}}{0.8f_{yv}\sin\alpha_s} \tag{4-57}$$

也可先选定弯起钢筋的截面面积 A_{sb}(结合斜截面受弯承载力的构造要求),再按只配箍筋的方法计算箍筋,箍筋的用量可按下式计算:

对一般受弯构件有

$$\frac{nA_{sv1}}{s} \geqslant \frac{V - 0.7f_t b h_0 - 0.8f_{yv}A_{sb}\sin\alpha_s}{f_{yv} h_0} \tag{4-58}$$

对集中荷载作用下的独立梁有

$$\frac{nA_{sv1}}{s} \geqslant \frac{V - \dfrac{1.75}{\lambda+1.0}f_t b h_0 - 0.8f_{yv}A_{sb}\sin\alpha_s}{f_{yv} h_0} \tag{4-59}$$

【例 4-10】 如图 4-39 所示为钢筋混凝土矩形截面简支梁,支座为厚度 240 mm 的砌体墙,净跨 $l_n=3.56$ m,承受均布荷载设计值 $q=100$ kN/m(包括梁自重)。梁截面尺寸 $b \times h = 200 \text{ mm} \times 600 \text{ mm}$。混凝土强度等级为 C30,箍筋采用 HRB335 级钢筋,纵向受力筋采用 HRB400 级钢筋,环境类别为一类,且已按正截面受弯承载力计算配置了 2⏀22+1⏀16 纵向钢筋。试进行斜截面受剪承载力计算。

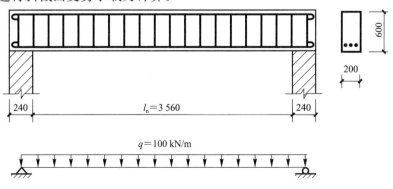

图 4-39 例 4-10 计算简图

【解】 1)确定基本数据：

由表 3-5 查得，混凝土的设计强度 $f_c=14.3$ N/mm²，$f_t=1.43$ N/mm²。

由表 3-2 查得，箍筋的设计强度 $f_{yv}=300$ N/mm²。

由表 4-3 查得，钢筋混凝土梁的最小保护层厚度为 20 mm，纵向钢筋最大直径为 22 mm，取混凝土保护层厚度为 25 mm，设箍筋直径为 6 mm，纵向受拉钢筋一层放置，$a_s=25+6+22/2=42$(mm)，则梁的有效高度为 $h_0=h-a_s=600-42=558$(mm)。

2)计算剪力设计值。最危险截面在支座边缘处，该处剪力设计值为

$$V=\frac{1}{2}ql_n=\frac{1}{2}\times100\times3.56=178\text{(kN)}$$

3)复核截面尺寸。

$h_w=h_0=558$ mm $h_w/b=558/200=2.79<4.0$

$0.25\beta_c f_c bh_0=0.25\times1\times14.3\times200\times558=398\ 970\text{(N)}=398.97\text{(kN)}>V=178$ kN

截面尺寸满足要求。

4)判别是否需要按计算配置箍筋。

$0.7f_t bh_0=0.7\times1.43\times200\times558=111\ 711.6\text{(N)}=111.71$ kN$<V=178$ kN

需要按计算配置箍筋。

5)计算腹筋数量。

$$\frac{nA_{sv1}}{s}\geqslant\frac{V-0.7f_t bh_0}{f_{yv}h_0}=\frac{178\times10^3-0.7\times1.43\times200\times558}{300\times558}=0.396\text{(mm}^2/\text{mm)}$$

选配 ⊈8 双肢箍，将 $n=2$、单肢箍筋截面面积 $A_{sv1}=50.3$ mm² 代入上式得，$s\leqslant\frac{2\times28.3}{0.396}=$

142.93(mm)，取 $s=100$ mm

配箍率 $\rho_{sv}=\frac{nA_{sv1}}{bs}=\frac{2\times28.3}{200\times140}=0.202\%>\rho_{sv,min}=0.24\frac{f_t}{f_{yv}}=0.24\times\frac{1.43}{300}=0.114\%$

且选择箍筋间距和直径均满足构造要求。

【例 4-11】 如图 4-40 所示的矩形截面独立梁，截面尺寸 $b\times h=250$ mm$\times600$ mm，承受图示的荷载设计值。混凝土强度等级为 C35，箍筋采用 HRB400 级钢筋，环境类别为一类。试确定箍筋数量。

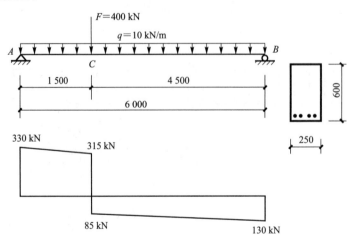

图 4-40 例 4-11 计算简图

【解】 1)确定基本数据。

由表 3-5 查得，混凝土的设计强度 $f_c=16.7$ N/mm²，$f_t=1.57$ N/mm²。

由表 3-2 查得，箍筋的设计强度 $f_{yv}=360$ N/mm²。

由表 4-3 查得，钢筋混凝土梁的最小保护层厚度为 20 mm，取 $a_s=40$ mm，则梁的有效高度为 $h_0=h-a_s=600-40=560$ mm。

2)计算剪力设计值，画出剪力图。支座边缘处剪力设计值为 $V_A=330$ kN，$V_B=130$ kN，剪力图如图 4-40 所示。

3)复核截面尺寸。

$$h_w=h_0=560 \text{ mm} \qquad h_w/b=560/250=2.24<4.0$$

$$0.25\beta_c f_c bh_0=0.25\times1\times16.7\times250\times560=584\ 500(\text{N})=584.5 \text{ kN}>V_A=330 \text{ kN}$$

截面尺寸满足要求。

4)判别是否需要按计算配置箍筋。A 支座边集中荷载产生的剪力与总剪力的比值 $300/330=90.9\%$，大于 75%；B 支座边集中荷载产生的剪力与总剪力的比值 $100/130=76.9\%$，大于 75%，均应考虑剪跨比的影响。

AC 段：$\lambda=\dfrac{a}{h_0}=\dfrac{1\ 500}{560}=2.68<3.0$

$$\frac{1.75}{\lambda+1.0}f_t bh_0=\frac{1.75}{2.68+1.0}\times1.57\times250\times560=104\ 524(\text{N})=104.52 \text{ kN}<V_A=330 \text{ kN}$$

应按计算配置箍筋。

CB 段：$\lambda=\dfrac{a}{h_0}=\dfrac{4\ 500}{560}=8.04>3.0$ 取 $\lambda=3.0$

$$\frac{1.75}{\lambda+1.0}f_t bh_0=\frac{1.75}{3+1.0}\times1.57\times250\times560=96\ 162.5(\text{N})=96.16 \text{ kN}<V_B=130 \text{ kN}$$

应按计算配置箍筋。

5)计算箍筋用量。

AC 段：$\dfrac{nA_{sv1}}{s}\geqslant\dfrac{V_A-\dfrac{1.75}{\lambda+1.0}f_t bh_0}{f_{yv}h_0}=\dfrac{330\ 000-104\ 524}{360\times560}=1.118(\text{mm}^2/\text{mm})$

选配 $\Phi10$ 双肢箍，将 $n=2$、单肢箍筋截面面积 $A_{sv1}=78.5$ mm² 代入上式得

$$s\leqslant\frac{2\times78.5}{1.118}=140.4(\text{mm})，\text{取 } s=100 \text{ mm}$$

配箍率 $\rho_{sv}=\dfrac{nA_{sv1}}{bs}=\dfrac{2\times78.5}{250\times140}=0.449\%>\rho_{sv,min}=0.24\dfrac{f_t}{f_{yv}}=0.24\times\dfrac{1.57}{360}=0.105\%$

且选择箍筋间距和直径均满足构造要求。

CB 段：$\dfrac{nA_{sv1}}{s}\geqslant\dfrac{V-\dfrac{1.75}{\lambda+1.0}f_t bh_0}{f_{yv}h_0}=\dfrac{130\ 000-96\ 162.5}{360\times560}=0.168(\text{mm}^2/\text{mm})$

选配 $\Phi6$ 双肢箍，将 $n=2$、单肢箍筋截面面积 $A_{sv1}=28.3$ mm² 代入上式得

$$s\leqslant\frac{2\times28.3}{0.168}=336.9(\text{mm})，\text{按构造要求取 } s=200 \text{ mm}$$

配箍率 $\rho_{sv}=\dfrac{nA_{sv1}}{bs}=\dfrac{2\times28.3}{250\times200}=0.113\%>\rho_{sv,min}=0.24\dfrac{f_t}{f_{yv}}=0.24\times\dfrac{1.57}{360}=0.105\%$

且选择箍筋间距和直径均满足构造要求。

(2)承载力复核。承载力复核是在截面尺寸(b、h 等)、材料强度(f_c、f_t、f_{yv})、纵向受力钢筋和腹筋已知的条件下，验算梁的受剪承载力是否满足要求，即计算斜截面能承受的剪力设计值。计算步骤如下：

1)复核截面尺寸。按式(4-51)或式(4-52)复核梁截面尺寸。若不满足要求，应取 $V_u=0.25\beta_c f_c bh_0$(或 $0.2\beta_c f_c bh_0$)。

2)复核配箍率。用式(4-53)复核配箍率。

3)根据荷载形式按以下两种情况，计算可能的斜截面承载能力设计值。

①当梁只配置箍筋时，对一般受弯构件，将已知数据代入式(4-47)计算 V_u；对集中荷载作用下的独立梁，将已知数据代入式(4-48)计算 V_u。

②当梁同时配置箍筋和弯起钢筋时，对一般受弯构件，将已知数据代入式(4-49)计算 V_u；对集中荷载作用下的独立梁，将已知数据代入式(4-50)计算 V_u。

4)承载力校核。按承载能力极限状态计算要求，应满足 $V \leqslant V_{u,min}$。

【例 4-12】 一矩形截面简支梁，截面尺寸 $b \times h = 200\ mm \times 500\ mm$，混凝土强度等级为 C30，箍筋采用 HRB400 级钢筋，沿梁全长已配置双肢 $\Phi 8@200$ 箍筋，环境类别为一类。试按受剪承载力确定该梁所能承受的最大剪力设计值。如该梁净跨 $l_n = 5.86\ m$，按受剪承载力计算梁所能承担的单位均布荷载设计值 q。

【解】 1)确定基本数据。

由表 3-5 查得，混凝土的设计强度 $f_c = 14.3\ N/mm^2$，$f_t = 1.43\ N/mm^2$。

由表 3-2 查得，箍筋的设计强度 $f_{yv} = 360\ N/mm^2$。

由表 4-3 查得，钢筋混凝土梁的最小保护层厚度为 20 mm，纵向受拉钢筋按一层放置，则梁的有效高度为 $h_0 = h - a_s = 500 - 40 = 460(mm)$。

2)验算配箍率是否符合要求。

配箍率 $\rho_{sv} = \dfrac{nA_{sv1}}{bs} = \dfrac{2 \times 50.3}{200 \times 200} = 0.252\% > \rho_{sv,min} = 0.24\dfrac{f_t}{f_{yv}} = 0.24 \times \dfrac{1.43}{360} = 0.095\%$

满足要求。

3)计算 V_{cs}。

$$V_{cs} = 0.7f_t bh_0 + f_{yv}\frac{nA_{sv1}}{s}h_0 = 0.7 \times 1.43 \times 200 \times 460 + 360 \times \frac{2 \times 50.3}{200} \times 460$$

$$= 175\ 390(N) = 175.39\ kN$$

4)复合截面尺寸。

$h_w = h_0 = 460\ mm$ \qquad $h_w/b = 460/200 = 2.3 < 4.0$

$0.25\beta_c f_c bh_0 = 0.25 \times 1 \times 14.3 \times 200 \times 460 = 328\ 900(N) = 328.9\ kN > V_{cs} = 175.39\ kN$

截面尺寸满足要求。故该梁能承担的最大剪力设计值 $V = V_{cs} = 175.39\ kN$。

5)按受剪承载力计算梁所能承担的单位均布荷载设计值 q 为

$$q = \frac{2V}{l_n} = \frac{2 \times 175.39}{5.86} = 59.86(kN/m)$$

4.5.4 受弯构件纵向钢筋的构造要求

实际工程设计中，梁的内力(弯矩、剪力、轴力忽略不计)沿梁轴线不是固定的，在梁的端部或者跨中会出现某个内力最大。梁的下部纵向受力钢筋通常是根据跨中弯矩确定，而对于面筋则需要根据支座负弯矩确定。在弯矩数值逐渐减小的区段，可以考虑将部分纵向钢筋弯起或截断，使截面的实际抗弯承载力随弯矩设计值的减小而适当降低。底部受力钢筋可以在端部弯起来抵抗支座截面的负弯矩；同时，弯起钢筋在支座附近可以协同箍筋抗剪，这种考虑从受力和节约材料方面来看是合理的，但是纵向钢筋的弯起和截断不是随意的，弯起钢筋必须满足正截面抗弯承载力、斜截面抗剪承载力的要求，也应满足斜截面抗弯承载力的要求及锚固的要求。

下面探讨弯起钢筋与截断时如何保证斜截面抗弯强度，但需先介绍抵抗弯矩图的概念。

1. 材料抵抗弯矩图

抵抗弯矩图又称为材料抵抗弯矩图，它是按梁实际配置的纵向受力钢筋所确定的各正截面所能抵抗的弯矩图形，反映了沿梁长正截面上材料的抗力。在该图上竖向坐标表示的是正截面受弯承载力设计值 M_u，也称为抵抗弯矩。

图 4-41 所示为一承受均布荷载作用的钢筋混凝土简支梁，按跨中截面最大设计弯矩 M_{max} 计算，需配置 2Φ25＋1Φ22 纵向受拉钢筋。如将 2Φ25＋1Φ22 钢筋全部伸入支座并可靠锚固，则该梁所有截面均具有 $M_R = M_{max}$ 的抵抗弯矩，即 M_R 图为一水平线。这种钢筋布置方式显然满足正截面受弯承载力的要求，但仅在跨中截面与设计弯矩相等，钢筋得到充分利用；而其他截面钢筋的应力均未达到抗拉设计强度 f_y。为节约钢筋，可根据设计弯矩图 M 的变化将钢筋弯起作受剪钢筋或截断。因此，需要研究钢筋弯起或截断时 M_R 图的变化及其有关配筋构造要求，以使得钢筋弯起或截断后的 M_R 图能包住 M 图，满足受弯承载力的要求。

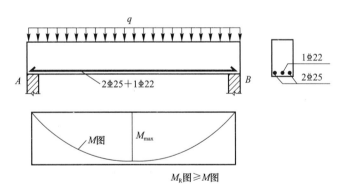

图 4-41　纵筋通长伸入支座的 M_R 图

做 M_R 图的过程就是对钢筋布置进行图解设计的过程，绘制应按照一定比例。下面以图 4-41 所示简支梁为例说明 M_R 图的做法。

（1）充分利用点和不需要点。如果实际配筋面积等于计算所需纵向钢筋的面积，则 M_R 图的外围水平线正好与 M 图上最大设计弯矩点相切，若实际配筋面积略大于计算面积（事实上，由于实际配筋面积一般比计算面积要大一些，M_R 通常略大于 M_{max}），则可根据实际配筋量 A_s 按下式计算求得 M_R 图处水平线的位置，即

$$M_R = A_s f_y \left(h_0 - \frac{f_y A_s}{2\alpha_1 f_c b} \right) \tag{4-60}$$

当钢筋等级相同时，每根钢筋所承担的 M_{Ri} 可按该钢筋的面积 A_{si} 与总钢筋面积 A_s 的比值乘以 M_R 求得，即

$$M_{Ri}=\frac{A_{si}}{A_s}M_R \tag{4-61}$$

确定了每根钢筋所承担的 M_{Ri}，然后为钢筋编号（直径、形状、长度相同的编号可相同）。例如，在图 4-42 中，记①号钢筋 1Φ25 的抵抗弯矩为 M_{R1}（$A_s=490.9\text{mm}^2$）；②号钢筋 1Φ25 的抵抗弯矩为 M_{R2}（$A_s=490.9\ \text{mm}^2$）；③号钢筋 1Φ22 的抵抗弯矩为 M_{R3}（$A_s=380.1\ \text{mm}^2$）。按各钢筋所承担的弯矩 M_{Ri} 布置钢筋，将先截断或先弯起的钢筋放在 M_R 图外边，分别从各 M_{Ri} 点引水平线，抵抗图中的 M_{Ri} 水平线与弯矩包络图 M 图的交点为强度充分利用点。

如所有钢筋的两端都伸入支座，则 M_R 图即为图 4-42 中的 $abdc$。

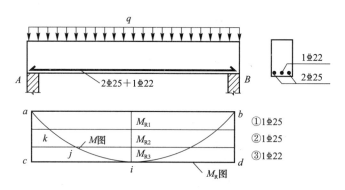

图 4-42　钢筋的充分利用点和不需要点

在图 4-42 中，i 点为③号钢筋的强度充分利用点；M_{R2} 图水平线与 M 图的交点为 j，在该点②号钢筋的强度可充分发挥，故 j 点为②号钢筋的强度充分利用点；同理，k 点为①号钢筋的强度充分利用点。在 j 点以外范围（向支座方向），仅有②号和①号钢筋即可满足受弯承载力的要求，不再需要③号钢筋，因此，j 点也是③号钢筋的不需要点。同理，在 k 点以外不再需要②号钢筋，在 a 点以外不再需要①号钢筋，则 k、a 两点分别为②号、①号钢筋的不需要点。下面介绍钢筋弯起与截断时抵抗弯矩图的画法。

一般来说，在梁的设计中不宜将梁底部的纵向受拉钢筋在跨中截断，而是在靠近支座处将钢筋弯起抗剪，但伸入梁支座范围内的纵向受力钢筋不应少于两根。在连续梁中还可以利用弯起钢筋抵抗支座负弯矩。

由图 4-43 可见，除跨度中部外，M_R 比 M 大得多，临近支座处正截面抗弯能力大大富裕。如果将③号钢筋在临近支座处弯起，弯起点 e、f 必须在 j 截面的外面，弯起钢筋在与梁中心线相交处 G，可近似认为它不再提供受弯承载力，故该处的 M_R 图成为图 4-43 中所示的 $algefhmb$。图中，e、f 点分别垂直对应于弯起点 E 和 F，g、h 点分别垂直对应于弯起钢筋与梁中心线的交点 G、H。由于弯起钢筋的正截面抗弯内力臂逐渐减小，所以，反映在 M_R 图上 eg 和 fh 也呈斜线，承担的正截面受弯承载力相应减少。

钢筋的截断在 M_R 图上反映为截面抵抗弯矩的突变，如图 4-44 所示，③号、④号钢筋在 J、F 截面处截断，在 M_R 图上就表现为 J、F 处产生突变，表明该截面抗弯承载力的突然减少。②号钢筋弯起，作为承担支座负弯矩的钢筋。

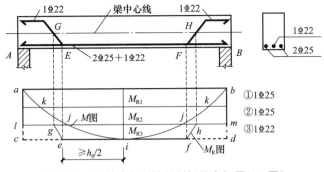

图 4-43 钢筋弯起时的材料抵抗弯矩图(M_R图)

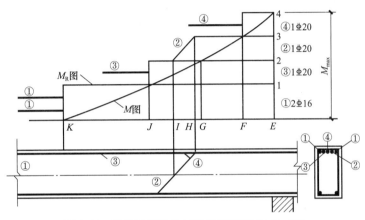

图 4-44 钢筋截断时的材料抵抗弯矩图(M_R图)

(2)M_R 图与 M 图的关系。M_R 图代表梁正截面的抗弯承载力,因此,M_R 图各点都不能落在 M 图以内,也即 M_R 图应能完全包住 M 图,M_R 图与 M 图越贴近则钢筋利用越充分。由此可见,为确保构件正截面抗弯承载力的正确无误,M_R 图与 M 图必须严格按统一比例作图,并保证图形有足够的精度。

2. 纵向钢筋的弯起

在梁的底部承受正弯矩的纵向钢筋弯起后承受剪力或作为在支座承受负弯矩的钢筋。在纵向钢筋弯起时,必须满足以下三个方面的要求:

(1)保证正截面受弯承载力。部分纵向钢筋弯起后,应保证剩余的钢筋仍能满足正截面受弯承载力的要求,即 M_R 图应能完全包住 M 图。

(2)保证斜截面受剪承载力。当按计算需要设置弯起钢筋时,还必须满足相应的构造要求。即从支座边缘到第一排弯起钢筋弯终点的距离及第一排弯起钢筋的弯起点到第二排弯起钢筋的弯终点的距离均不应大于箍筋最大间距 s_{max}。其目的是使每根弯起钢筋都能与斜裂缝相交,以保证斜截面的受剪承载力,如图 4-45 所示。

为了避免由于钢筋尺寸误差而使弯起钢筋的弯终点进入梁的支座内,以至不能充分发挥其抗剪作用,且不利于施工,靠近支座处第一排弯起钢筋的弯终点到支座边缘的距离不宜小于 50 mm,也不应大于箍筋的最大间距 s_{max},如图 4-45 所示。

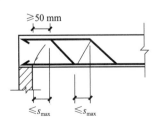

图 4-45 弯起钢筋的构造要求

(3)保证斜截面受弯承载力。为了使梁的斜截面受弯承载力得到保证，《混凝土规范》规定，弯起钢筋的弯起点可设在按正截面受弯承载力计算不需要该钢筋的截面之前，但弯起钢筋与梁中心线的交点应位于不需要该钢筋的截面之外；同时，弯起点与按计算充分利用该钢筋的截面之间的距离不应小于 $h_0/2$。

3. 纵向钢筋的截断

一般正弯矩区段内的纵向钢筋是采用弯向支座(用来抗剪或抵抗负弯矩)的方式来减少其多余数量的，而不宜在受拉区截断。一方面，在截断处受力钢筋面积突然减少，对受力不利；另一方面，一般在正弯矩区段内弯矩图变化比较平缓，考虑截断后需一定的锚固长度，通常截断点已接近支座，截断钢筋意义不大。

从理论上讲，某一纵向钢筋在其不需要点处截断似乎无可非议，但事实上，当在其不需要点处截断后，相应于该处的混凝土拉应力会突然增大，在截断处会过早地出现斜裂缝。因此，对梁底部承受正弯矩的纵向钢筋，当计算不需要的部分，通常将其弯起作为抗剪钢筋或承受支座负弯矩的钢筋，不采用截断形式。

对于钢筋混凝土梁支座截面负弯矩纵向受拉钢筋不宜在受拉区截断。当需要截断时，可根据弯矩图的变化，采用分批截断钢筋的方式来减少纵向钢筋的数量，并应符合以下规定：

(1)当 $V \leqslant 0.7 f_t b h_0$ 时，应延伸至按正截面受弯承载力计算不需要该钢筋的截面以外不小于 $20d$ 处截断，且从该钢筋强度充分利用截面伸出的长度不应小于 $1.2 l_a$。

(2)当 $V > 0.7 f_t b h_0$ 时，应延伸至按正截面受弯承载力计算不需要该钢筋的截面以外不小于 h_0 且不小于 $20d$ 处截断，且从该钢筋强度充分利用截面伸出的长度不应小于 $1.2 l_a + h_0$。

(3)若按上述规定确定的截断点仍位于负弯矩对应的受拉区内，则应延伸全按止截面受弯承载力计算不需要该钢筋的截面以外不小于 $1.3 h_0$ 且不小于 $20d$ 处截断，且从该钢筋强度充分利用截面伸出的长度不应小于 $1.2 l_a + 1.7 h_0$。

在钢筋混凝土悬臂梁中，应有不少于 2 根上部钢筋伸至悬臂梁外端，并向下弯折不小于 $12d$，其余钢筋不应在梁的上部截断，而应根据弯矩图按纵向钢筋弯起的规定向下弯折，并按弯起钢筋的规定在梁的下边锚固。

4. 钢筋的锚固

为保证钢筋混凝土构件可靠的工作，防止纵向受力钢筋被从混凝土中拔出导致构件破坏，钢筋在混凝土中必须有可靠的锚固。

(1)受拉钢筋的锚固。当计算中充分利用钢筋的抗拉强度时，受拉钢筋的基本锚固长度应按下列公式计算：

普通钢筋 $$l_{ab} = \alpha \frac{f_y}{f_t} d \qquad (4\text{-}62)$$

预应力筋 $$l_{ab} = \alpha \frac{f_{py}}{f_t} d \qquad (4\text{-}63)$$

式中　l_{ab}——受拉钢筋的基本锚固长度；

　　f_y、f_{py}——普通钢筋、预应力筋的抗拉强度设计值；

　　f_t——混凝土轴心抗拉强度设计值，当混凝土强度等级高于 C60 时，按 C60 取值；

　　d——锚固钢筋的公称直径；

　　α——锚固钢筋的外形系数，按表 4-12 取用。

表 4-12　锚固钢筋的外形系数 α

钢筋类型	光圆钢筋	带肋钢筋	螺旋肋钢丝	三股钢绞线	七股钢绞线
α	0.16	0.14	0.13	0.16	0.17

注：光圆钢筋末端应做180°标准弯钩，弯后平直段长度不应小于3d，但作受压钢筋时可不做弯钩。

受拉钢筋的锚固长度应根据锚固条件按下式计算，且不应小于200 mm：

$$l_a = \zeta_a l_{ab} \tag{4-64}$$

式中　l_a——受拉钢筋的锚固长度；

　　　ζ_a——锚固长度修正系数，对普通钢筋按下述相关规定取用，当多于一项时，可按连乘计算，但不应小于0.6；对预应力筋，可取1.0。

纵向受拉普通钢筋的锚固长度修正系数应按下列规定取用：

1)当带肋钢筋的公称直径大于25 mm时取1.10；

2)环氧树脂涂层带肋钢筋取1.25；

3)施工过程中易受扰动的钢筋取1.10；

4)当纵向受力钢筋的实际配筋面积大于其设计计算面积时，修正系数取设计计算面积与实际配筋面积的比值，但对有抗震设防要求及直接承受动力荷载的结构构件，不应考虑此项修正；

5)锚固钢筋的保护层厚度为3d时修正系数可取0.80，保护层厚度不小于5d时修正系数可取0.70，中间按内插法取值(此处d为锚固钢筋的直径)。

当纵向受拉普通钢筋末端采用弯钩或机械锚固措施时，包括弯钩或锚固端头在内的锚固长度(投影长度)可取为基本锚固长度 l_{ab} 的60%。弯钩和机械锚固的形式和技术要求应符合表 4-13 及图 4-46 的规定。

表 4-13　钢筋弯钩和机械锚固的形式和技术要求

锚固形式	技术要求
90°弯钩	末端90°弯钩，弯钩内径4d，弯后直段长度12d
135°弯钩	末端135°弯钩，弯钩内径4d，弯后直段长度5d
一侧贴焊锚筋	末端一侧贴焊长5d同直径钢筋
两侧贴焊锚筋	末端两侧贴焊长3d同直径钢筋
焊端锚板	末端与厚度d的锚板穿孔塞焊
螺栓锚头	末端旋入螺栓锚头

注：1. 焊缝和螺纹长度应满足承载力要求；
　　2. 螺栓锚头和焊接锚板的承压净面积不应小于锚固钢筋计算截面面积的4倍；
　　3. 螺栓锚头的规格应符合相关标准的要求；
　　4. 螺栓锚头和焊接锚板的钢筋净间距不宜大于4d，否则应考虑群锚效应的不利影响；
　　5. 截面角部的弯钩和一侧贴焊锚筋的布筋方向宜向截面内侧偏置。

(2)受压钢筋的锚固。混凝土结构中的纵向受压钢筋，当计算中充分利用其抗压强度时，锚固长度不应小于相应受拉锚固长度的70%。

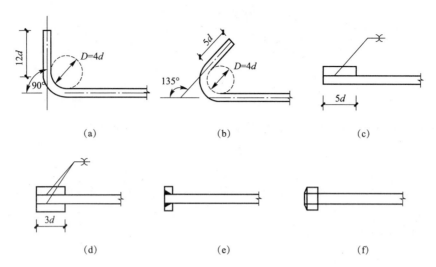

图 4-46　钢筋弯钩和机械锚固的形式和技术要求

(a)90°弯钩；(b)135°弯钩；(c)一侧贴焊锚筋；

(d)两侧贴焊锚筋；(e)穿孔塞焊锚板；(f)螺栓锚头

当锚固钢筋的保护层厚度不大于 $5d$ 时，在锚固长度范围内应配置横向构造钢筋，其直径不应小于 $d/4$；对梁、柱、斜撑等构件间距不应大于 $5d$，对板、墙等平面构件间距不应大于 $10d$，且均不应大于 100 mm，此处 d 为锚固钢筋的直径。

(3)纵向钢筋在支座内的锚固。钢筋混凝土简支梁和连续梁简支端的下部纵向受力钢筋，如图 4-47 所示，从支座边缘算起伸入支座内的锚固长度应符合下列规定：

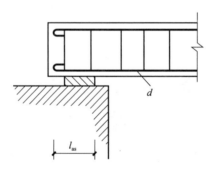

图 4-47　简支端纵向受力钢筋的锚固

1)当 $V \leqslant 0.7f_t bh_0$ 时，不小于 $5d$；当 $V > 0.7f_t bh_0$ 时，对带肋钢筋不小于 $12d$，对光圆钢筋不小于 $15d$，d 为钢筋的最大直径；

2)如纵向受力钢筋伸入梁支座范围内的锚固长度不符合上述要求时，可采取弯钩或机械锚固措施，并应满足钢筋弯钩和机械锚固的形式和技术要求；

3)支承在砌体结构上的钢筋混凝土独立梁，在纵向受力钢筋的锚固长度范围内应配置不少于 2 个箍筋，其直径不宜小于 $d/4$，d 为纵向受力钢筋的最大直径；间距不宜大于 $10d$，当采取机械锚固措施时箍筋间距尚不宜大于 $5d$，d 为纵向受力钢筋的最小直径。

(4)弯起钢筋的锚固。梁中弯起钢筋的弯起角一般宜取 45°；当梁高 h 大于 800 mm 时，宜取 60°。为了防止弯起钢筋因锚固不善而发生滑动，导致斜裂缝开展过大及弯起钢筋本身的强度不能充分发挥，在弯终点外应留有平行于梁轴线方向的锚固长度，且在受拉区不应小于$20d$，在受压区不应小于$10d$，d为弯起钢筋的直径，如图4-48所示。对于光圆钢筋，在其末端还应设置弯钩。

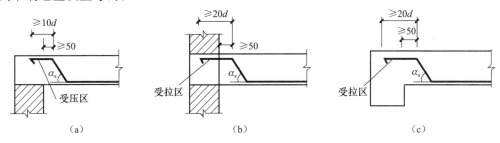

图4-48　弯起钢筋的锚固
(a)锚固在受压区；(b)锚固在受拉区；(c)锚固在受拉区

若弯起钢筋不能同时满足正截面和斜截面的承载力要求，可单独设置仅用作抗剪的弯起钢筋用以抗剪，但必须在集中荷载或支座两侧均设置弯起钢筋，这种钢筋称为鸭筋或吊筋，如图4-49(a)所示；但不能采用仅在受拉区有一小段水平长度的浮筋，如图4-49(b)所示，以防止由于浮筋发生较大的滑移使斜裂缝开展过大。

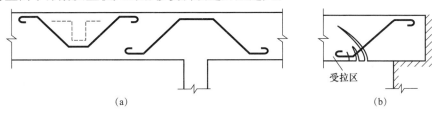

图4-49　鸭筋、吊筋及浮筋
(a)鸭筋(吊筋)；(b)浮筋

(5)箍筋的锚固。箍筋受拉，必须有良好的锚固。通常箍筋都采用封闭式，箍筋末端采用135°弯钩，弯钩端头直线段长度不小于50 mm或5倍箍筋直径，如图4-50(a)所示。如采用90°弯钩，则箍筋受拉时弯钩会翘起，从而会导致混凝土保护层崩裂。若梁两侧有楼板与梁整浇时，也可采用90°弯钩，但弯钩端头直线段长度不小于10倍箍筋直径，如图4-50(b)所示。

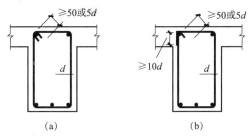

图4-50　箍筋的锚固要求

5. 钢筋细部尺寸

为了钢筋加工成型及计算用钢量的需要，在构件施工图中还应给出钢筋细部尺寸，或编制钢筋表。

（1）直钢筋。按实际长度计算；光圆钢筋两端有标准弯钩，该钢筋的总长度为设计长度加 $12.5d$，如图 4-51（a）所示。

（2）弯起钢筋。弯起钢筋的高度以钢筋外皮至外皮的距离作为控制尺寸；弯折段的斜长如图 4-51（b）所示。

（3）箍筋。宽度和高度均按箍筋内皮至内皮距离计算，如图 4-51（c）所示，以保证纵筋保护层厚度的要求，故箍筋的高度和宽度分别为构件截面高度 h 和宽度 b 减去保护层厚度和箍筋直径的 2 倍。

（4）板的上部钢筋。为了保证截面的有效高度 h_0，板的上部钢筋（承受负弯矩钢筋）端部宜做成直钩，以便撑在模板上，如图 4-51（d）所示，直钩的高度为板厚减去保护层厚度。

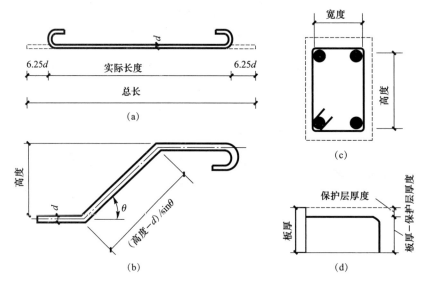

图 4-51　钢筋的尺寸

(a)直钢筋；(b)弯起钢筋；(c)箍筋；(d)板的上部钢筋

（5）钢筋表。钢筋表是施工图中的一个组成部分，一般将钢筋混凝土构件中不同种类的钢筋制成表格。其内容包括钢筋编号、规格、形状、尺寸、数量、质量等，供施工和工程预算时使用。

6. 钢筋的连接

在构件中由于钢筋长度不够或设置施工缝的要求需要采用连接接头。钢筋连接可采用绑扎搭接、机械连接或焊接。

钢筋的连接应符合下列构造要求：

（1）混凝土结构中受力钢筋的连接接头宜设置在受力较小处。在同一根受力钢筋上宜少设接头；在结构的重要构件和关键传力部位，纵向受力钢筋不宜设置连接接头。

（2）轴心受拉及小偏心受拉杆件的纵向受力钢筋不得采用绑扎搭接；其他构件中的钢筋采用绑扎搭接时，受拉钢筋直径不宜大于 25 mm，受压钢筋直径不宜大于 28 mm。

（3）同一构件中相邻纵向受力钢筋的绑扎搭接接头宜互相错开。钢筋绑扎搭接接头连接区段的长度为 1.3 倍搭接长度，凡搭接接头中点位于该连接区段长度内的搭接接头均属于同一连接区段，如图 4-52 所示。同一连接区段内纵向受力钢筋搭接接头面积百分率为该区段内有搭接接头的纵向受力钢筋与全部纵向受力钢筋截面面积的比值。当直径不同的钢筋搭接时，按直径较小的钢筋计算。

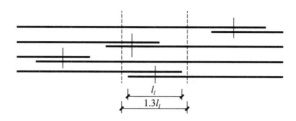

图 4-52　同一连接区段内纵向受拉钢筋的绑扎搭接接头

注：图中所示同一连接区段内的搭接接头钢筋为两根，当直径相同时，钢筋搭接接头面积百分率为 50%。

位于同一连接区段内的受拉钢筋搭接接头面积百分率：对梁类、板类及墙类构件，不宜大于 25%；对柱类构件，不宜大于 50%。当工程中确有必要增大受拉钢筋搭接接头面积百分率时，对梁类构件，不宜大于 50%；对板、墙及柱构件及预制构件的拼接处，可根据实际情况放宽。

并筋采用绑扎搭接连接时，应按每根错开搭接的方式连接。接头面积百分率应按同一连接区段内所有的单根钢筋计算。并筋中钢筋的搭接长度应按单筋分别计算。

（4）纵向受拉钢筋绑扎搭接接头的搭接长度，应根据位于同一连接区段内的钢筋搭接接头面积百分率按下式计算，且不应小于 300 mm：

$$l_l = \zeta_l l_a \tag{4-65}$$

式中　l_l——纵向受拉钢筋的搭接长度；

　　　ζ_l——纵向受拉钢筋搭接长度修正系数，按表 4-14 采用。当纵向搭接钢筋接头面积百分率为表 4-14 中的中间值时，修正系数可按内插取值。

表 4-14　纵向受拉钢筋搭接长度修正系数

纵向搭接钢筋接头面积百分率/%	≤25	50	100
ζ_l	1.2	1.4	1.6

（5）构件中的纵向受压钢筋当采用搭接连接时，其受压搭接长度不应小于纵向受拉钢筋搭接长度的 70%，且不应小于 200 mm。

（6）在梁、柱类构件的纵向受力钢筋搭接长度范围内的横向构造钢筋应符合《混凝土规范》相关规定。当受压钢筋直径大于 25 mm 时，还应在搭接接头两个端面外 100 mm 的范围内各设置两道箍筋。

（7）纵向受力钢筋的机械连接接头宜相互错开。钢筋机械连接区段的长度为 35d，d 为连接钢筋的较小直径。凡接头中点位于该连接区段长度内的机械连接接头均属于同一连接区段。

位于同一连接区段内的纵向受拉钢筋接头面积百分率不宜大于 50%，但对板、墙、柱及预制构件的拼接处，可根据实际情况放宽，纵向受压钢筋的接头百分率可不受限制。

机械连接套筒的保护层厚度宜满足有关钢筋最小保护层厚度的规定。机械连接套筒的横向净间距不宜小于 25 mm；套筒处箍筋的间距仍应满足相应的构造要求。

直接承受动力荷载结构构件中的机械连接接头，除应满足设计要求的抗疲劳性能外，位于同一连接区段内的纵向受力钢筋接头面积百分率不应大于 50%。

(8)细晶粒热轧带肋钢筋以及直径大于 28 mm 的带肋钢筋，其焊接应经试验确定；余热处理钢筋不宜焊接。纵向受力钢筋的焊接接头应相互错开。钢筋焊接接头连接区段的长度为 35d 且不小于 500 mm，d 为连接钢筋的较小直径，凡接头中点位于该连接区段长度内的焊接接头均属于同一连接区段。纵向受拉钢筋的接头面积百分率不宜大于 50%，但对预制构件的拼接处，可根据实际情况放宽。纵向受压钢筋的接头百分率可不受限制。

(9)需进行疲劳验算的构件，其纵向受拉钢筋不得采用绑扎搭接接头，也不宜采用焊接接头，除端部锚固外不得在钢筋上焊有附件。

当直接承受吊车荷载的钢筋混凝土吊车梁、屋面梁及屋架下弦的纵向受拉钢筋采用焊接接头时，应符合下列规定：

1)应采用闪光接触对焊，并去掉接头的毛刺及卷边；

2)同一连接区段内纵向受拉钢筋焊接接头面积百分率不应大于 25%，焊接接头连接区段的长度应取为 45d，d 为纵向受力钢筋的较大直径；

3)疲劳验算时，焊接接头应符合《混凝土规范》关于疲劳应力幅限值的规定。

4.6 钢筋混凝土构件变形与裂缝验算

4.6.1 概述

混凝土构件除为保证安全性功能要求必须进行承载力计算外，还应考虑适用性和耐久性功能要求进行正常使用极限状态的验算，即对构件的变形及裂缝宽度进行验算。

1. 变形验算

钢筋混凝土受弯构件的最大挠度应按荷载的准永久组合，预应力混凝土受弯构件的最大挠度应按荷载的标准组合，两者均应考虑荷载长期作用的影响进行计算，其计算值不应超过规定的挠度限值，即

$$f_{max} \leqslant [f] \tag{4-66}$$

式中　f_{max}——按荷载效应的准永久组合或标准组合并考虑荷载长期作用影响计算的最大挠度值；

$[f]$——最大挠度限值，混凝土结构受弯构件的最大挠度限值见表 4-15。

表 4-15　受弯构件的挠度限值

构件类型		挠度限值
吊车梁	手动吊车	$l_0/500$
	电动吊车	$l_0/600$
屋盖、楼盖及楼梯构件	当 $l_0 < 7$ m 时	$l_0/200(l_0/250)$
	当 7 m $\leqslant l_0 \leqslant 9$ m 时	$l_0/250(l_0/300)$
	当 $l_0 > 9$ m 时	$l_0/300(l_0/400)$

构件类型	挠度限值

注：1. 表中，l_0 为构件的计算跨度；计算悬臂构件的挠度限值时，其计算跨度 l_0 按实际悬臂长度的 2 倍取用；

　　2. 表中括号内的数值适用于使用上对挠度有较高要求的构件；

　　3. 如果构件制作时预先起拱，且使用上也允许，则在验算挠度时，可将计算所得的挠度值减去起拱值；对预应力混凝土构件，尚可减去预加力所产生的反拱值；

　　4. 构件制作时的起拱值和预加力所产生的反拱值，不宜超过构件在相应荷载组合作用下的计算挠度值。

2. 最大裂缝宽度验算

钢筋混凝土构件在荷载准永久组合并考虑长期作用的影响，计算的最大裂缝宽度不应超过《混凝土规范》规定的限值，并应满足下式：

$$w_{max} \leqslant w_{lim} \tag{4-67}$$

式中　w_{max}——按荷载的标准组合或准永久组合并考虑长期作用影响计算的最大裂缝宽度；

　　　w_{lim}——最大裂缝宽度限值，结构构件的最大裂缝宽度限值见表 4-16。

表 4-16　结构构件的裂缝控制等级及最大裂缝宽度的限值　　　　　mm

环境类别	钢筋混凝土结构		预应力混凝土结构	
	裂缝控制等级	w_{lim}	裂缝控制等级	w_{lim}
一	三级	0.30(0.40)	三级	0.20
二 a				0.10
二 b		0.20	二级	—
三 a、三 b			一级	—

注：1. 对处于年平均相对湿度小于 60% 地区一类环境下的受弯构件，其最大裂缝宽度限值可采用括号内的数值；

　　2. 在一类环境下，对钢筋混凝土屋架、托架及需作疲劳验算的吊车梁，其最大裂缝宽度限值应取为 0.20 mm；对钢筋混凝土屋面梁和托梁，其最大裂缝宽度限值应取为 0.30 mm；

　　3. 在一类环境下，对预应力混凝土屋架、托架及双向板体系，应按二级裂缝控制等级进行验算；对一类环境下的预应力混凝土屋面梁、托梁、单向板，应按表中二 a 类环境的要求进行验算；在一类和二 a 类环境下需作疲劳验算的预应力混凝土吊车梁，应按裂缝控制等级不低于二级的构件进行验算；

　　4. 表中规定的预应力混凝土构件的裂缝控制等级和最大裂缝宽度限值仅适用于正截面的验算；预应力混凝土构件的斜截面裂缝控制验算应符合预应力构件的有关规定；

　　5. 对于烟囱、筒仓和处于液体压力下的结构，其裂缝控制要求应符合专门标准的有关规定；

　　6. 对于处于四、五类环境下的结构构件，其裂缝控制要求应符合专门标准的有关规定；

　　7. 表中的最大裂缝宽度限值为用于验算荷载作用引起的最大裂缝宽度。

4.6.2　受弯构件的变形验算

1. 弹性材料梁

由材料力学可知，匀质弹性材料梁跨中最大挠度的一般形式为

$$f = S \frac{M l_0^2}{EI} \tag{4-68}$$

式中　M——梁跨中最大弯矩;

　　　S——与荷载形式、支承条件有关的系数,如承受均布荷载的简支梁,$S=5/48$;

　　　l_0——梁的计算跨度;

　　　EI——截面抗弯刚度。

由式(4-68)可知,挠度与抗弯刚度成正比,对于匀质弹性材料梁,截面面积和材料给定后,EI 为常数,容易求出挠度。对钢筋混凝土梁,由于其材料的非弹性性质和受拉区裂缝的发展,梁的截面抗弯刚度不是常数,而是随着荷载的增加不断降低。另外,在长期荷载作用下,由于混凝土的徐变因素,构件的抗弯刚度还会随时间的增长而降低。因此,变形计算要考虑荷载短期作用和长期作用的影响,钢筋混凝土梁在荷载准永久组合作用下的截面抗弯刚度简称为短期刚度,用 B_s 表示;钢筋混凝土梁在荷载准永久组合并考虑荷载长期作用影响的截面抗弯刚度简称为长期刚度,用 B 表示。

因此,钢筋混凝土受弯构件的挠度计算问题,关键在于截面抗弯刚度的取值。

2. 受弯构件短期刚度 B_s 的计算

按裂缝控制等级要求的荷载组合作用下,钢筋混凝土受弯构件的短期刚度可按下式计算,即

$$B_s = \frac{E_s A_s h_0^2}{1.15\psi + 0.2 + \dfrac{6\alpha_E \rho}{1+3.5\gamma_f}} \tag{4-69}$$

$$\psi = 1.1 - 0.65 \frac{f_{tk}}{\rho_{te}\sigma_{sq}} \tag{4-70}$$

式中　f_{tk}——混凝土轴心抗拉强度标准值,按表 2-5 采用;

　　　σ_{sq}——按荷载准永久组合计算的纵向受拉钢筋的应力,取 $\sigma_{sq}=\dfrac{M_q}{0.87h_0 A_s}$;

　　　ρ_{te}——按有效受拉混凝土截面面积计算的纵向受拉钢筋配筋率;$\rho_{te}=A_s/A_{te}$,当 $\rho_{te}<0.01$ 时,取 $\rho_{te}=0.01$。$A_{te}=0.5bh+(b_f-b)h_f$,此处,b_f、h_f 为受拉翼缘的宽度、高度;

　　　ψ——裂缝间纵向受拉钢筋应变不均匀系数:当 $\psi<0.2$ 时,取 $\psi=0.2$;当 $\psi>1$ 时,取 $\psi=1$;对直接承受重复荷载的构件,取 $\psi=1$;

　　　A_s——纵向受拉钢筋截面面积;

　　　α_E——钢筋弹性模量与混凝土弹性模量的比值,即 E_s/E_c;

　　　ρ——纵向受拉钢筋配筋率,取 $A_s/(bh_0)$;

　　　γ_f——受压翼缘截面面积与腹板有效截面面积的比值,取 $\gamma_f=\dfrac{(b_f-b)h_f}{bh_0}$,当 $h_f>0.2h_0$ 时,取 $h_f=0.2h_0$。

3. 受弯构件长期刚度 B 的计算

《混凝土规范》规定,对矩形、T 形、倒 T 形和 I 形截面受弯构件按荷载准永久组合并考虑荷载长期作用影响的刚度,可按下式计算:

$$B = \frac{B_s}{\theta} \tag{4-71}$$

式中　θ——考虑荷载长期作用对挠度增大的影响系数。对于钢筋混凝土受弯构件，当 $\rho'=0$ 时，取 $\theta=2.0$；当 $\rho'=\rho$ 时，取 $\theta=1.6$；当 ρ' 为中间数值时，θ 按线性内插法取用。此处，$\rho'=A'_s/(bh_0)$，$\rho=A_s/(bh_0)$。

对翼缘位于受拉区的倒 T 形截面，θ 应增加 20%。

4. 受弯构件的挠度验算

上述刚度计算公式是指纯弯区段内平均的截面抗弯刚度。而实际上，一般钢筋混凝土受弯构件的截面弯矩沿构件轴线方向是变化的，因此，抗弯刚度沿构件轴线方向也是变化的。图 4-53 所示的简支梁，在靠近支座的剪跨范围内，各截面的弯矩是不相等的，越靠近支座，弯矩越小，其刚度越大。由此可见，沿梁长不同区段的平均刚度是变值，按变刚度梁来计算挠度变形很麻烦。为简化计算，对图 4-53 所示的梁，可近似地按纯弯区段平均的截面弯曲刚度（即该区段的最小刚度 B_{min}）采用，这一计算原则通常称为最小刚度原则。

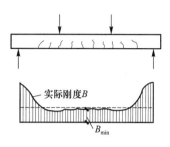

图 4-53　钢筋混凝土截面
刚度的分布

在等截面构件中，可假定各同号弯矩区段内的刚度相等，并取用该区段内最大弯矩处的刚度。当计算跨度内的支座截面刚度不大于跨中截面刚度的 2 倍或不小于跨中截面刚度的 1/2 时，该跨也可按等刚度构件进行计算，其构件刚度可取跨中最大弯矩截面的刚度。

受弯构件的挠度计算可按材料力学公式计算，但要用 B 代替 EI。

当钢筋混凝土梁产生的挠度值不满足《混凝土规范》规定的限值要求时，提高刚度的最有效措施是增大截面高度，也可采取增大受拉钢筋配筋率、选择合理的截面形状、采用双筋截面以及提高混凝土的强度等级等措施。

【例 4-13】 已知某试验楼钢筋混凝土楼面简支梁，计算跨度 $l_0=6.3$ m，梁的截面尺寸 $b\times h=250$ mm×500 mm，永久荷载（包括梁自重）标准值 $g_k=16.5$ kN/m，可变荷载标准值 $q_k=8.2$ kN/m，准永久系数 $\psi_q=0.5$，混凝土强度等级为 C35，HRB400 级钢筋，已配置 2Φ20+2Φ16 的纵向受拉钢筋，环境类别为一类。若挠度限值为 $f_{lim}=l_0/200$，试验算梁的挠度是否满足要求？

【解】　(1)确定基本数据。

由表 2-5、表 2-6 查得，混凝土轴心抗拉强度标准值 $f_{tk}=2.20$ N/mm²，混凝土弹性模量 $E_c=3.15\times10^4$ N/mm²。

由表 2-4 查得，钢筋的弹性模量 $E_s=2.0\times10^5$ N/mm²。

由表 4-3 查得，钢筋混凝土最小保护层厚度为 20 mm，$a_s=35$ mm，则梁的有效高度为

$$h_0=h-a_s=500-35=465(\text{mm})$$
$$A_s=628+402=1\,030(\text{mm}^2)$$

(2)计算跨中弯矩标准值。荷载准永久组合下的弯矩值为

$$M_q=\frac{1}{8}(g_k+\psi_q q_k)l_0^2=\frac{1}{8}\times(16.5+0.5\times8.2)\times6.3^2=102.2(\text{kN}\cdot\text{m})$$

(3)计算受拉钢筋应变不均匀系数 ψ。

$$\sigma_{sq}=\frac{M_q}{0.87h_0A_s}=\frac{102.2\times10^6}{0.87\times465\times1\,030}=245.27(\text{N/mm})^2$$

$$\rho_{te} = \frac{A_s}{A_{te}} = \frac{1\ 030}{0.5 \times 250 \times 500} = 0.016\ 5$$

$$\psi = 1.1 - 0.65 \times \frac{f_{tk}}{\rho_{te}\sigma_{sq}} = 1.1 - 0.65 \times \frac{2.2}{0.016\ 5 \times 245.27} = 0.747$$

(4)计算短期刚度 B_s。

$$\alpha_E = \frac{E_s}{E_c} = \frac{2.0 \times 10^5}{3.15 \times 10^4} = 6.35,\ \rho = \frac{A_s}{bh_0} = \frac{1\ 030}{250 \times 465} = 0.008\ 9$$

$$B_s = \frac{E_s A_s h_0^2}{1.15\psi + 0.2 + \frac{6\alpha_E\rho}{1 + 3.5\gamma_f}} = \frac{2.0 \times 10^5 \times 1\ 030 \times 465^2}{1.15 \times 0.747 + 0.2 + \frac{6 \times 6.35 \times 0.008\ 9}{1 + 3.5 \times 0}}$$

$$= 31\ 858.29 \times 10^9 (\text{N} \cdot \text{mm}^2)$$

(5)计算长期刚度 B，$\rho' = 0$，取 $\theta = 2.0$。

$$B = \frac{B_s}{\theta} = \frac{31\ 858.29 \times 10^9}{2.0} = 15\ 929.15 \times 10^9 (\text{N} \cdot \text{mm}^2)$$

(6)计算跨中挠度。

$$f = \frac{5}{48} \times \frac{M_q l_0^2}{B} = \frac{5 \times 102.2 \times 10^6 \times 6\ 300^2}{48 \times 15\ 929.15 \times 10^9} = 26.5 (\text{mm})$$

$$f < [f] = \frac{l_0}{200} = \frac{6\ 300}{200} = 31.5 (\text{mm})$$

满足要求。

4.6.3 受弯构件的裂缝宽度验算

普通的钢筋混凝土受弯构件一般都是带裂缝工作的，但如果裂缝宽度过大，将影响构件的正常使用和耐久性，在设计中必须进行验算。当不满足规定要求时，应采取合理措施进行控制。试验研究表明，裂缝间距和裂缝宽度的分布是不均匀的，但变化却是有规律的，裂缝宽度与纵向受拉钢筋配筋率、纵向钢筋直径及外形特征、混凝土保护层厚度有关。

《混凝土规范》规定，对矩形、T形、倒T形和I形截面的钢筋混凝土受弯构件，按荷载准永久组合并考虑长期作用影响的最大裂缝宽度可按下式计算：

$$w_{max} = \alpha_{cr}\psi\frac{\sigma_{sq}}{E_s}\left(1.9c_s + 0.08\frac{d_{eq}}{\rho_{te}}\right) \tag{4-72}$$

式中　α_{cr}——构件受力特征系数；

c_s——最外层纵向受拉钢筋外边缘至受拉区底边的距离：当 $c_s < 20$ mm 时，取 $c_s = 20$ mm；当 $c_s > 65$ mm 时，取 $c_s = 65$ mm；

d_{eq}——受拉区纵向钢筋的等效直径。当钢筋直径不同时，$d_{eq} = \frac{\sum n_i d_i^2}{\sum n_i \nu_i d_i}$，$n_i$ 为受拉区第 i 种纵向钢筋的根数；d_i 为受拉区第 i 种纵向钢筋的公称直径；ν_i 为受拉区第 i 种纵向钢筋的相对黏结特性系数，光圆钢筋 $\nu_i = 0.7$，带肋钢筋 $\nu_i = 1.0$。

当计算处的最大裂缝宽度不满足要求时，可采取下列措施减小裂缝宽度：

(1)合理布置钢筋。受拉钢筋直径与裂缝宽度成正比，在面积相同的情况下，直径越大裂缝宽度也越大，因此，在满足《混凝土规范》对纵向钢筋最小直径和钢筋之间最小间距的前提下，梁内尽量采用直径小、根数多的配筋方式，这样可以有效地分散裂缝，减小裂缝的宽度。

（2）适当增加钢筋截面面积。裂缝宽度与裂缝截面纵向受拉钢筋应力成正比，与有效受拉配筋率成反比，因此，可适当增加钢筋截面面积 A_s，以提高 ρ_{te}，降低 σ_{sq}。

（3）尽可能采用带肋钢筋。光圆钢筋的相对黏结特性系数为 0.7，带肋钢筋为 1.0，表明带肋钢筋与混凝土的黏结较光圆钢筋要好得多，裂缝宽度也将减小。

【例 4-14】 已知某教学楼钢筋混凝土楼面简支梁，计算跨度 $l_0=6.0$ m，梁的截面尺寸 $b \times h = 250$ mm $\times 600$ mm，永久荷载（包括梁自重）标准值 $g_k=19$ kN/m，可变荷载标准值 $q_k=16$ kN/m，准永久系数 $\psi_q=0.5$，混凝土强度等级为 C30，HRB335 级钢筋，已配置 2Φ22+2Φ20 的纵向受拉钢筋，环境类别为一类。最大裂缝宽度限值 $w_{lim}=0.3$ mm，试验算梁的裂缝宽度是否满足要求。

【解】 （1）确定基本数据。

由表 2-5 查得，混凝土轴心抗拉强度标准值 $f_{tk}=2.01$ N/mm^2；

由表 2-4 查得，钢筋的弹性模量 $E_s=2.0 \times 10^5$ N/mm^2；

由表 4-3 查得，钢筋混凝土保护层最小厚度为 20 mm；由于纵向钢筋最大直径为 22 mm，取混凝土保护层厚度为 25 mm，纵向受拉钢筋一排放置，设箍筋直径为 6 mm，$a_s=25+6+22/2=42$(mm)，则梁的有效高度为

$$h_0=h-a_s=600-42=558(\text{mm})。$$

$$c_s=25+6=31(\text{mm})，\quad A_s=760+628=1\,388(\text{mm}^2)$$

（2）计算跨中弯矩标准值。荷载准永久组合下的弯矩值为

$$M_q=\frac{1}{8}(g_k+\psi_q q_k)l_0^2=\frac{1}{8}\times(19+0.5\times16)\times6.0^2=121.5(\text{kN}\cdot\text{m})$$

（3）计算裂缝截面受拉钢筋的应力。

$$\sigma_{sq}=\frac{M_q}{0.87h_0 A_s}=\frac{121.5\times10^6}{0.87\times558\times1\,388}=180.32(\text{N/mm}^2)$$

（4）按有效受拉混凝土截面面积计算钢筋的配筋率。

$$\rho_{te}=\frac{A_s}{A_{te}}=\frac{1\,388}{0.5\times250\times600}=0.018\,5$$

（5）计算受拉钢筋应变不均匀系数 ψ。

$$\psi=1.1-0.65\times\frac{f_{tk}}{\rho_{te}\sigma_{sq}}=1.1-0.65\times\frac{2.01}{0.018\,5\times180.32}=0.708$$

（6）计算受拉区纵向钢筋的等效直径。

$$d_{eq}=\frac{\sum n_i d_i^2}{\sum n_i \nu_i d_i}=\frac{2\times22^2+2\times20^2}{2\times1\times22+2\times1\times20}=21.05$$

（7）计算最大裂缝宽度。

$$w_{max}=\alpha_{cr}\psi\frac{\sigma_{sq}}{E_s}\left(1.9c_s+0.08\frac{d_{eq}}{\rho_{te}}\right)=1.9\times0.708\times\frac{180.32}{2.0\times10^5}\times\left(1.9\times31+0.08\times\frac{21.05}{0.018\,5}\right)$$

$$=0.182(\text{mm})<w_{lim}=0.3\text{ mm}$$

裂缝宽度满足要求。

第5章 钢筋混凝土柱承载力计算

学习目标

通过本章的学习，掌握钢筋混凝土柱的构造要求；了解轴心受压短柱和长柱的受力特点；掌握轴心受压构件正截面承载力的计算方法；理解偏心受压构件正截面的破坏形态和特点；掌握影响偏心受压构件破坏特征的主要因素，判别大、小偏心受压构件；理解大、小偏心受压构件正截面承载力的基本公式；熟练掌握对称配筋矩形截面偏心受压构件的正截面承载力的计算方法。

学习重点

配筋构造要求；轴心受压构件的正截面承载力计算；对称配筋矩形截面偏心受压构件正截面承载力计算。

5.1 概 述

钢筋混凝土结构在荷载作用下，某些构件主要承受压力，如建筑结构中的墙和柱、桁架中的受压腹杆和弦杆、桥梁结构中的桥墩等。

当轴向力作用于截面形心处时，为轴心受压构件。通常情况下，受压构件同时作用有轴力、弯矩和剪力。在轴向压力 N 和弯矩 M 共同作用下将产生正截面压弯破坏，这与受弯构件正截面受力情况类似，只是比正截面受弯情况多了轴向压力 N 的作用。此时，属于偏心受压构件，如图 5-1 所示。偏心受压构件又可分为单向偏心受压构件和双向偏心受压构件。当轴向力作用线与截面的形心轴平行且沿某一主轴偏离重心时，称为单向偏心受压构件；当轴向力作用线与截面的形心轴平行且偏离两个主轴时，称为双向偏心受压构件。

在实际工程中，由于施工制造的误差、荷载作用位置的偏差和混凝土质量不均匀等原因，往往存在一定的初始偏心距，理想的轴心受压构件几乎是不存在的。但是，由于轴心受压构件计算简单，有时可将初始偏心距较小的构件近似按轴心受压构件计算，如以承受恒载为主的等跨多层房屋的内柱、屋架中的受压腹杆等，如图 5-2 所示；单层厂房柱、多层框架柱、屋架上弦杆、拱肋等都属于偏心受压构件，如图 5-3 所示；框架结构的角柱则属于双向偏心受压构件。

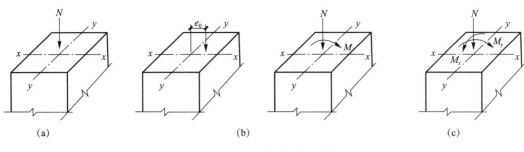

图 5-1 轴心受压与偏心受压

(a)轴心受压; (b)单向偏心受压; (c)双向偏心受压

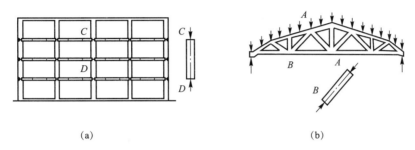

图 5-2 轴心受压构件

(a)等跨多层房屋内柱; (b)屋架受压腹杆

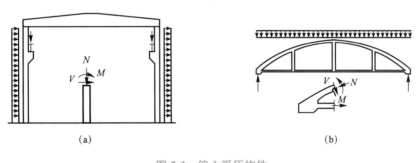

图 5-3 偏心受压构件

(a)单层厂房柱; (b)拱肋

5.2 柱的构造要求

5.2.1 材料的强度等级

受压构件的承载力主要取决于混凝土强度。为了充分利用混凝土承压能力,减小构件的截面尺寸,节省钢材,宜采用较高强度等级的混凝土。一般设计中常用的混凝土强度等级为C30~C50,对于高层建筑的底层柱,必要时可采用高强度等级的混凝土。

在受压构件中不宜采用高强度钢筋，因其强度不能充分发挥作用。因此，一般设计中纵向受力普通钢筋应采用 HRB400、HRB500、HRBF400、HRBF500 钢筋；箍筋宜采用 HRB400、HRBF400、HPB300、HRB500、HRBF500 钢筋，也可采用 HRB335 钢筋。

5.2.2　截面形式和尺寸

受压构件常用的截面形式为方形和矩形；用于桥墩、桩和公共建筑中的柱，可采用圆形或多边形截面；单层工业厂房的预制柱也常采用 I 形截面。

截面的最小边长不宜小于 250 mm。为施工制作方便，柱截面尺寸宜取整数，边长在 800 mm 以下者，取 50 mm 为模数；边长在 800 mm 以上者，取 100 mm 为模数。

5.2.3　纵向钢筋

钢筋混凝土受压构件中，纵向受力钢筋的主要作用是与混凝土共同承担纵向压力，以减小构件尺寸；承受可能的弯矩，以及混凝土收缩和温度变化引起的拉应力；防止构件突然脆性破坏及增强构件的延性。根据《混凝土规范》的规定：

(1)纵向受力钢筋直径不宜小于 12 mm。全部纵向钢筋的配筋率不宜大于 5%。

(2)柱中纵向钢筋的净间距不应小于 50 mm，且不宜大于 300 mm。对水平浇筑的预制柱，纵向钢筋的最小净间距可按有关规定取用。

(3)偏心受压柱的截面高度不小于 600 mm 时，在柱的侧面上设置直径不小于 10 mm 的纵向构造钢筋，并相应设置复合箍筋或拉筋。

(4)圆柱中纵向钢筋不宜少于 8 根，不应少于 6 根，且宜沿周边均匀布置。

(5)在偏心受压柱中，垂直于弯矩作用平面的侧面上的纵向受力钢筋及轴心受压柱中各边的纵向受力筋，其中距不宜大于 300 mm。

(6)柱中全部纵向受力钢筋的配筋率，对强度等级为 300 MPa、335 MPa 的钢筋不应小于 0.6%，对强度等级为 400 MPa 的钢筋不应小于 0.55%，对强度等级为 500 MPa 的钢筋不应小于 0.5%，同时一侧钢筋的配筋率不应小于 0.2%。全部纵向钢筋和一侧纵向钢筋的配筋率均按构件的全截面面积计算。

5.2.4　箍筋

钢筋混凝土受压构件中箍筋的作用是与纵向钢筋形成钢筋骨架，保证纵向钢筋的位置正确，防止纵向钢筋压屈；承担剪力、扭矩；约束混凝土，提高柱的承载能力。根据《混凝土规范》，柱中的箍筋应符合下列规定：

(1)箍筋直径不应小于 $d/4$，且不应小于 6 mm，d 为纵向钢筋的最大直径。

(2)箍筋间距不应大于 400 mm 及构件截面的短边尺寸，且不应大于 $15d$，d 为纵向钢筋的最小直径。

(3)柱及其他受压构件中的周边箍筋应做成封闭式；对圆柱中的箍筋，搭接长度不应小于《混凝土规范》相关规定的锚固长度，且末端应做成 135° 弯钩，弯钩末端平直段长度不应小于 $5d$，d 为箍筋直径。

(4)当柱截面短边尺寸大于 400 mm 且各边纵向钢筋多于 3 根时，或当柱截面短边尺寸不大于 400 mm 但各边纵向钢筋多于 4 根时，应设置复合箍筋，如图 5-4 所示。复合箍筋的直径和间距与普通箍筋要求相同。

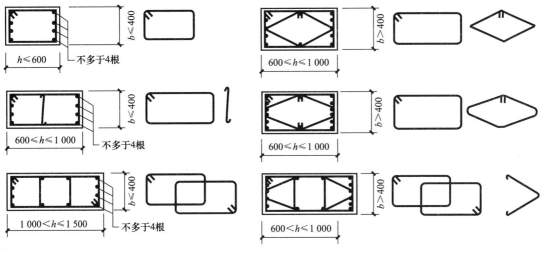

图 5-4　箍筋的配置

（5）柱中全部纵向受力钢筋的配筋率大于 3% 时，箍筋直径不应小于 8 mm，间距不应大于 10d，且不应大于 200 mm，d 为纵向受力钢筋的最小直径。箍筋末端应做成 135°弯钩，且弯钩末端平直段长度不应小于箍筋直径的 10 倍。

（6）在配有螺旋式或焊接环式箍筋的柱中，如在正截面受压承载力计算中考虑间接钢筋的作用时，箍筋间距不应大于 80 mm 及 $d_{cor}/5$，且不宜小于 40 mm，d_{cor} 为按箍筋内表面确定的核心截面直径。

当柱截面有内折角时，如图 5-5 所示，不应采用带内折角的箍筋，因为内折角处受拉箍筋的合力向外，会使该处的混凝土保护层崩裂，而应采用分离式封闭箍筋。

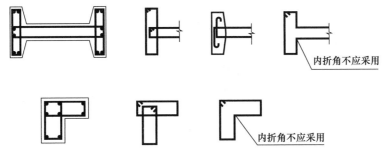

图 5-5　截面有内折角的箍筋

5.2.5　预制柱

采用较大直径钢筋及较大的柱截面，可减少钢筋根数，增大间距，便于柱钢筋连接及节点区钢筋布置。套筒连接区域柱截面刚度及承载力较大，柱的塑性铰区可能会上移到套筒连接区域以上，因此，至少应将套筒连接区域以上 500 mm 高度区域内的柱箍筋加密。

5.3 轴心受压构件承载力计算

5.3.1 普通箍筋轴心受压构件

1. 轴心受压短柱的受力特点及破坏形态

钢筋混凝土轴心受压短柱在加载初期，由于荷载比较小，混凝土和钢筋共同作用，且都处于弹性阶段，压应变可以认为是相同的。随着轴压力的增大，混凝土塑性变形的发展和变形模量的降低，混凝土应力增长逐渐变慢，而钢筋应力的增加则越来越快。在轴心受压短柱中，无论受压钢筋在构件破坏时是否达到屈服，构件的承载力最终都是由混凝土被压碎来控制的。当达到极限荷载时，在构件最薄弱区段的混凝土内将出现由微裂缝发展而成的肉眼可见的纵向裂缝，随着压应变的增长，这些裂缝将相互贯通，在外层混凝土剥落之后，核心部分的混凝土将在纵向裂缝之间被完全压碎，如图 5-6 所示。

图 5-6　轴心受压短柱的破坏形态

因此，钢筋混凝土柱的承载力由混凝土和钢筋两部分组成。轴心受压短柱的承载力计算公式为

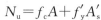

$$N_u = f_c A + f'_y A'_s \qquad (5-1)$$

式中　f_c——混凝土轴心抗压强度设计值；

　　　A——构件截面面积；

　　　f'_y——纵向钢筋抗压强度设计值；

　　　A'_s——全部纵向受压钢筋截面面积。

2. 轴心受压长柱的破坏形态及稳定系数

在轴心受压构件中，轴向压力的初始偏心（或称偶然偏心）实际上是不可避免的。在短粗构件中，初始偏心对构件的承载能力尚无明显影响。但在细长轴心受压构件中，以微小初始偏心作用在构件上的轴向压力将使构件朝与初始偏心相反的方向产生侧向弯曲。轴心受压长柱的破坏形态如图 5-7 所示。这时，如图 5-8(a)所示，在构件的各个截面中除轴向压力外还将有附加弯矩 $M=Ny$ 的作用，因此，构件已从轴心受压转变为偏心受压。试验结果表明，当长细比较大时，侧向挠度最初是以与轴向压力成正比例的方式缓慢增长的；但当压力达到破坏压力的 60%～70% 时，挠度增长速度加快[图 5-8(b)]，最后，构件在轴向压力和附加弯矩的作用下破坏。破坏时，受压一侧往往产生较长的纵向裂缝，钢筋在箍筋之间向外压屈，构件高度中部的混凝土被压碎；而另一侧混凝土则被拉裂，在构件高

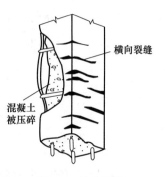

横向裂缝

混凝土被压碎

图 5-7　轴心受压长柱的破坏形态

度中部产生若干条以一定间距分布的水平裂缝，如图 5-8 所示。这是偏心受压构件破坏的典型特征。

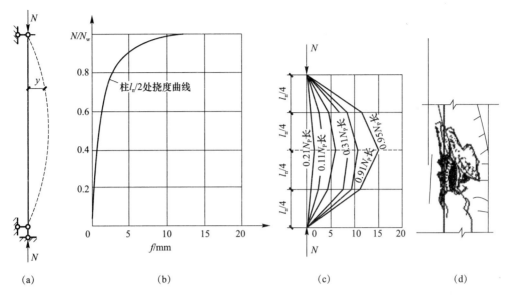

图 5-8　轴心受压长柱的挠度曲线及破坏形态
(a)长柱加载图；(b)长柱中点挠度曲线；(c)挠度分布图；(d)长柱破坏形态

　　试验表明，由于纵向弯曲的影响，长柱的承载力低于相同条件下短柱的承载力。《混凝土规范》规定，采用一个降低系数 φ 来反映这种承载力随长细比增大而降低的现象，称为稳定系数。稳定系数 φ 的大小主要与构件的长细比有关，而混凝土强度等级及配筋率对其影响较小。轴心受压构件稳定系数 φ 按表 5-1 取用。

表 5-1　钢筋混凝土轴心受压构件的稳定系数

l_0/b	≤8	10	12	14	16	18	20	22	24	26	28
l_0/d	≤7	8.5	10.5	12	14	15.5	17	19	21	22.5	24
l_0/i	≤28	35	42	48	55	62	69	76	83	90	97
φ	1.00	0.98	0.95	0.92	0.87	0.81	0.75	0.70	0.65	0.60	0.56
l_0/b	30	32	34	36	38	40	42	44	46	48	50
l_0/d	26	28	29.5	31	33	34.5	36.5	38	40	41.5	43
l_0/i	104	111	118	125	132	139	146	153	160	167	174
φ	0.52	0.48	0.44	0.40	0.36	0.32	0.29	0.26	0.23	0.21	0.19

注：1. l_0 为构件的计算长度，对钢筋混凝土柱可按表 5-2 的规定取用；
　　2. b 为矩形截面的短边尺寸；d 为圆形截面的直径；i 为截面的最小回转半径。

　　对于一般多层房屋中梁柱为刚接的框架结构，各层柱的计算长度 l_0 可按表 5-2 的规定取用。

表 5-2　框架结构各层柱的计算长度

楼盖类型	柱的类别	l_0
现浇楼盖	底层柱	$1.0H$
	其余各层柱	$1.25H$
装配式楼盖	底层柱	$1.25H$
	其余各层柱	$1.5H$
注：表中 H 为底层柱从基础顶面到一层楼盖顶面的高度；对其余各层柱为上下两层楼盖顶面之间的高度。		

3. 正截面承载力计算公式

(1)钢筋混凝土轴心受压构件，当配置的箍筋符合《混凝土规范》的规定时，其正截面受压承载力应符合下列规定(图 5-9)：

$$N \leqslant N_u = 0.9\varphi(f_c A + f_y' A_s') \tag{5-2}$$

式中　　N——轴向压力设计值；

0.9——可靠度调整系数；

φ——钢筋混凝土构件的稳定系数，按表 5-1 采用；

f_c——混凝土轴心抗压强度设计值；

A——构件截面面积；

A_s'——全部纵向普通钢筋的截面面积。

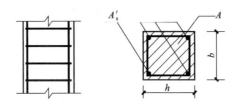

图 5-9　配置箍筋的钢筋混凝土轴心受压构件

当纵向普通钢筋的配筋率 ρ' 大于 3‰时，式(5-2)中的 A 应改用$(A-A_s')$代替。

(2)配筋率。由于混凝土在长期荷载作用下具有徐变的特性，因此，钢筋混凝土轴心受压柱在长期荷载作用下，混凝土和钢筋将产生应力重分布，混凝土压应力将减少，而钢筋压应力将增大。配筋率越小，钢筋压应力增加越大，所以，为了防止在正常使用荷载作用下，钢筋压应力由于徐变而增大到屈服强度，《混凝土规范》规定了受压构件的最小配筋率。但是，受压构件的配筋也不宜过多，因为考虑到实际工程中存在受压构件突然卸载的情况，如果配筋率太大，卸载后钢筋回弹，可能造成混凝土受拉甚至开裂。同时，为了施工方便和经济，故要求全部纵向钢筋的配筋率不宜大于 5%。

4. 设计计算方法

(1)截面设计。已知：轴向力设计值 N，柱的计算长度 l_0 和材料的强度等级 f_c、f_y'。计算柱的截面尺寸 $b \times h$ 及配筋 A_s'。

此时，A_s'、A、φ 均为未知数，有许多组解答。求解时先假设 $\varphi = 1$，$\rho' = 0.6\% \sim 5\%$（一般取 $\rho' = 1\%$），估算出 A，然后利用式(5-2)确定 A_s'。

【例 5-1】　某钢筋混凝土柱，承受轴心压力设计值 $N = 3\ 200$ kN，柱的计算长度 $l_0 =$

5.6 m，混凝土强度等级为 C30，纵向钢筋采用 HRB400 级、HPB300 级箍筋。试计算该柱的截面尺寸，并配置纵向钢筋和箍筋。

【解】 (1)确定基本数据。

由表 3-5 查得，混凝土的设计强度 $f_c = 14.3 \text{ N/mm}^2$；

由表 3-2 查得，钢筋的设计强度 $f'_y = 360 \text{ N/mm}^2$。

(2)确定截面形式和尺寸。设稳定系数 $\varphi = 1$，$\rho' = 1\%$，由式(5-2)得

$$A = \frac{N}{0.9\varphi(f_c + f'_y\rho)} = \frac{3\,200 \times 10^3}{0.9 \times 1 \times (14.3 + 360 \times 1\%)} = 198\,634(\text{mm}^2)$$

由于是轴心受压构件，因此采用方形截面形式，则有方形截面的边长为

$$b = h = \sqrt{A} = \sqrt{198\,634} = 445.7(\text{mm})，取 b = h = 450 \text{ mm}$$

(3)求稳定系数。$\dfrac{l_0}{b} = \dfrac{5\,600}{450} = 12.4$，查表 5-1，得 $\varphi = 0.94$

(4)计算纵向钢筋。

$$A'_s = \frac{\dfrac{N}{0.9\varphi} - f_c A}{f'_y} = \frac{\dfrac{3\,200 \times 10^3}{0.9 \times 0.94} - 14.3 \times 450 \times 450}{360} = 2\,463.2(\text{mm}^2)$$

纵向受压钢筋选 8Φ20，实际配筋面积 $A'_s = 2\,513 \text{ mm}^2$。

(5)验算纵向钢筋配筋率。

$$\rho' = \frac{A'_s}{bh} = \frac{2\,513}{450 \times 450} = 1.24\% > \rho'_{min} = 0.55\% \text{ 且} < \rho'_{max} = 5\%，满足$$

要求。

箍筋选用双肢箍 Φ6@300[$d = 6 \text{ mm} > 20/4 = 5(\text{mm})$，$s = 15 \times 20 = 300(\text{mm})$]，钢筋配置如图 5-10 所示。

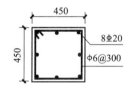

图 5-10 例 5-1 图

(2)承载力校核。已知：柱的截面尺寸 $b \times h$ 及配筋 A'_s，柱的计算长度 l_0，材料强度等级 f_c、f'_y。求柱所能承担的轴向压力设计值 N_u，直接用式(5-2)求解即可。

【例 5-2】 某多层框架的二层钢筋混凝土轴心受压柱(装配式楼盖)，二层层高为 3.6 m。柱的截面尺寸为 350 mm×350 mm，混凝土强度等级为 C30，已配置纵向受力钢筋 4Φ20。计算该柱所能承担的轴向压力设计值 N_u。

【解】 (1)确定基本数据。

由表 3-5 查得，混凝土的设计强度 $f_c = 14.3 \text{ N/mm}^2$。

由表 3-2 查得，钢筋的设计强度 $f'_y = 360 \text{ N/mm}^2$。

(2)求稳定系数。查表 5-2 得，柱的计算长度 $l_0 = 1.5 \times 3.6 = 5.4(\text{m})$。

$\dfrac{l_0}{b} = \dfrac{5\,400}{350} = 15.43$，查表 5-1，得 $\varphi = 0.884$。

(3)求轴向压力设计值。

$$\rho' = \frac{A'_s}{bh} = \frac{1\,256}{350 \times 350} = 1.03\% > \rho'_{min} = 0.55\% \text{ 且} < \rho'_{max} = 5\%$$

$$N_u = 0.9\varphi(f_c A + f'_y A'_s) = 0.9 \times 0.884 \times (14.3 \times 350 \times 350 + 360 \times 1\,256)$$
$$= 1\,753.43 \times 10^3(\text{N}) = 1\,753.43 \text{ kN}$$

5.3.2 螺旋式箍筋轴心受压柱的受力特点

当柱承受较大的轴心受压荷载，并且柱的截面尺寸由于建筑使用方面的要求受到限制，若设计成普通箍筋柱，即使提高了混凝土强度等级、增加了纵筋配筋量也不足以承受该荷载时，可考虑采用螺旋箍筋柱或焊接环式箍筋柱以提高承载力。这种柱的截面形状一般为圆形和多边形，如图5-11所示。螺旋式箍筋柱因施工复杂、用钢量多、造价高，在过去采用较少。但地震灾害的调查表明，螺旋式箍筋能大大增加柱的延性，因此，近年来在抗震设计中常有应用。

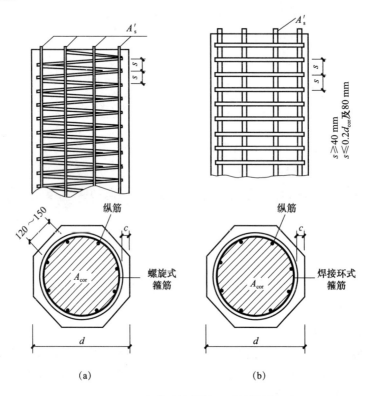

图 5-11 螺旋式和焊接环式箍筋柱

(a)螺旋式箍筋柱；(b)焊接环式箍筋柱

混凝土的抗压强度与其横向变形的条件有关。当横向变形受到约束时，混凝土的抗压强度将得到提高，轴心受压柱的承载力也会得到提高，配有螺旋式箍筋的轴心受压柱就是这一原理的具体应用。对配置沿柱高连续缠绕、间距很密的螺旋式或焊接环式箍筋柱，箍筋所包围的核心部分混凝土相当于受到一个套箍的作用，有效地限制了核心混凝土的横向变形，使核心部分混凝土在三向压应力的作用下工作，从而提高了轴心受压构件的正截面承载力。当混凝土纵向压缩产生横向膨胀时，将受到密排螺旋式箍筋或焊接环式箍筋的约束，在箍筋中产生拉力而在混凝土中产生侧向压力。当构件的压应变超过无约束混凝土的极限应变后，尽管箍筋以外的表层混凝土会开裂甚至剥落而退出工作，但核心部分混凝土还能继续承担更大的压力，直至箍筋屈服。显然，混凝土抗压强度的提高程度与箍筋约束力的大小有关。由于螺旋式箍筋或焊接环式箍筋间接地起到了纵向受力钢筋的作用，故又称间接钢筋。

5.4　偏心受压构件正截面承载力计算

5.4.1　偏心受压构件的受力性能

1. 偏心受压构件的破坏特征

从正截面受力性能来看，可以将偏心受压状态看作是轴心受压与受弯之间的过渡状态，即可以将轴心受压看作是偏心受压状态在 $M=0$ 时的一种极端情况，而将受弯看作是偏心受压状态在 $N=0$ 时的另一种极端情况。因此可以断定，偏心受压截面中的应变和应力分布特征将随着 M/N 的逐步降低而从接近于受弯构件的状态过渡到接近于轴心受压的状态。试验表明，从加荷开始到接近破坏为止，用较大的测量标距量测得到的偏心受压构件的截面平均应变值都较好地符合平截面假定。根据已经做过的大量偏心受压构件的试验，可以将偏心受压构件按其破坏特征划分为大偏心受压破坏和小偏心受压破坏两类。

(1)大偏心受压破坏(受拉破坏)。当构件截面相对偏心距 e_0/h_0 较大，且受拉钢筋 A_s 配置适量时，在偏心距较大的轴向压力 N 的作用下，距离纵向力较远一侧的截面受拉，另一侧截面受压。当轴向力 N 增大到一定程度时，受拉区混凝土首先出现垂直于构件轴线的裂缝，随着荷载的增加，裂缝不断发展和加宽，裂缝截面处的拉力全部由钢筋承担。荷载继续加大，受拉钢筋首先达到屈服，裂缝明显加宽并向受压一侧延伸，受压区高度减小。最后，受压区边缘出现纵向裂缝，受压区混凝土被压碎而导致构件破坏。破坏时，混凝土压碎区较短，受压钢筋一般都能屈服。大偏心受压构件的破坏形态如图 5-12 所示。

从以上分析可以看出，大偏心受压构件的破坏特征与配有受压钢筋的适筋梁相似，受拉钢筋首先达到屈服，然后受压钢筋达到屈服，

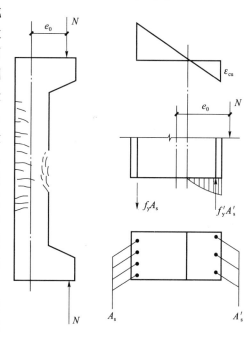

图 5-12　大偏心受压构件的破坏形态

最后受压区混凝土被压碎而导致构件破坏。这种破坏形态在破坏前有明显的预兆，裂缝开展显著，变形急剧增大，其破坏属于塑性破坏。由于这种破坏是从受拉区开始的，故又称为受拉破坏。

(2)小偏心受压破坏(受压破坏)。小偏心受压构件有以下三种破坏形态：

1)当相对偏心距 e_0/h_0 较小时，构件截面大部分受压，小部分截面受拉，随着荷载的增加，受拉区虽有裂缝产生但开展缓慢，受拉钢筋达不到屈服，构件破坏时受压钢筋达到屈服，受压区混凝土被压碎，如图 5-13(a)所示。

2）当相对偏心距 e_0/h_0 很小时，构件截面全部受压。荷载逐渐增加时，当靠近偏心力一侧的混凝土达到极限压应变时，混凝土被压碎，同时，该侧的受压钢筋也达到屈服；但破坏时，另一侧的混凝土和钢筋的应力都很小，钢筋达不到屈服，如图 5-13（b）所示。

3）当相对偏心距 e_0/h_0 较大且距偏心力较远一侧的受拉钢筋配置过多时，受拉区的裂缝开展比较缓慢，受拉钢筋的应力增长也非常缓慢，受拉钢筋达不到屈服。构件的破坏也是由于受压区混凝土的压碎而引起的。破坏时，受压钢筋能达到屈服，如图 5-13（c）所示。

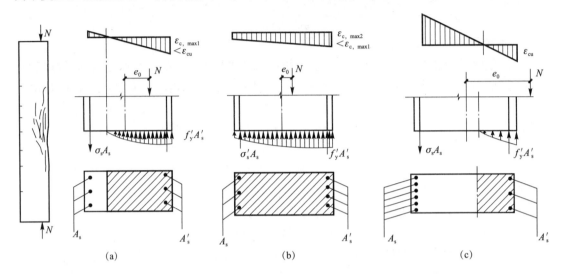

图 5-13　大偏心受压破坏形态

(a)截面大部分受压；(b)截面全部受压；(c)A_s 配置过多

综上所述，小偏心受压构件的破坏都是由受压区混凝土被压碎而引起的，离偏心力较近一侧的钢筋能达到屈服，而另一侧的钢筋无论是受压还是受拉，均达不到屈服。这种破坏无明显的破坏预兆，属于脆性破坏。由于这种破坏是从受压区开始的，故又称为受压破坏。

2. 大、小偏心受压破坏的界限

从上述两类破坏特征可以看出，大、小偏心受压之间的根本区别在于构件截面破坏时受拉钢筋能否达到屈服，这和受弯杆件的适筋与超筋破坏两种情况完全一致。因此，大、小偏心受压破坏形态的界限条件是，在破坏时纵向钢筋 A_s 的应力达到抗拉屈服强度，同时受压区混凝土也达到极限压应变 ε_{cu} 值，此时，其相对受压区高度称为界限受压区高度 ξ_b。

当 $\xi \leqslant \xi_b$ 时，属于大偏心受压破坏；当 $\xi > \xi_b$ 时，属于小偏心受压破坏。

3. 附加偏心距

由于荷载作用位置的不准确性、材料的不均匀性及施工误差等原因，实际工程中不存在理想的轴心受压构件。为考虑这些因素的不利影响，引入附加偏心距 e_a，即在正截面压弯承载力计算中，偏心距取计算偏心距 $e_0 = M/N$ 与附加偏心距 e_a 之和，称为初始偏心距 e_i，即

$$e_i = e_0 + e_a \tag{5-3}$$

《混凝土规范》规定，附加偏心距 e_a 取 20 mm 与 $h/30$ 两者中的较大值，此处 h 是指偏心方向的截面尺寸。

4. 考虑二阶效应后的弯矩设计值

钢筋混凝土受压构件在承受偏心受压荷载后，会产生纵向弯曲变形，即侧向挠度。对于长细比较小的柱，即所谓的短柱，由于侧向挠度小，在设计时一般可忽略不计。而对于长细比较大的长柱，由于侧向挠度的影响，各个截面所受的弯矩不再是 Ne_i，而变为 $N(e_i+y)$，其中 y 为构件任意点的水平侧向挠度，则在柱高中点处，侧向挠度最大的截面中的弯矩为 $N(e_i+f)$。f 随着荷载的增大而不断加大，因而弯矩的增长也就越来越明显，如图 5-14 所示。偏心受压构件计算中将截面弯矩中的 Ne_i 称为初始弯矩或一阶弯矩（不考虑纵向弯曲效应构件截面中的弯矩），将 Ny 或 Nf 称为附加弯矩或二阶弯矩。

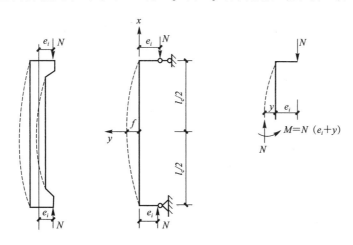

图 5-14　偏心受压构件的侧向挠度

当长细比较小时，偏心受压构件的纵向弯曲变形很小，附加弯矩的影响可忽略。因此，《混凝土规范》规定，对于弯矩作用平面内截面对称的偏心受压构件，当同一主轴方向的杆端弯矩比 M_1/M_2 不大于 0.9 且轴压比不大于 0.9 时，若构件的长细比满足下式的要求时，可不考虑轴向压力在该方向挠曲杆件中产生的附加弯矩影响：

$$\frac{l_c}{i} \leqslant 34 - 12\left(\frac{M_1}{M_2}\right) \tag{5-4}$$

式中　M_1、M_2——分别为已考虑侧移影响的偏心受压构件两端截面按结构弹性分析确定的对同一主轴的组合弯矩设计值，绝对值较大端为 M_2，绝对值较小端为 M_1，当构件按单曲率弯曲时，M_1/M_2 为正，如图 5-15(a) 所示，否则为负，如图 5-15(b) 所示；

　　l_c——构件的计算长度，可近似取偏心受压构件相应主轴方向上下支撑点之间的距离；

　　i——偏心方向的截面回转半径。

当不满足式(5-4)时，附加弯矩的影响不可忽略，需按截面的两个主轴方向分别考虑轴向压力在挠曲杆件中产生的附加弯矩影响。

(1)除排架结构柱外，其他偏心受压构件考虑轴向压力在

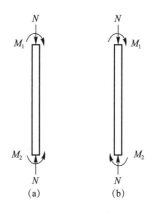

图 5-15　偏心受压构件的弯曲
(a)M_1/M_2 为正；(b)M_1/M_2 为负

挠曲杆件中产生的二阶效应后控制截面的弯矩设计值，应按下列公式计算：

$$M = C_m \eta_{ns} M_2 \tag{5-5}$$

$$C_m = 0.7 + 0.3 \frac{M_1}{M_2} \tag{5-6}$$

$$\eta_{ns} = 1 + \frac{1}{1\ 300(M_2/N + e_a)/h_0} \left(\frac{l_c}{h}\right)^2 \zeta_c \tag{5-7}$$

$$\zeta_c = \frac{0.5\ f_c A}{N} \tag{5-8}$$

当 $C_m \eta_{ns}$ 小于 1.0 时，取 1.0；对剪力墙及核心筒墙，可取 $C_m \eta_{ns}$ 等于 1.0。

式中　C_m——构件端截面偏心距调节系数，当小于 0.7 时取 0.7；

　　　η_{ns}——弯矩增大系数；

　　　N——与弯矩设计值 M_2 相应的轴向压力设计值；

　　　ζ_c——截面曲率修正系数，当计算值大于 1.0 时取 1.0；

　　　h、h_0——分别为所考虑弯曲方向柱的截面高度和截面有效高度；

　　　A——构件截面面积。

（2）排架结构柱考虑二阶效应的弯矩设计值可按下列公式计算：

$$M = \eta_s M_0 \tag{5-9}$$

$$\eta_s = 1 + \frac{1}{1\ 500 e_i/h_0} \left(\frac{l_0}{h}\right)^2 \zeta_c \tag{5-10}$$

式中　M_0——一阶弹性分析柱端弯矩设计值；

　　　c_i——初始偏心距，$c_i = e_0 + e_a$；

　　　e_0——轴向压力对截面重心的偏心距，$e_0 = M_0/N$；

　　　l_0——排架柱的计算长度；

　　　A——柱的截面面积。对于 I 形截面取：$A = bh + 2(b_f - b)h'_f$。

5.4.2　矩形截面偏心受压构件承载力计算公式

偏心受压构件正截面承载力计算的基本假定与受弯构件相同，根据基本假定可画出偏心受压构件的应力图形，进而得出正截面承载力计算公式。

1. 大偏心受压构件($\xi \leqslant \xi_b$)

大偏心受压构件破坏时的应力计算图形如图 5-16(a)所示，由平衡条件可得出基本计算公式为

$$N \leqslant N_u = \alpha_1 f_c bx + f'_y A'_s - f_y A_s \tag{5-11}$$

$$Ne \leqslant \alpha_1 f_c bx \left(h_0 - \frac{x}{2}\right) + f'_y A'_s (h_0 - a'_s) \tag{5-12}$$

式中　e——轴向压力作用点至纵向受拉普通钢筋和受拉预应力筋的合力点的距离，$e = e_i + \frac{h}{2} - a_s$；

　　　e_i——初始偏心距，$e_i = e_0 + e_a$；

　　　e_0——轴向压力对截面重心的偏心距，$e_0 = M/N$；

　　　e_a——附加偏心距。

为了保证受压钢筋 A'_s 应力达到抗压屈服强度 f'_y 及受拉钢筋应力达到屈服强度 f_y，上式应满足下列适用条件：

$$x \geqslant 2a'_s \tag{5-13}$$

$$x \leqslant \xi_b h_0 \tag{5-14}$$

当 $x < 2a'_s$ 时，受压钢筋应力 A'_s 不能屈服，与双筋受弯构件类似，可取 $x = 2a'_s$。其应力图形如图 5-16(b) 所示，近似认为受压区混凝土所承担的压力的作用位置与受压钢筋承担压力 $f'_y A'_s$ 位置相重合。由平衡条件，得

$$Ne' = f_y A_s(h_0 - a'_s) \tag{5-15}$$

式中　e'——轴向力作用点至纵向受压钢筋 A'_s 合力点的距离，$e' = e_i - \dfrac{h}{2} + a'_s$。

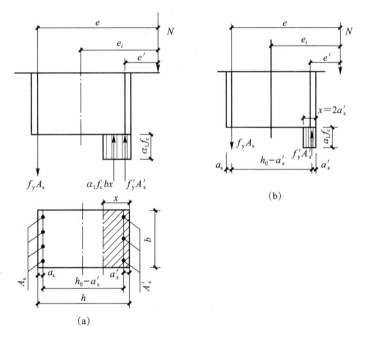

图 5-16　大偏心受压计算图形

2. 小偏心受压构件($\xi > \xi_b$)

根据试验研究可知，小偏心受压构件中离偏心力较远一侧的钢筋无论是受拉还是受压，都没有达到屈服强度，其应力值 σ_s 将随相对受压区高度 ξ 的变化而变化。《混凝土规范》规定，σ_s 按下式计算：

$$\sigma_s = \frac{\xi - \beta_1}{\xi_b - \beta_1} f_y \tag{5-16}$$

σ_s 计算值为正时，表示拉应力；为负时，表示压应力。σ_s 应满足 $f'_y \leqslant \sigma_s \leqslant f_y$。

小偏心受压构件破坏时的应力计算图如图 5-17 所示，由平衡条件可得出基本计算公式为

$$N \leqslant N_u = \alpha_1 f_c bx + f'_y A'_s - \sigma_s A_s \tag{5-17}$$

$$Ne \leqslant \alpha_1 f_c bx\left(h_0 - \frac{x}{2}\right) + f'_y A'_s(h_0 - a'_s) \tag{5-18}$$

式中　e——轴向压力作用点至纵向受拉钢筋合力点的距离，$e = e_i + \dfrac{h}{2} - a_s$。

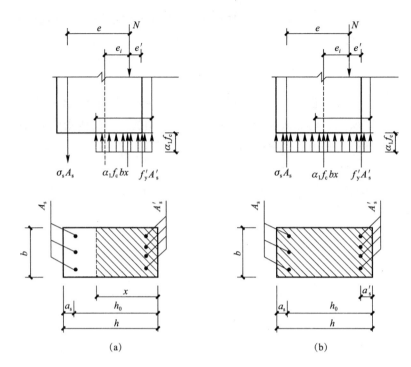

图 5-17 小偏心受压计算图形

上述小偏心受压计算公式仅适用于轴向压力近侧先被压坏的一种情况。当采用非对称配筋时，离偏心力较远一侧的纵向钢筋有可能达到受压屈服强度，如图 5-18 所示，此时受压破坏可能发生在 A_s 一侧。为了防止 A_s 达到屈服而使构件产生受压破坏，《混凝土规范》规定，当 $N > f_c bh$ 时，应按下列公式进行验算：

$$Ne' \leqslant f_c bh \left(h_0' - \frac{h}{2} \right) + f_y' A_s' (h_0' - a_s) \quad (5\text{-}19)$$

式中 e'——轴向力作用点至纵向受压钢筋 A_s' 合力点的距离，即 $e' = \frac{h}{2} - a_s' - (e_0 - e_a)$。此时，轴向力作用点靠近截面重心，考虑对 A_s 最不利的情况，初始偏心距取 $e_i = e_0 - e_a$；

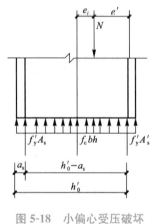

图 5-18 小偏心受压破坏
发生在 A_s 一侧的情况

h_0'——纵向受压钢筋合力点至截面远边的距离，$h_0' = h - a_s'$。

小偏心受压构件除应计算弯矩作用平面的受压承载力外，还应按轴心受压构件验算垂直于弯矩作用平面的受压承载力。

5.4.3 对称配筋矩形截面偏心受压构件正截面承载力计算

在实际工程中，偏心受压构件在不同荷载（风荷载、地震作用、竖向荷载）组合作用下，在同一截面内常承受变号弯矩的作用，即截面在一种荷载组合作用下为受拉的部位，在另一种荷载组合作用下变为受压，截面中原来受拉的钢筋则会变为受压；同时，为了在施工

过程中避免将 A'_s 和 A_s 的位置放错，以及在预制构件中，为保证吊装时不出现差错，一般都采用对称配筋。所谓对称配筋，是指在偏心受压构件截面的受拉区和受压区配置相同面积、相同强度等级、同一规格的纵向受力钢筋，即 $A_s = A'_s$、$f_y = f'_y$、$a_s = a'_s$。

1. 截面设计

(1)大小偏心的判别。将 $A_s = A'_s$、$f_y = f'_y$ 代入式(5-11)，可得 $N = \alpha_1 f_c bx = \alpha_1 f_c bh_0 \xi$

即

$$\xi = \frac{N}{\alpha_1 f_c bh_0} \tag{5-20}$$

当 $\xi \leqslant \xi_b$ 时，为大偏心受压构件；当 $\xi > \xi_b$ 时，为小偏心受压构件。

(2)大偏心受压构件。

若 $\dfrac{2a'_s}{h_0} \leqslant \xi < \xi_b$，取 $x = \xi h_0$，由式(5-12)可求得

$$A_s = A'_s = \frac{Ne - \alpha_1 f_c bx(h_0 - \frac{x}{2})}{f'_y(h_0 - a'_s)} \tag{5-21}$$

其中，$e = e_i + \dfrac{h}{2} - a_s$。

若 $x < 2a'_s$，取 $x = 2a'_s$，由式(5-15)可求得

$$A_s = A'_s = \frac{Ne'}{f_y(h_0 - a'_s)} \tag{5-22}$$

其中，$e' = e_i - \dfrac{h}{2} + a'_s$。

无论哪种情况，所配置的钢筋面积均应满足最小配筋率的要求。

(3)小偏心受压构件。

将 $A_s = A'_s$、$f_y = f'_y$ 及 σ_s 代入式(5-17)，基本公式变为

$$N = \alpha_1 f_c bh_0 \xi + f'_y A'_s - f'_y A'_s \frac{\xi - \beta_1}{\xi_b - \beta_1}$$

解得，$f_y A_s = f'_y A'_s = (N - \alpha_1 f_c bh_0 \xi)\dfrac{\xi_b - \beta_1}{\xi_b - \xi}$

将上式代入式(5-18)得

$$Ne\frac{\xi_b - \xi}{\xi_b - \beta_1} = \alpha_1 f_c bh_0^2 \xi(1 - 0.5\xi)\frac{\xi_b - \xi}{\xi_b - \beta_1} + (N - \alpha_1 f_c bh_0 \xi)(h_0 - a'_s) \tag{5-23}$$

式(5-23)为一个关于 ξ 的一元三次方程，计算很麻烦。分析表明，在小偏心受压构件中，对于常用材料，经近似简化并整理后，可得到求解 ξ 的公式为

$$\xi = \frac{N - \xi_b \alpha_1 f_c bh_0}{\dfrac{Ne - 0.43\alpha_1 f_c bh_0^2}{(\beta_1 - \xi_b)(h_0 - a'_s)} + \alpha_1 f_c bh_0} + \xi_b \tag{5-24}$$

将求得的 ξ 代入式(5-18)，即可求得

$$A_s = A'_s = \frac{Ne - \alpha_1 f_c bh_0^2 \xi(1 - 0.5\xi)}{f'_y(h_0 - a'_s)} \tag{5-25}$$

当求得 $A_s + A'_s > 0.05bh$ 时，说明截面尺寸过小，宜加大柱截面尺寸。

当求得 $A'_s < 0$ 时，表明柱的截面尺寸较大。这时，应按受压钢筋最小配筋率配置钢筋，可取 $A_s = A'_s = 0.002bh$，并使 $A_s + A'_s$ 不小于全部纵筋的最小配筋量。

2. 截面复核

对称配筋与非对称配筋截面复核方法基本相同，计算时在有关公式中取 $A_s=A_s'$、$f_y=f_y'$ 即可。此外，在复核小偏心受压构件时，因采用了对称配筋，故仅须考虑靠近轴向力一侧的混凝土先破坏的情况。

【例 5-3】 某框架结构柱，截面尺寸 $b \times h = 400 \text{ mm} \times 450 \text{ mm}$，柱计算高度 $l_c = 5 \text{ m}$，承受轴向力设计值 $N = 525 \text{ kN}$，柱端较大弯矩设计值 $M_2 = 399 \text{ kN} \cdot \text{m}$，混凝土强度等级为 C30，钢筋采用 HRB400 级，$a_s = a_s' = 40 \text{ mm}$，采用对称配筋 ($A_s = A_s'$)。计算纵向钢筋截面面积 (按两端弯矩相等 $M_1/M_2 = 1$ 考虑)。

【解】 (1) 确定基本数据。

由表 3-5、表 4-4 查得，混凝土的设计强度 $f_c = 14.3 \text{ N/mm}^2$，$\alpha_1 = 1.0$，$\beta_1 = 0.8$。

由表 3-2、表 4-5 查得，钢筋的设计强度 $f_y = f_y' = 360 \text{ N/mm}^2$，$\xi_b = 0.518$。

$a_s = a_s' = 40 \text{ mm}$，$h = 450 \text{ mm}$，则 $h_0 = 450 - 40 = 410 \text{(mm)}$

(2) 求框架柱设计弯矩 M。

由于 $M_1/M_2 = 1$，$i = \sqrt{\dfrac{I}{A}} = \dfrac{h}{2\sqrt{3}} = \dfrac{450}{2\sqrt{3}} = 129.9 \text{(mm)}$，则

$$\frac{l_c}{i} = \frac{5\,000}{129.9} = 38.49 > 34 - 12\left(\frac{M_1}{M_2}\right) = 22$$

因此，需要考虑附加弯矩影响。

$$\zeta_c = \frac{0.5 f_c A}{N} = \frac{0.5 \times 14.3 \times 400 \times 450}{525\,000} = 2.45 > 1, \text{ 取 } \zeta_c = 1$$

$$C_m = 0.7 + 0.3\frac{M_1}{M_2} = 1 > 0.7$$

$$e_a = \frac{h}{30} = \frac{450}{30} = 15 \text{(mm)} < 20 \text{ mm}, \text{ 取 } e_a = 20 \text{ mm}$$

$$\eta_{ns} = 1 + \frac{1}{1\,300(M_2/N + e_a)/h_0}\left(\frac{l_c}{h}\right)^2 \zeta_c$$

$$= 1 + \frac{1}{1\,300 \times (399 \times 10^6/525\,000 + 20)/410} \times \left(\frac{5\,000}{450}\right)^2 \times 1 = 1.05$$

框架结构柱弯矩设计值为

$$M = C_m \eta_{ns} M_2 = 1 \times 1.05 \times 399 = 418.95 \text{(kN} \cdot \text{m)}$$

(3) 判别大小偏心受压。

$$\xi = \frac{N}{\alpha_1 f_c b h_0} = \frac{525 \times 10^3}{1.0 \times 14.3 \times 400 \times 410} = 0.224 < \xi_b = 0.518$$

为大偏心受压，则 $x = \xi \cdot h_0 = 0.224 \times 410 = 91.84 \text{(mm)} > 2a_s' = 80 \text{ mm}$

(4) 求 A_s 及 A_s'。

$$e_0 = \frac{M}{N} = \frac{418.95 \times 10^6}{525 \times 10^3} = 798 \text{(mm)}, \quad e_i = e_0 + e_a = 798 + 20 = 818 \text{(mm)}$$

$$e = e_i + \frac{h}{2} - a_s = 818 + \frac{450}{2} - 40 = 1\,003 \text{(mm)}$$

$$A_s = A_s' = \frac{Ne - \alpha_1 f_c b x\left(h_0 - \dfrac{x}{2}\right)}{f_y'(h_0 - a_s')}$$

$$=\frac{525\times10^3\times1\,003-1.0\times14.3\times400\times91.84\times\left(410-\frac{91.84}{2}\right)}{360\times(410-40)}$$

$$=2\,517.4(\text{mm}^2)>A_s'=\rho_{\min}'bh=0.002\times400\times450=360(\text{mm}^2)$$

(5)选配钢筋直径及根数。每边选配 4⊈25+2⊈20，实际配筋面积 $A_s=A_s'=1\,964+628=2\,592(\text{mm}^2)$。

(6)验算配筋率。

$$A_s+A_s'=2\,592\times2=5\,184(\text{mm}^2)，\rho=\frac{5\,184}{400\times450}=2.88\%>0.55\%$$

满足要求。

【例 5-4】 已知矩形截面偏心受压柱，截面尺寸 $b\times h=450\,\text{mm}\times500\,\text{mm}$，柱计算高度 $l_c=4\,\text{m}$，承受轴向力设计值 $N=2\,244\,\text{kN}$，柱两端弯矩设计值相等 $M_1=M_2=204\,\text{kN}\cdot\text{m}$，混凝土强度等级为 C35，钢筋采用 HRB400 级，$a_s=a_s'=40\,\text{mm}$，并采用对称配筋($A_s=A_s'$)。计算纵向钢筋截面面积。

【解】 (1)确定基本数据。

由表 3-5、表 4-4 查得，混凝土的设计强度 $f_c=16.7\,\text{N/mm}^2$，$\alpha_1=1.0$，$\beta_1=0.8$；

由表 3-2、表 4-5 查得，钢筋的设计强度 $f_y=f_y'=360\,\text{N/mm}^2$，$\xi_b=0.518$；

$$a_s=a_s'=40\,\text{mm}，h=500\,\text{mm}，则\ h_0=500-40=460(\text{mm})$$

(2)求框架柱设计弯矩 M。

由于 $M_1/M_2=1$，$i=\sqrt{\dfrac{I}{A}}=\dfrac{h}{2\sqrt{3}}=\dfrac{500}{2\sqrt{3}}=144.3(\text{mm})$，则

$$\frac{l_c}{i}=\frac{4\,000}{144.3}=27.72>34-12\left(\frac{M_1}{M_2}\right)=34-12\times1=22$$

因此，需要考虑附加弯矩影响。

$$\zeta_c=\frac{0.5f_cA}{N}=\frac{0.5\times16.7\times450\times500}{2\,244\,000}=0.84$$

$$C_m=0.7+0.3\frac{M_1}{M_2}=0.7+0.3\times1=1>0.7$$

$$e_a=\frac{h}{30}=\frac{500}{30}=16.67(\text{mm})<20\,\text{mm}，取\ e_a=20\,\text{mm}$$

$$\eta_{ns}=1+\frac{1}{1\,300(M_2/N+e_a)/h_0}\left(\frac{l_c}{h}\right)^2\zeta_c$$

$$=1+\frac{1}{1\,300\times[204\times10^6/(2\,244\times10^3)+20]/460}\times\left(\frac{4\,000}{500}\right)^2\times0.84=1.172$$

框架结构柱弯矩设计值为

$$M=C_m\eta_{ns}M_2=1.0\times1.172\times204=239.09(\text{kN}\cdot\text{m})$$

(3)判别大小偏心受压。

$$\xi=\frac{N}{\alpha_1f_cbh_0}=\frac{2\,244\times10^3}{1.0\times16.7\times450\times460}=0.649>\xi_b=0.518$$

为小偏心受压。

(4)求 A_s 及 A_s'

$$e_0 = \frac{M}{N} = \frac{239.09 \times 10^6}{2\,244 \times 10^3} = 106.55(\text{mm}), \quad e_i = e_0 + e_a = 106.55 + 20 = 126.55(\text{mm})$$

$$e = e_i + \frac{h}{2} - a_s = 126.55 + \frac{500}{2} - 40 = 336.55(\text{mm})$$

$$\xi = \frac{N - \xi_b \alpha_1 f_c b h_0}{\dfrac{Ne - 0.43 \alpha_1 f_c b h_0^2}{(\beta_1 - \xi_b)(h_0 - a_s')} + \alpha_1 f_c b h_0} + \xi_b$$

$$= \frac{2\,244 \times 10^3 - 0.518 \times 1.0 \times 16.7 \times 450 \times 460}{\dfrac{2\,244 \times 10^3 \times 336.55 - 0.43 \times 1.0 \times 16.7 \times 450 \times 460^2}{(0.8 - 0.518) \times (460 - 40)} + 1.0 \times 16.7 \times 450 \times 460} + 0.518$$

$$= 0.63$$

$$A_s = A_s' = \frac{Ne - \alpha_1 f_c b h_0^2 \xi(1 - 0.5\xi)}{f_y'(h_0 - a_s')}$$

$$= \frac{2\,244 \times 10^3 \times 336.55 - 1.0 \times 16.7 \times 450 \times 460^2 \times 0.63 \times (1 - 0.5 \times 0.63)}{360 \times (460 - 40)}$$

$$= 457.2(\text{mm})^2 > 0.002 \times 450 \times 500 = 450(\text{mm}^2)$$

（5）选配钢筋直径及根数。每边选配 2Φ20，实际配筋面积 $A_s = A_s' = 628\ \text{mm}^2$。

（6）验算配筋率。

$$A_s + A_s' = 628 \times 2 = 1\,256(\text{mm}^2), \quad \rho = \frac{1\,256}{450 \times 500} = 0.56\% > 0.55\%$$

满足要求。

（7）验算垂直于弯矩作用平面承载力。

由 $\dfrac{l_c}{b} = \dfrac{4\,000}{450} = 8.9$，查表 5-1 得 $\varphi = 0.99$，则由式（5-2）可得

$$0.9\varphi[f_c A + f_y'(A_s + A_s')] = 0.9 \times 0.99 \times [16.7 \times 450 \times 500 + 360 \times (628 + 628)] =$$
$$3\,750.8 \times 10^3(\text{N}) = 3\,750.8\ \text{kN} > N = 2\,244\ \text{kN}$$

满足要求。

5.5 偏心受压构件斜截面受剪承载力计算

　　偏心受压构件除作用有轴向力 N 和弯矩 M 外，还有可能作用有较大的剪力 V（如地震作用的框架柱），故需要验算其斜截面受剪承载力。由于轴向力 N 的存在，延缓了斜裂缝的出现和开展，使截面保留较大的混凝土剪压区面积，可以提高斜截面承载力。

　　《混凝土规范》规定，对矩形截面偏心受压构件的受剪承载力按下式计算：

$$V \leqslant \frac{1.75}{\lambda + 1.0} f_t b h_0 + f_{yv} \frac{A_{sv}}{s} h_0 + 0.07\,N \tag{5-26}$$

式中　　N——与剪力设计值 V 相应的轴向压力设计值，当 $N > 0.3 f_c A$ 时，取 $N = 0.3 f_c A$，
　　　　　　此处 A 为构件的截面面积；

　　　　λ——偏心受压构件计算截面的剪跨比，取 $\lambda = \dfrac{M}{V h_0}$。

第6章　钢筋混凝土楼板

✳ 学习目标

通过本章的学习，了解梁板结构的类型及受力特点；理解梁板结构的计算简图；熟练掌握单向板肋形楼盖的计算方法、构件截面设计特点及配筋构造要求；理解双向板肋形楼盖的设计要点和构造要求；了解梁式、板式楼梯的应用范围；掌握计算方法和配筋构造要求；了解雨篷的组成、受力特点；掌握雨篷的构造要求。

》学习重点

单向板和双向板的受力特点；单向板肋形楼盖板、梁设计计算；楼盖结构的构造要求；楼梯的计算方法和构造要求；雨篷的构造要求。

6.1　概　述

梁板结构是工程结构中最常用的水平结构体系，广泛应用于建筑中的楼盖结构、屋盖结构、基础底板结构、桥梁中的桥面结构以及水池的底板和顶板、扶壁式挡土墙等。其中，楼盖是最典型的梁板结构。

按施工方法的不同，楼盖可分为现浇整体式、装配式和装配整体式三种。

6.1.1　现浇整体式楼盖

现浇整体式楼盖由于整体性好、刚度大、抗震性强、防水性好，在工程中应用较为普遍。

现浇整体式楼盖按楼板受力和支承条件不同，可分为现浇肋形楼盖、井式楼盖和无梁楼盖。

(1)现浇肋形楼盖。现浇肋形楼盖一般由板、次梁和主梁组成，是楼盖中最常用的结构形式。其优点是结构布置灵活，对不规则平面适应性强，同其他结构相比一般用钢量较低；其缺点是耗费模板多，工期长，施工受季节影响比较大。

按照梁格边长的长宽比，现浇肋形楼盖又可分为单向板肋形楼盖和双向板肋形楼盖，如图 6-1 所示。

(2)井式楼盖。用梁将楼板划分成若干个正方形或接近正方形的小区格，两个方向的肋梁截面尺寸相同，没有主、次梁之分，互相交叉形成井字状，共同承受板传来的荷载，这种楼盖称为井式楼盖，如图 6-2 所示。其常用于餐厅、展览厅、会议室以及公共建筑的门厅或大厅。

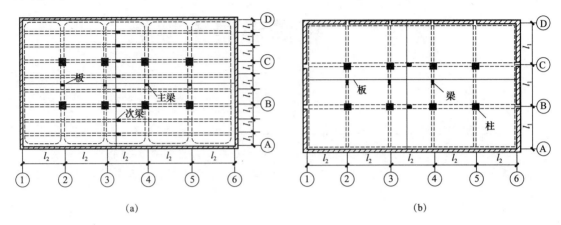

(a)   (b)

图 6-1 肋形楼盖

(a)单向板肋形楼盖；(b)双向板肋形楼盖

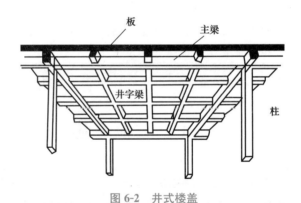

图 6-2 井式楼盖

(3)无梁楼盖。不设肋梁，将板直接支承在柱上的楼盖称为无梁楼盖，如图 6-3 所示。无梁楼盖与柱构成板柱结构，在柱的上端通常要设置柱帽。

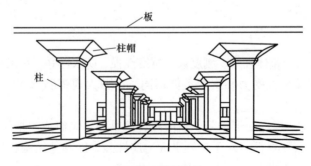

图 6-3 无梁楼盖

无梁楼盖的优点是楼层净空高，底板平整、美观，采光、通风性好，支模简单及施工方便；其缺点是质量大，用钢量大。无梁楼盖适用于各种多层的工业与民用建筑，如厂房、仓库、书库、商场、冷藏库等。

6.1.2 装配式楼盖

装配式钢筋混凝土楼盖，可以是现浇梁和预制板结合而成。也可以是预制梁和预制板结合而成。由于装配式楼盖采用混凝土预制构件，便于工业化生产，在多层工业与民用建筑中得到广泛应用。但这种楼盖由于整体性、抗震性和防水性较差，不便于开设洞口，所以，对于高层建筑、有抗震设防要求的建筑以及在使用上要求防水和开设洞口的楼面，均不宜采用。

6.1.3 装配整体式楼盖

装配整体式混凝土楼盖是在预制板或预制板和预制梁上现浇叠合层而成为一个整体，如图 6-4 所示。这种楼盖兼有现浇整体式和预制装配式楼盖的特点，其优、缺点介于二者之间。但这种楼盖需进行混凝土二次浇灌，有时还需要增加焊接工作量。此种楼盖仅适用于荷载较大的多层工业厂房、高层民用建筑以及有抗震设防要求的建筑。

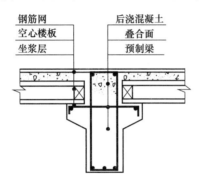

图 6-4　装配整体式混凝土楼盖

6.2　整体式单向板肋形楼盖

现浇肋形楼盖的板可支承在次梁、主梁或砖墙上。设计板时，《混凝土规范》规定，两对边支承的板应按单向板计算；四边支承的板，当长边与短边之比不大于 2.0 时，应按双向板计算；当长边与短边之比大于 2.0，且小于 3.0 时，宜按双向板计算，但也可按沿短边方向受力的单向板计算，此时应沿长边方向布置足够数量的构造钢筋；当长边与短边之比不小于 3.0 时，宜按沿短边方向受力的单向板计算，并应沿长边方向布置构造钢筋。

现浇单向板肋形楼盖的设计步骤为：结构平面布置，确定板厚和主梁、次梁的截面尺寸；确定梁、板的计算简图；梁、板的内力计算；截面承载力计算，配筋及构造处理；绘制施工图。

6.2.1 结构平面布置

在肋形楼盖中，结构布置包括柱网、承重墙、梁格和板的布置。结构平面布置的原则是适用、合理、经济、整齐。

1. 梁板布置

单向板肋形楼盖一般由板、次梁和主梁组成。板的四边支承在梁或墙上，次梁支承在主梁上，主梁支承在墙或柱上。其中，次梁的间距决定了板的跨度；主梁的间距决定了次梁的跨度；墙或柱的间距决定了主梁的跨度。

2. 截面尺寸和厚度

梁、板的尺寸要求详见 4.2 节的内容。

3. 跨度

主梁的跨度一般为 5～8 m，次梁的跨度一般为 4～6 m，板的跨度一般为 1.7～2.7 m。

4. 常用的单向板肋形楼盖的结构平面布置方案

(1)主梁横向布置，次梁纵向布置，如图 6-5(a)所示。该方案的优点是主梁和柱可形成横向框架，横向抗侧移刚度大，各榀横向框架间由纵向次梁相连，房屋的整体性能较好。另外，由于外纵墙处仅设次梁，故窗户高度可开得大些，对采光有利。

(2)主梁纵向布置，次梁横向布置，如图 6-5(b)所示。这种布置适用于横向柱距比纵向柱距大得多的情况，它的优点是减小了主梁的截面高度，增加室内净高。

(3)只布置次梁，不设主梁，如图 6-5(c)所示。这种布置仅适用于由中间过道的砌体墙承重的混合结构房屋。

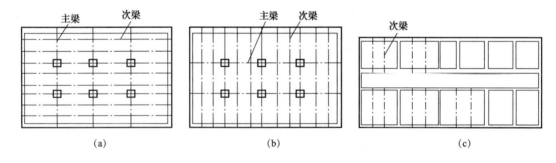

图 6-5　梁的平面布置

(a)主梁横向布置；(b)主梁纵向布置；(c)只布置次梁

6.2.2　计算简图

在单向板肋形楼盖中，荷载的传力路线为：板→次梁→主梁→柱或墙→基础→地基。

1. 板的计算简图

结构内力分析时，常常不是对整个结构进行分析，而是从实际结构中选取有代表性的一部分作为计算对象，称为计算单元。

当楼面承受均布荷载时，通常取宽度为 1 m 的板带作为计算单元，如图 6-6(a)所示。板带可以用轴线代替，板所受的荷载有永久荷载(包括板质量、构造层重等)和可变荷载(均布活荷载)。楼面上的永久荷载可由其重度折算为面荷载，而由荷载规范查得的可变荷载也为面荷载，单位为 kN/m²，则板带线荷载(kN/m)＝板面荷载(kN/m²)×1 m。

板的周边直接搁置在墙上，可视为不动铰支座；板的中间支承为次梁，为简化计算，也将次梁支承视为铰支座，这样可以将板简化成以墙和次梁为铰支座的多跨连续板。

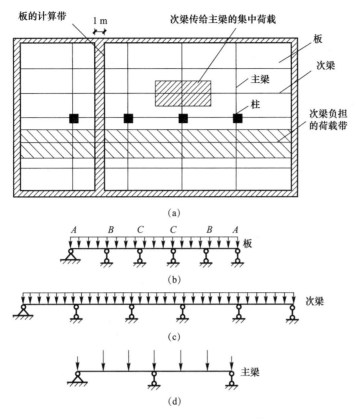

图 6-6 单向板肋形楼盖板、梁的计算简图

(a)荷载计算单元；(b)板的计算简图；(c)次梁的计算简图；(d)主梁的计算简图

梁、板的计算跨度 l_0 是指在内力计算时所采用的跨间长度，该值与支座反力分布有关，即与构件本身刚度和支承条件有关。各跨的计算跨度按表 6-1 取用。

表 6-1　梁和板的计算跨度 l_0

跨数	支承情况	按弹性理论计算		按塑性理论计算	
		梁	板	梁	板
单跨	两端简支	$l_0 = l_n + a/ \leqslant$ 1.05 l_n	$l_0 = l_n + h$		
	一端简支 另一端与梁整体连接		$l_0 = l_n + 0.5h$		
	两端与梁整体连接		$l_0 = l_n$		
多跨	两端与梁(柱)整体连接	$l_0 = l_c$	$l_0 = l_c$	$l_0 = l_n$	$l_0 = l_n$
	两端搁置在墙上	当 $a \leqslant 0.05l_c$ 时， $l_0 = l_c$ 当 $a > 0.05l_c$ 时， $l_0 = 1.05l_n$	当 $a \leqslant 0.1l_c$ 时， $l_0 = l_c$ 当 $a > 0.1l_c$ 时， $l_0 = 1.1l_n$	$l_0 = 1.05l_n \leqslant l_n + b$	$l_0 = l_n + h \leqslant l_n + a$
	一端与梁整体连接 另一端搁置在墙上	$l_0 = l_c \leqslant 1.025$ $l_n + b/2$	$l_0 = l_n + b/2 + h/2$	$l_0 = l_n + a/2$ $\leqslant 1.025l_n$	$l_0 = l_n + h/2$ $\leqslant l_c + a/2$

注：表中的 l_c 为支座中心线间的距离，l_n 为净跨，h 为板的厚度，a 为板、梁在墙上的支承长度，b 为板、梁在梁或柱上的支承长度。

对于跨数多于五跨的等截面连续梁、板，当其各跨上荷载相同且跨度差不超过10％时，可按五跨等跨连续梁进行计算，小于五跨的按实际跨数计算。板的计算简图如图 6-6(b)所示。

2. 次梁的计算简图

次梁所受荷载为次梁质量和板传来的荷载，也是均布荷载。在计算板传递给某次梁的荷载时，取其相邻板跨度的一半作为次梁的受荷宽度，则次梁承受板传来的荷载(kN/m)＝板面荷载(kN/m²)×次梁的受荷宽度。

次梁的支承是墙和主梁，同样为简化计算，也都简化成铰支座，这样也可以将次梁简化成以墙和主梁为铰支座的多跨连续梁。次梁的计算简图如图 6-6(c)所示。

3. 主梁的计算简图

主梁承受次梁传来的荷载和本身质量，次梁传来的荷载是集中荷载，取主梁相邻跨度的一半作为主梁的受荷宽度，则主梁所受次梁传来的集中荷载＝次梁荷载(kN/m)×主梁的受荷宽度。由于主梁肋部质量与次梁传来的荷载相比很小，为简化计算，可将次梁间主梁肋部质量也折算成集中荷载，并假定作用于主、次梁的交接处，与次梁传来的荷载一并计算。

主梁的支承是墙和柱，当主梁支承在墙上时，可把墙视为主梁的不动铰支座；当主梁与钢筋混凝土柱整体现浇时，若梁柱的线刚度比大于5，则主梁支座也可视为铰支座(否则简化为框架)，主梁按多跨连续梁计算。主梁的计算简图如图 6-6(d)所示。

6.2.3 内力计算

梁、板的内力计算有弹性计算法(如力矩分配法)和塑性计算法(如弯矩调幅法)两种。弹性计算法是采用结构力学方法计算内力；塑性计算法是考虑了混凝土开裂、受拉钢筋屈服、内力重分布的影响，进行了内力调幅，降低和调整了按弹性理论计算的某些截面的最大弯矩。对重要构件及使用上一般不允许出现裂缝的构件，如主梁及其他处于有腐蚀性、湿度大等环境中的构件，不宜采用塑性计算法。

1. 板和次梁的内力计算

(1)弯矩计算。板和次梁的内力一般采用塑性理论进行计算，不考虑活荷载的不利位置。对于等跨连续板、梁，在均布荷载作用下，各跨跨中和支座截面的弯矩设计值 M 可按下式计算：

$$M = \alpha_m (g+q) l_0^2 \tag{6-1}$$

式中 α_m——弯矩系数，按图 6-7(a)采用；

　　　　g、q——沿板、梁单位长度上的恒荷载设计值、活荷载设计值；

　　　　l_0——计算跨度，按表 6-1采用。

(2)剪力计算。连续板中的剪力较小，通常能满足抗剪要求，故不必进行剪力计算。在均布荷载作用下，等跨连续次梁支座边缘的剪力设计值 V 可按下式计算：

$$V = \alpha_v (g+q) l_n \tag{6-2}$$

式中 α_v——剪力系数，按图 6-7(b)采用；

　　　　l_n——梁的净跨度。

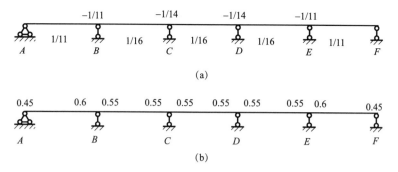

图 6-7　板和次梁按塑性理论计算的内力系数

(a)板和次梁的弯矩系数 α_m；(b)次梁的剪力系数 α_v

2. 主梁的内力计算

主梁的内力采用弹性计算法，即按结构力学的方法计算内力。此时，要考虑活荷载的不利组合。

(1)活荷载的最不利布置。连续梁、板上活荷载的大小或作用位置会发生变化，则必然会引起构件各截面内力的变化。因此，在设计连续梁、板时，应研究活荷载怎样布置才能使梁、板内支座截面或跨内截面产生最大内力，这种布置称为活荷载的最不利布置。

1)求某跨跨中最大正弯矩时，应在该跨布置活荷载，然后向其左右两边隔跨布置活荷载，如图 6-8(a)、(b)所示；

2)求某跨跨中最大负弯矩时，该跨不布置活荷载，而在其左右邻跨布置，然后向左右隔跨布置，如图 6-8(a)、(b)所示；

3)求某支座最大的负弯矩时，或支座截面最大剪力时，应在该支座左右两跨布置活荷载，然后向左右隔跨布置，如图 6-8(c)所示。

恒荷载应按实际情况分布。

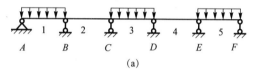

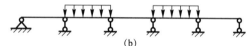

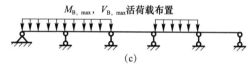

图 6-8　活荷载的不利布置图

(2)内力计算。活荷载最不利布置确定后，可按"结构力学"课程中讲述的方法计算弯矩和剪力。对于等跨的连续梁、板的内力，可由附录一查出相应的弯矩、剪力系数，利用下列公式计算跨内或支座截面的最大内力为

在均布荷载作用下

$$M = k_1 g l_0^2 + k_2 q l_0^2 \tag{6-3}$$
$$V = k_3 g l_0 + k_4 q l_0 \tag{6-4}$$

在集中荷载作用下

$$M = k_5 G l_0 + k_6 P l_0 \tag{6-5}$$
$$V = k_7 G + k_8 P \tag{6-6}$$

式中　g、q——单位长度上的均布恒荷载设计值、均布活荷载设计值；

　　　G、P——集中恒荷载设计值、集中活荷载设计值；

　　　l_0——计算跨度；

　　　k_1、k_2、k_5、k_6——附录一中相应栏中的弯矩系数；

　　　k_3、k_4、k_7、k_8——附录一中相应栏中的剪力系数。

对于跨度相对差值小于10%的不等跨连续梁，其内力也可近似按等跨度结构进行分析。计算跨内截面弯矩时，采用各自跨的计算跨度；而计算支座截面弯矩时，采用相邻两跨计算跨度的平均值。

（3）内力包络图。分别将恒荷载作用下的内力与各种活荷载不利布置情况下的内力进行组合，求得各组合的内力，并将各组合内力的内力图以同一条基线叠画在同一图上，便可得到内力叠合图，其外包线称为内力包络图。它反映出各截面可能产生的最大内力值，是设计时选择截面和布置钢筋的依据。图6-9所示为承受均布荷载的五跨连续梁的弯矩包络图和剪力包络图。

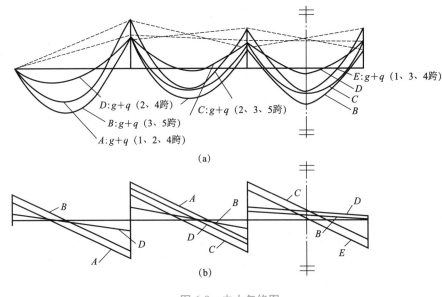

图 6-9　内力包络图

(a)弯矩包络图；(b)剪力包络图

6.2.4　截面配筋计算与构造要求

1. 板的计算与构造要求

（1）板的计算。只需按正截面受弯承载力进行计算，由于板的宽度较大，一般不需要进行斜截面受剪承载力计算。

板受荷载作用进入极限状态时，支座截面在负弯矩作用下上部开裂，跨内则由于正弯矩的作用在下部开裂，从支座到跨中各截面受压区作用点形成具有一定拱度的压力线。当板的四周具有足够的刚度(如板四周设有限制水平位移的边梁)时，在竖向荷载作用下，周边将对板产生水平推力，如图6-10所示。该推力可减少板中各计算截面的弯矩，为了考虑拱作用的有利因素，对于四周都与梁整体连接的板区格，其跨中截面弯矩和支座截面弯矩的设计值可减少20%。

对于边区格各板，它们三边与梁浇筑在一起，角区格板仅两相邻边与梁浇筑，故弯矩一律不予折减，如图6-11所示。

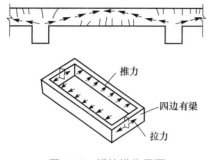

图6-10　板的拱作用图

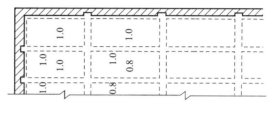

6-11　弯矩折减系数

（2）板的构造要求。板的支承长度应满足其受力钢筋在支座内锚固的要求，且一般不小于板厚。当搁置在砖墙上时，不小于120 mm。

板的厚度、单跨和悬臂板的配筋已在第4章介绍过，现介绍连续板的配筋构造。

1）配筋方式。连续板受力筋的配筋方式有弯起式和分离式两种，如图6-12所示。弯起式配筋是将跨中一部分正弯矩钢筋在距离支座边$l_n/6$处弯起，以承受支座上的负弯矩。若数量不足，则可另加直的负钢筋。支座承受负弯矩的钢筋，可在距离支座边a处截断。其取值如下：

当$q/g \leqslant 3$时，$a = l_n/4$；

当$q/g > 3$时，$a = l_n/3$。

式中　g、q——板上均布恒荷载、均布活荷载；

　　　　l_n——板的净跨长。

弯起式配筋具有锚固和整体性好、节约钢筋等优点，但施工复杂，一般用于板厚$h \geqslant$ 120 mm及经常承受动荷载的板。

分离式配筋是指板支座和跨中截面的钢筋全部各自独立配置。具有设计、施工简单的优点，但钢筋锚固差且用钢量大。适用于不受振动和较薄的板，实际工程中应用较多。

2）构造钢筋。

①分布钢筋可按第4.2节所述要求配置。

②板面构造钢筋。按简支边或非受力边设计的现浇混凝土板，当与混凝土梁、墙整体浇筑或嵌固在砌体墙内时，应设置板面构造钢筋。

垂直于混凝土梁、墙的构造钢筋。靠近混凝土梁、墙的板面荷载将直接传递给梁、墙，由于梁、墙的约束，将产生一定的负弯矩，所以，应在跨越梁、墙的板上部配置与梁、墙垂直的构造钢筋。《混凝土规范》规定，板面构造钢筋的直径不宜小于8 mm，间距不宜大于200 mm，且单位宽度内的配筋面积不宜小于跨中相应方向板底钢筋截面面积的1/3；与混凝土梁、墙整体浇筑单向板的非受力方向，钢筋截面面积尚不宜小于受力方向跨中板底钢筋截面面积的1/3；钢筋从混凝土梁边、柱边、墙边伸入板内的长度不宜小于$l_0/4$，其中计算跨度l_0对单向板按受力方向考虑，对双向板按短边方向考虑；在楼板角部，宜按两个方向正交、斜向平行或放射状布置；按受拉钢筋可靠锚固在梁内、墙内或柱内。图6-13所示为现浇板与主梁垂直的构造钢筋。

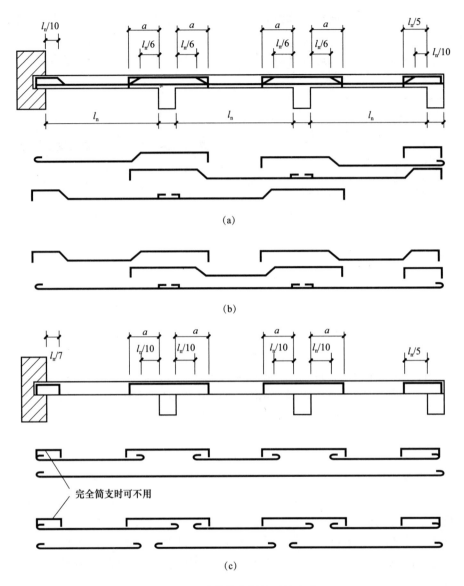

图 6-12　连续单向板的配筋方式

(a)一端弯起式；(b)两端弯起式；(c)分离式

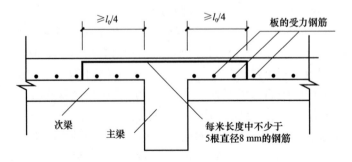

图 6-13　现浇板与主梁垂直的构造钢筋

嵌固在砌体墙内的构造钢筋。嵌固在砌体墙内的现浇板，在板的上部应配置构造钢筋。《混凝土规范》规定，砌体墙支座处钢筋从墙边伸入板内的长度不宜小于 $l_0/7$。

单向板内的受力筋、分布筋和板面构造负筋的布置情况如图 6-14 所示。

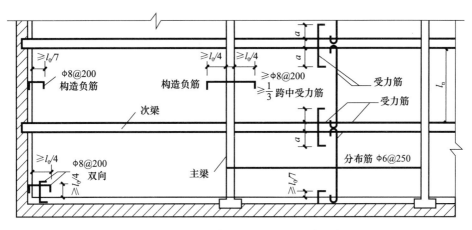

图 6-14　梁边、墙边和板角处的构造钢筋

2. 次梁的计算与构造要求

(1)次梁的计算。在现浇肋梁楼盖中，板可视为次梁的上翼缘。正截面受弯承载力计算中，跨中截面按 T 形截面计算，其翼缘计算宽度 b_f' 按表 4-11 确定；支座截面因翼缘位于受拉区，按矩形截面计算。斜截面受剪承载力计算时，当荷载和跨度较小时，一般可仅配箍筋抗剪，也可以配置弯起钢筋协助抗剪，以减少箍筋用量。次梁一般不必作使用阶段的挠度和裂缝宽度的验算。

(2)次梁的构造要求。次梁在砖墙上的支承长度不应小于 240 mm，并应满足墙体局部受压承载力的要求。

次梁的一般构造要求与前述受弯构件的配筋构造相同。

次梁的纵向钢筋配置形式可分为无弯起钢筋和有弯起钢筋两种。

当不设弯起钢筋时，支座负弯矩钢筋全部另设。要求纵向钢筋伸入边支座的锚固长度不得小于 l_a。对于承受均布荷载的次梁，当 $q/g \leqslant 3$ 且相邻跨跨度相差不大于 20% 时，支座负弯矩钢筋截断位置与一次截断数量，可按图 6-15(a)所示的构造要求确定。

当设置弯起钢筋时，弯起钢筋的位置及支座负弯矩钢筋的截断，可按图 6-15(b)所示的构造要求确定。

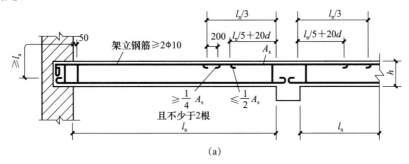

(a)

图 6-15　次梁的钢筋布置

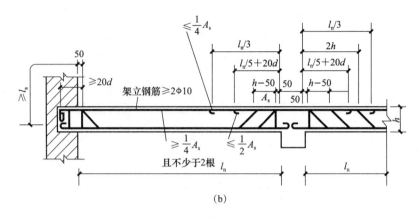

(b)

图 6-15　次梁的钢筋布置(续)

3. 主梁的计算与构造要求

(1)主梁的计算。正截面受弯承载力计算与次梁相同，跨中截面按 T 形截面计算，支座截面按矩形截面计算。

在主梁支座处，板、次梁、主梁上部钢筋相互交叉重叠，且主梁负筋位于次梁和板的负筋之下，如图 6-16 所示，故截面有效高度在支座处有所减小。当钢筋单层布置时，$h_0 = h-(55\sim60)\,\text{mm}$；当双层布置时，$h_0 = h-(85\sim90)\,\text{mm}$。

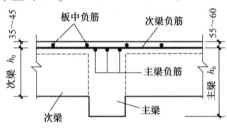

图 6-16　主梁支座处的截面有效高度

(2)主梁的构造要求。主梁支承在砌体上的长度不应小于 370 mm，并应满足墙体局部受压承载力的要求。

主梁纵向受力钢筋的弯起和截断应由抵抗弯矩图确定。

主梁和次梁相交处，次梁的集中荷载传至主梁的腹部，有可能产生斜裂缝而引起局部破坏，如图 6-17(a)所示。为此，应在次梁两侧设置附加横向钢筋，将集中力传递到主梁顶部受压区。横向钢筋的形式有箍筋和吊筋两种，如图 6-17(b)所示，一般宜优先采用箍筋。

附加箍筋和吊筋的总截面面积按下式计算：

$$F_l \leqslant 2f_y A_{sb}\sin\alpha + mnf_{yv}A_{sv1} \tag{6-7}$$

式中　F_l——由次梁传递的集中力设计值；

　　　f_y——吊筋的抗拉强度设计值；

　　　f_{yv}——附加箍筋的抗拉强度设计值；

　　　A_{sb}——一根吊筋的截面面积；

　　　A_{sv1}——单肢箍筋的截面面积；

　　　n——在同一截面内附加箍筋的肢数；

m——附加箍筋的排数；

α——吊筋与梁轴线间的夹角，一般为 $45°$；当梁高 $h > 800$ mm 时，采用 $60°$。集中力作用在主梁顶面，则不必设置附加箍筋或吊筋。

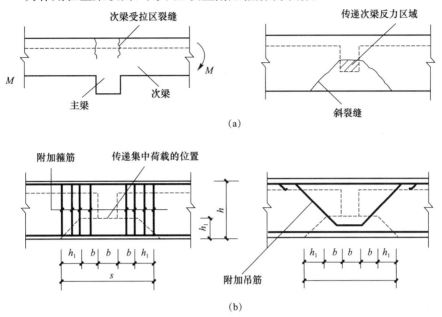

图 6-17　附加横向钢筋的布置

(a)次梁和主梁相交处的裂缝情况；(b)集中荷载处附加箍筋和附加吊筋的布置

6.3　整体式双向板肋形楼盖

由双向板和梁组成的现浇楼盖即双向板肋形楼盖。

6.3.1　双向板肋形楼盖的结构布置

现浇双向板肋形楼盖的结构布置如图 6-18 所示。当面积不大且接近正方形时(如门厅)，可不设中柱，双向板的支承梁为两个方向均支承在边墙(或柱)上，形成井字梁，如图 6-18(a)所示；当平面较大时，宜设中柱，双向板的纵、横梁分别支承在边墙(或柱)上，为多跨连续梁，如图 6-18(b)所示；当柱距较大时，还可在柱网格中再设井字梁，如图 6-18(c)所示。

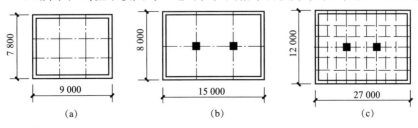

图 6-18　双向板肋形楼盖的结构布置

6.3.2 双向板的受力特点

当板的长边与短边之比不大于 2.0 时，双向板上的荷载将向两个方向传递，在两个方向上发生弯曲并产生内力。内力的分布取决于双向板四边的支承条件（简支、固定、自由等）、几何条件（板边长的比值）以及作用于板上荷载的形式（集中力、均布荷载）等因素。

对于均布荷载作用下的四边简支双向板，通过试验表明，在裂缝出现之前，板基本上处于弹性工作阶段。随着荷载的增加，第一批裂缝首先出现在板底中央，随后沿对角线呈45°角向四角发展，如图 6-19(a)、(c)所示；继续增加荷载，板底裂缝继续向四角扩展，直至跨中底部钢筋应力达到屈服；当接近破坏时，在板顶面的四角附近出现垂直于对角线方向的裂缝，大体呈环状，如图 6-19(b)、(d)所示。这些裂缝的出现，促进了板底裂缝的进一步开展，最后使整个板发生破坏。

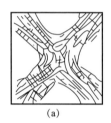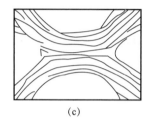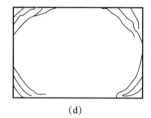

(a)	(b)	(c)	(d)

图 6-19 双向板的破坏裂缝

(a)正方形板板底裂缝；(b)正方形板板顶裂缝；(c)矩形板板底裂缝；(d)矩形板板顶裂缝

通过对双向板试验研究发现，双向板在两个方向受力较大，因此，对于双向板要在两个方向同时配置受力钢筋。

6.3.3 内力计算

内力计算的顺序是先板后梁。内力计算的方法有弹性理论计算方法和塑性理论计算方法。因塑性理论计算方法存在局限性，在工程中很少采用，所以，本节介绍弹性理论计算方法。

1. 板的内力计算

当板厚远小于板短边边长的 1/30，且板的挠度远小于板的厚度时，双向板可按弹性薄板理论计算，但计算较为复杂。为了工程应用，对于矩形板已列出计算表格，见附录二，可供查用。计算时，只需根据实际支承情况和短跨与长跨的比值，直接查出相应的弯矩系数，即可算得有关弯矩为

$$m = 表中弯矩系数 \times pl_{01}^2 \tag{6-8}$$

式中　m——跨中或支座单位板宽内的弯矩设计值(kN·m/m)；

　　　p——均布荷载设计值(kN/m²)，$p = g + q$；

　　　l_{01}——短跨方向的计算跨度(m)，计算方法与单向板计算时相同。

需要说明的是，附录二中的系数是根据材料的泊松比 $v = 0$ 制订的。当 $v \neq 0$ 时，可按下列公式计算：

$$m_1^v = m_1 + \upsilon m_2 \tag{6-9}$$

$$m_2^v = m_2 + \upsilon m_1 \tag{6-10}$$

对于混凝土板，可取 $\upsilon=0.2$。

2. 多跨连续双向板的内力计算

多跨连续双向板的内力计算是很复杂的，在工程中多采用以单区格板计算为基础的实用计算方法。此方法假定支承梁的抗弯刚度很大，不产生竖向位移且不受扭；同时还规定，双向板沿同一方向相邻跨度的比值 $l_{min}/l_{max} \geqslant 0.75$，以免计算误差过大。

(1)跨中最大正弯矩。为了求连续板跨中最大正弯矩，其均布活荷载 q 的最不利位置应按图 6-20 所示的棋盘式布置。为方便利用单区格板的计算表格，可将以这种方式布置的荷载(满布各跨的均布恒荷载 g 和隔跨布置的均布活荷载 q)分解为满布各跨的荷载 $g+q/2$ 和隔跨交替布置的荷载 $\pm q/2$ 两部分之和，分别如图 6-20(a)、(b)、(c)、(d)所示。

当各区格均满布荷载 $g+q/2$ 时，由于内区格板支座两边结构对称且荷载对称或接近对称布置，故各支座不转动或发生很小的转动，因此，可认为各区格板中间支座都是四边固定支座；当所求区格板作用有荷载 $+q/2$，相邻区格板作用荷载有 $-q/2$，其余区格板均间隔布置时，如图 6-20(b)、(d)所示，可看作承受反对称荷载 $\pm q/2$ 的连续板，这样，在支座两侧的转角大小都相等、方向相同、无弯矩产生，故可认为各区格板在中间支座处都是简支的。

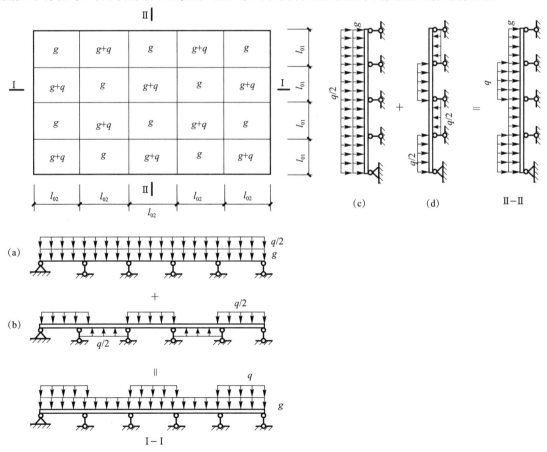

图 6-20 连续双向板的计算图式

(a)、(c)满布荷载 $g+q/2$；(b)、(d)间隔布置荷载 $\pm q/2$

在上述两种荷载作用下的楼盖周边区格板，其外边界的支座按实际支承情况确定。

最后，将各区格板在上述两种荷载作用下的跨中弯矩叠加，即可求出各区格的跨中最大正弯矩。

(2)支座最大负弯矩。当计算多跨连续板的支座最大负弯矩时，可近似地在各区格按满布活荷载布置求得，故认为各区格板都是固定在中间支座上，楼盖周边仍可按实际支承情况确定；然后按单跨双向板计算出各支座的负弯矩。当相邻区格板在同一支座上分别求出的负弯矩不相等时，可取绝对值较大者作为该支座的最大负弯矩。

3. 双向板支承梁的荷载和内力计算

(1)双向板支承梁的荷载。双向板的荷载沿四周向最近的支承梁传递。因此，支承梁承受的荷载范围可用从每一区格板的四角作 45°等分角线的方法确定。传递给短跨梁的是三角形分布荷载，传递给长跨梁的是梯形分布荷载，如图 6-21 所示。梁的自重为均布荷载。

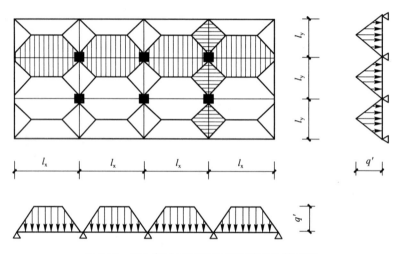

图 6-21　双向板支承梁承受的荷载及计算简图

(2)梁的内力计算。中间有柱时，纵、横梁一般可按连续梁计算；当梁柱线刚度比≤5时，宜按框架计算；中间无柱的井字梁，可查设计手册。

6.3.4　双向板截面配筋计算

对于周边与梁整体连接的双向板，由于支座的约束，导致周边支承梁对板产生水平推力，使整块平板内形成了拱作用，这样板内弯矩将大大减小。因此，截面设计时所采用的弯矩，必须考虑这一有利因素，即将计算所得的弯矩值根据规定予以减少，折减系数可查设计手册，具体计算略。

6.3.5　双向板的构造要求

1. 板厚

双向板的厚度通常在 80～160 mm 范围内。同时，为满足刚度要求，简支板还应不小于 $l/45$，连续板不小于 $l/50$，l 为双向板的短向计算跨度。

2. 受力钢筋

双向板的配筋方式有弯起式和分离式两种，如图 6-22 所示。沿短跨方向的跨中钢筋放在外侧，沿长跨方向的跨中钢筋放在内侧。

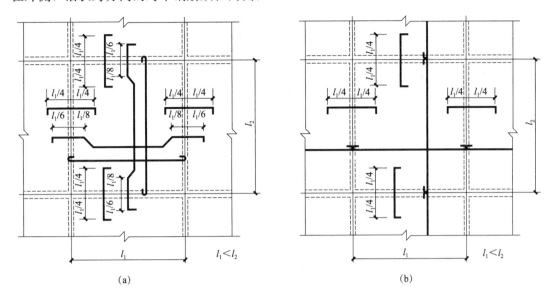

图 6-22　双向板的配筋方式

(a)弯起式；(b)分离式

3. 构造钢筋

双向板的板边若置于砖墙上时，其沿墙边、墙角处的构造钢筋均与单向板楼盖中相同。

6.4　桁架叠合板设计

6.4.1　桁架叠合板构造要求

叠合板是由预制板和现浇钢筋混凝土层叠合而成的装配式楼板。预制板既是楼板的组成部分之一，又是现浇钢筋混凝土叠合板的永久性模板。叠合楼板包括普通叠合板、有架立筋的预应力叠合肋板、无架立筋的预应力叠合肋板、空心叠合板、双 T 形叠合板、槽形叠合板、倒槽形叠合板。国内现在应用最多的普通叠合板，叠合板整体性好，刚度大，可节省模板，而且板的上下表面平整，便于装饰面的装修；同时，还可以在叠合板上铺设管线。《装配式混凝土结构技术规程》(JGJ 1—2014)有以下规定：

(1)装配整体式结构的楼盖宜采用叠合楼盖。结构转换层、平面复杂或开洞较大的楼层、作为上部结构嵌固部位的地下室楼层，宜采用现浇楼盖。

(2)叠合板应按现行国家标准《混凝土规范》进行设计，并应符合下列规定：

1)叠合板的预制板厚度不宜小于 60 mm，后浇混凝土叠合厚度不应小于 60 mm；

2)当叠合板的预制板采用空心板时，板端空腔应封堵；

3)跨度大于 3 m 的叠合板，宜采用桁架钢筋混凝土叠合板；

4)跨度大于 6 m 的叠合板，宜采用预应力混凝土预制板；

5)板厚大于 180 mm 的叠合板，宜采用混凝土空心板。

(3)叠合板可根据预制板接缝构造、支座构造、长宽比按单向板或双向板设计。当预制板之间采用分离式接缝[图 6-23(a)]时，宜按单向板设计。对长宽比不大于 3 的四边支承叠合板，当其预制板之间采用整体式接缝[图 6-23(b)]或无接缝[图 6-23(c)]时，可按双向板设计。

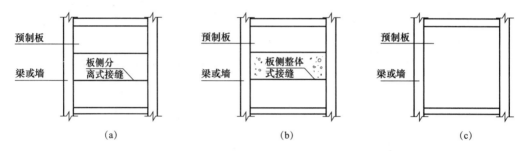

图 6-23 叠合板的预制板布置形式示意

(a)单向叠合板；(b)带接缝的双向叠合板；(c)无接缝双向叠合板

(4)叠合板支座处的纵向钢筋应符合下列规定：

1)板端支座处，预制板内的纵向受力钢筋宜从板端伸出并锚入支承梁或墙的后浇混凝土中，锚固长度不应小于 $5d$(d 为纵向受力钢筋直径)，且宜伸过支座中心线[图 6-24(a)]；

2)单向叠合板的板侧支座处，当预制板内的板底分布钢筋伸入支承梁或墙的后浇混凝土中时，应符合本条第 1)款的要求；当板底分布钢筋不伸入支座时，宜在紧邻预制板顶面的后浇混凝土叠合层中设置附加钢筋，附加钢筋截面面积不宜小于预制板内的同向分布钢筋面积，间距不宜大于 600 mm，在板的后浇混凝土叠合层内锚固长度不应小于 $15d$，在支座内锚固长度不应小于 $15d$(d 为附加钢筋直径)且宜伸过支座中心线[图 6-24(b)]。

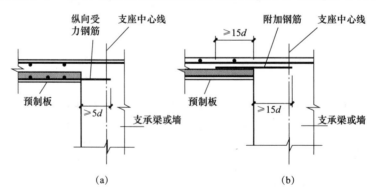

图 6-24 叠合板端及板侧支座构造示意

(a)板端支座；(b)板侧支座

(5)单向叠合板板侧的分离式接缝宜配置附加钢筋(图 6-25)，并应符合下列规定：

1)接缝处紧邻预制板顶面宜设置垂直于板缝的附加钢筋，附加钢筋伸入两侧后浇混凝土叠合层的锚固长度不应小于 $15d$(d 为附加钢筋直径)；

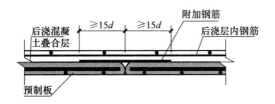

图 6-25　单向叠合板板侧分离式拼缝构造示意

2）附加钢筋截面面积不宜小于预制板中该方向钢筋面积，钢筋直径不宜小于 6 mm，间距不宜大于 250 mm。

3）当后浇带两侧板底纵向受力钢筋在后浇带中弯折锚固时（图 6-26），应符合下列规定：

①叠合板厚度不应小于 $10d$，且不应小于 120 mm（d 为弯折钢筋直径的较大值）；

②接缝处预制板侧伸出的纵向受力钢筋应在后浇混凝土叠合层内锚固，且锚固长度不应小于 l_a；两侧钢筋在接缝处重叠的长度不应小于 $10d$，钢筋弯折角度不应大于 30°，弯折处沿接缝方向应配置不少于 2 根通长构造钢筋，且直径不应小于该方向预制板内钢筋直径。

6.4.2　桁架钢筋混凝土叠合板（60 mm 厚底板）设计说明

本工程案例参照国家建筑标准设计图集《桁架钢筋混凝土叠合板（60 mm 厚底板）》（15G366—1）。

(1)本图集适用于环境类别为一类的住宅建筑楼、屋面叠合板用的底板（不包括阳台、厨房和卫生间）。

(2)本图集适用于非抗震设计及抗震设防烈度为 6～8 度抗震设计的剪力墙结构。

(3)本图集适用于剪力墙厚为 200 mm 的情况。

1. 材料

(1)底板混凝土强度等级为 C30。

(2)底板钢筋及钢筋桁架的上弦、下弦钢筋采用 HRB400 钢筋，钢筋桁架腹杆钢筋采用 HPB300 钢筋。Φ 表示 HPB300 钢筋，⊕ 表示 HRB400 钢筋。

(3)本图集中的 HRB400 钢筋可用同直径的 CRB550 或 CRB600H 钢筋代替。

2. 叠合板规格及编号

(1)本图集底板厚度均为 60 mm，后浇混凝土叠合层厚度为 70 mm、80 mm、90 mm 三种。

(2)本图集底板的标志宽度、标志跨度分别详见表 6-2～表 6-5。

表 6-2　双向板底板跨度

标志宽度/mm	1 200	1 500	1 800	2 000	2 400
边板实际宽度/mm	960	1 260	1 560	1 760	2 160
中板实际宽度/mm	900	1 200	1 500	1 700	2 100

表 6-3　单向板底板宽度

标志宽度/mm	1 200	1 500	1 800	2 000	2 400
实际宽度/mm	1 200	1 500	1 800	2 000	2 400

表 6-4　双向板底板跨度

标志跨度/mm	3 000	3 300	3 600	3 900	4 200	4 500
实际跨度/mm	2 820	3 120	3 420	3 720	4 020	4 320
标志跨度/mm	4 800	5 100	5 400	5 700	6 000	
实际跨度/mm	4 620	4 920	5 220	5 520	5 820	

表 6-5　单向板底板跨度

标志跨度/mm	2 700	3 000	3 300	3 600	3 900	4 200
实际跨度/mm	2 520	2 820	3 120	3 420	3 720	4 020

（3）双向叠合板用底板编号如图 6-26 所示。

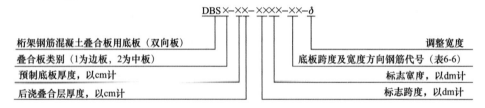

图 6-26　双向叠合板用底板编号

（4）双向叠合板用底板钢筋代号详见表 6-6。

表 6-6　底板跨度、宽度方向钢筋代号组合表

宽度方向钢筋 ＼ 编号 ＼ 跨度方向钢筋	⏀8@200	⏀8@150	⏀10@200	⏀10@150
⏀8@200	11	21	31	41
⏀8@150		22	32	42
⏀8@100				43

（5）单向叠合板用底板编号如图 6-27 所示。

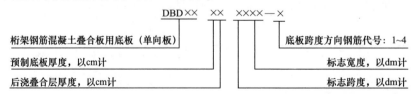

图 6-27　单向叠合板用底板编号

(6)单向叠合板用底板钢筋代号详见表6-7。

表6-7 钢筋代号表

代号	1	2	3	4
受力钢筋规格及间距	$\Phi 8@200$	$\Phi 8@150$	$\Phi 10@200$	$\Phi 10@150$
分布钢筋规格及间距	$\Phi 6@200$	$\Phi 6@200$	$\Phi 6@200$	$\Phi 6@200$

(7)钢筋桁架规格及代号详见表6-8。

表6-8 钢筋桁架规格及代号

桁架规格代号	上弦钢筋公称直径/mm	下弦钢筋公称直径/mm	腹杆钢筋公称直径/mm	桁架设计高度/mm	桁架每延米理论质量/(kg·m⁻¹)
A80	8	8	6	80	1.76
A90	8	8	6	90	1.79
A100	8	8	6	100	1.82
B80	10	8	6	80	1.98
B90	10	8	6	90	2.01
B100	10	8	6	100	2.04

钢筋桁架及底板大样图,如图6-28所示。

3. 三板拼接示意图

三板拼接示意图,如图6-29所示。

6.4.3 板的模板图与配筋图

板的模板图与配筋如图6-30所示。

6.4.4 板的拼接构造和节点构造

板的拼接构造如图6-31所示,节点构造图,如图6-32所示。

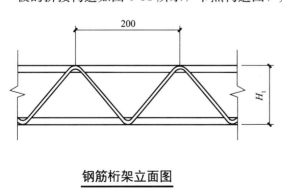

钢筋桁架立面图

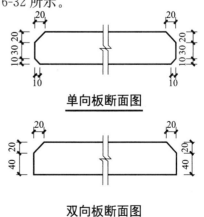

单向板断面图

双向板断面图

图6-28 钢筋桁架底板大样图

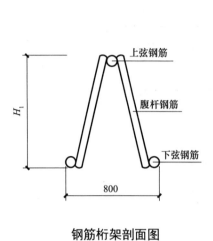

钢筋桁架剖面图

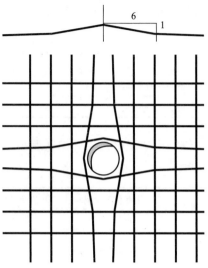

矩形洞边长和圆形洞直径
不大于300时钢筋构造

（受力钢筋绕过洞口，不另设计补强钢筋）

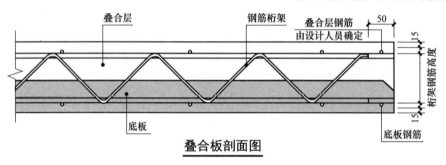

叠合板剖面图

图 6-28　钢筋桁架底板大样图(续)

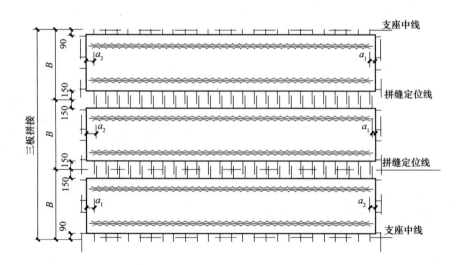

图 6-29　三板拼接示意

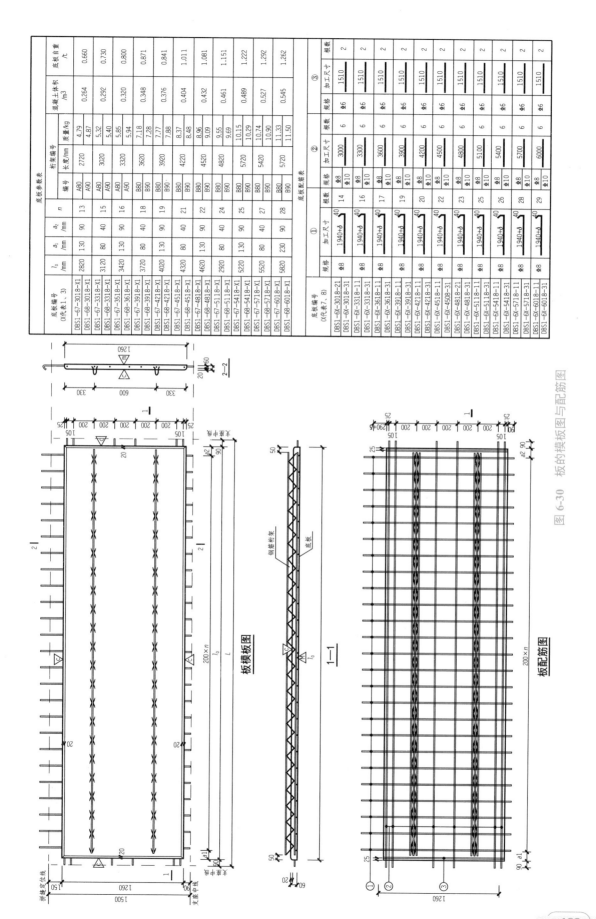

底板参数表

底板编号 (见表1、3)	l_0 /mm	a_1 /mm	a_2 /mm	n	桁架 编号	桁架参数表 长度/mm	质量/kg	混凝土体积 /m³	底板自重 /t
DBS1-67-3018-X1	2820	130	90	13	A80 A90	2720	4.79 4.87	0.264	0.660
DBS1-68-3018-X1	3120	80	40	15	A80 A90	3020	5.32 5.40	0.292	0.730
DBS1-67-3318-X1	3420	130	90	16	A80 A90	3320	5.85 5.94	0.320	0.800
DBS1-67-3518-X1	3720	80	40	18	B80 B90	3620	7.18 7.28	0.348	0.871
DBS1-68-3618-X1	4020	130	90	19	B80 B90	3920	7.77 7.88	0.376	0.841
DBS1-67-3918-X1	4320	80	40	21	B80 B90	4220	8.37 8.48	0.404	1.011
DBS1-68-3918-X1	4620	130	90	22	B80 B90	4520	8.96 9.09	0.432	1.081
DBS1-68-4218-X1	2920	80	40	24	B80 B90	4820	9.55 9.69	0.461	1.151
DBS1-67-4518-X1	5220	130	90	25	B80 B90	5720	10.15 10.29	0.489	1.222
DBS1-68-5418-X1	5520	80	40	27	B80 B90	5420	10.74 10.90	0.527	1.292
DBS1-68-5718-X1	5820	230	90	28	B80 B90	5720	11.33 11.50	0.545	1.262

底板配筋表

底板编号 (见表7、8)	① 规格	加工尺寸	② 规格	根数	加工尺寸	根数	③ 规格	加工尺寸	根数
DBS1-6X-3018-21	Φ8	1940+δ	Φ8	14	3000	6	Φ6	1510	2
DBS1-6X-3018-31	Φ8	1940+δ	Φ10	16	3300	6	Φ6	1510	2
DBS1-6X-3318-11	Φ8	1940+δ	Φ8	17	3600	6	Φ6	1510	2
DBS1-6X-3318-31	Φ8	1940+δ	Φ10	19	3900	6	Φ6	1510	2
DBS1-6X-3618-11	Φ8	1940+δ	Φ8	20	4200	6	Φ6	1510	2
DBS1-6X-3618-31	Φ8	1940+δ	Φ10	22	4500	6	Φ6	1510	2
DBS1-6X-3918-11	Φ8	1940+δ	Φ8	23	4800	6	Φ6	1510	2
DBS1-6X-3918-31	Φ8	1940+δ	Φ10	25	5100	6	Φ6	1510	2
DBS1-6X-4218-11	Φ8	1940+δ	Φ8	26	5400	6	Φ6	1510	2
DBS1-6X-4218-31	Φ8	1940+δ	Φ10	28	5700	6	Φ6	1510	2
DBS1-6X-4508-31	Φ8	1940+δ	Φ10						
DBS1-6X-4818-11	Φ8	1940+δ	Φ8	29	6000	6	Φ6	1510	2
DBS1-6X-5118-11	Φ8	1940+δ	Φ8						
DBS1-6X-5118-31	Φ8	1940+δ	Φ10						
DBS1-6X-5418-11	Φ8	1940+δ	Φ8						
DBS1-6X-5718-11	Φ8	1940+δ	Φ8						
DBS1-6X-5718-31	Φ8	1940+δ	Φ10						
DBS1-6X-6018-31	Φ8	1940+δ	Φ10						

板模板图

2—2

1—1

板配筋图

图 6-30　板的模板图与配筋图

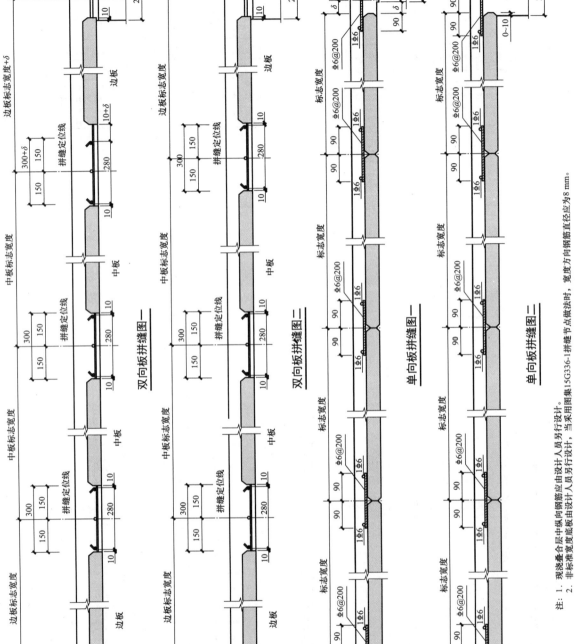

双向板拼缝图一

双向板拼缝图二

单向板拼缝图一

单向板拼缝图二

图6-31　板的拼接构造

注: 1. 现浇叠合层中纵向钢筋应由设计人员另行设计。
　　2. 非标准宽度板由设计人员另行设计, 当采用图集15G336-1拼缝节点做法时, 宽度方向钢筋直径应为8 mm。

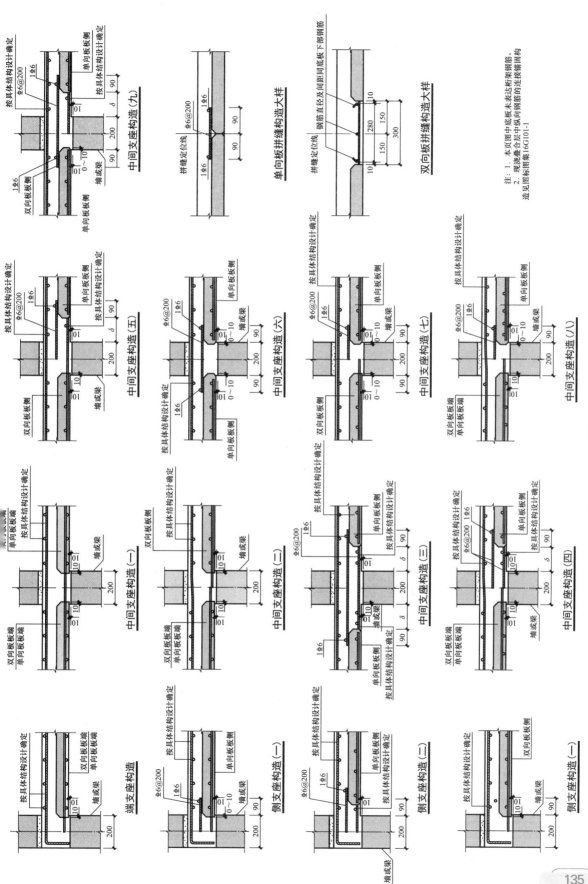

图 6-32 节点构造图

6.5.1   PK 预应力混凝土叠合板(华北标)说明

1. 适用范围

(1)图集 13BGZ2－1 的 PK 预应力混凝土叠合板系采用预制预应力混凝土带肋薄板为底板,并在板肋预留孔中布置横向穿孔钢筋,再浇筑混凝土叠合层形成的整体叠合板。

(2)抗震设防烈度 6~8 度地区及非地震区。

(3)轴跨为 2.1~6.6 m 的建筑楼板或屋面板。

2. 预制带肋薄板的规格

(1)标志宽度:标志宽度有 500 mm、1 000 mm 两种。其截面形式如图 6-33、图 6-34 所示,预制带肋薄板的几何参数见表 6-9。

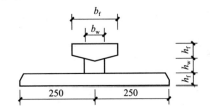

图 6-33 预制单 T 形肋薄板截面标志尺寸示意

(用于板宽 500 mm、孔高 40 mm)

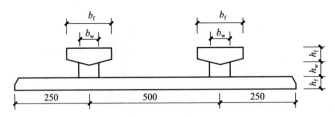

图 6-34 预制双 T 形肋薄板截面标志尺寸示意

(用于板宽 1 000 mm、孔高 40 mm)

表 6-9   500 mm(1 000 mm)宽预制单(双)T 形肋薄板(跨度≤6.6 m)

板的标志跨度/m	≤3.6	3.9~4.2	4.5	4.8	5.1	5.4	5.7	6.0	6.3	6.6
腹板宽 b_w/mm	80	80								
腹板高 h_w/mm	33	43								
翼缘宽 b_f/mm	150	150								
底板厚 h_1/mm	30	30								
翼缘高 h_f/mm	22	22	32	42	52	62				
叠合板厚度/mm	110	120	130	140	150	160				

(2)标志跨度：标志跨度为 2.1～6.6 m，0.3 m 进制，共 16 种。

(3)荷载等级：除预制带肋薄板自重与叠合层自重外，允许附加荷载设计值分为 3.0 kN/m²、4.0 kN/m²、5.0 kN/m²、6.0 kN/m²、7.0 kN/m²、8.0 kN/m²、10.0 kN/m² 七级。

3. 材料

(1)叠合板采用的钢筋及性能指标详见表 6-10。

表 6-10　叠合板采用的钢筋及性能指标

使用部位		底板预应力筋	底板构造钢筋	穿孔钢筋支座负筋	吊环钢筋
钢筋	种类	消除应力螺旋肋钢丝	冷拔低碳钢丝	热轧钢筋 HRB400(HRB335)	热轧光圆钢筋 HPB300
	符号(直径)	$\phi^H 4.8$	$\phi^b 4$	$\underline{\Phi}(\Phi)$	ϕ
极限强度标准值 /(N·mm⁻²)		1570	550	400(350)	300
极限强度设计值 /(N·mm⁻²)		1110	320	360(300)	270
弹性模量 /(N·mm⁻²)		$2.05×10^5$	$2.0×10^5$	$2.0×10^5$	$2.0×10^5$

(2)底板混凝土强度等级：当跨度为 2.1～5.4 m 时，为 C40；当跨度为 5.7～6.6 m 时，为 C50；叠合层混凝土强度等级≥C25。

4. 编号

叠合板的编号如图 6-35 所示。

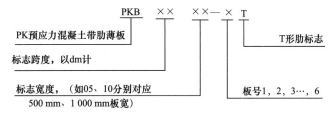

图 6-35　叠合板的编号

6.5.2　PK 预应力混凝土叠合板的构造要求

(1)预制带肋薄板的搁置长度要求如下：

1)搁置在砌体墙和钢筋混凝土梁上时不小于 80 mm，当利用板端伸出钢筋拉结和混凝土灌缝时，其支承长度不应小于 40 mm。

2)与钢筋混凝土梁或墙同时浇筑时伸入梁或墙内不应小于 10 mm，无伸出钢筋的一侧须另附加短筋。

3）搁置在钢梁上时不应小于 40 mm。

（2）当板搁置于砌体墙或混凝土梁上时，安装前应在两端支座上用 10～20 mm 厚 M10 水泥砂浆或不低于砌体砂浆强度等级的砂浆坐浆找平。

6.5.3 PK 预应力混凝土叠合板的拼接与节点构造

预应力混凝土叠合板的拼接如图 6-36 所示，预应力混凝土叠合板补空配筋及其允许最大标志跨度见表 6-11 和表 6-12，预应力混凝土叠合板的节点构造如图 6-37 所示。

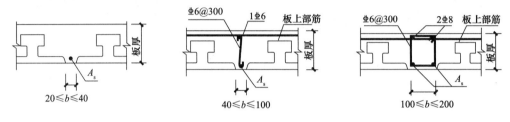

图 6-36　预应力混凝土叠合板的拼接

表 6-11　板厚 $h \leqslant 140$ mm 时补空配筋及其允许最大标志跨度表

补空宽/mm		$b=40$			$40 < b \leqslant 100$			$100 < b \leqslant 200$		
配筋 A_s		1⌀6	1⌀6	1⌀8	1⌀6	1⌀8	1⌀10	2⌀8	2⌀10	2⌀12
可变荷载 /(kN·m⁻²)	$Q_k \leqslant 4$	3 600	4 500	5 400	3 600	4 500	5 400	3 600	4 500	5 400
	$4 < Q_k \leqslant 6$	3 300	4 200	5 100	3 300	4 200	5 100	3 300	4 200	5 100
	$6 < Q_k \leqslant 10$	<3 000	3 900	4 800	≤3 000	3 900	4 800	≤3 000	3 900	4 800

表 6-12　板厚 140 mm $< h \leqslant 160$ mm 时补空配筋及其允许最大标志跨度表

补空宽/mm		$b=40$		$40 < b \leqslant 100$		$100 < b \leqslant 200$	
配筋 A_s		1⌀8	1⌀10	1⌀10	1⌀12	2⌀10	2⌀12
可变荷载 /(kN·m⁻²)	$Q_k \leqslant 4$	6 000	6 600	6 000	6 600	6 000	6 600
	$4 < Q_k \leqslant 6$	5 700	6 300	5 700	6 300	5 700	6 300
	$6 < Q_k \leqslant 10$	5 400	6 000	5 400	6 000	5 400	6 000

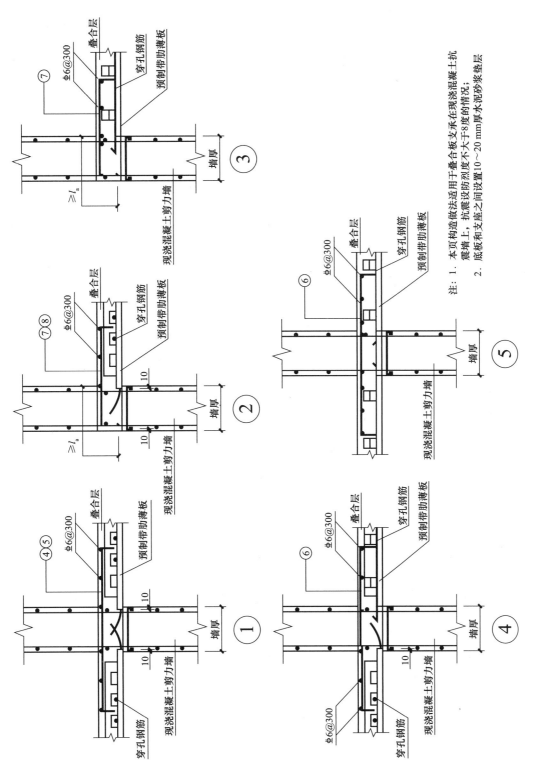

图 6-37 预应力混凝土叠合板的节点构造

6.6 　楼板深化设计实例

本实训楼工程楼板首先选择的是 PK 板，其次是桁架叠合板。预制板缝原则上应该与楼板短边方向平行设置。桁架钢筋与受力筋在同一高度，桁架钢筋设置在受力钢筋间隔内，桁架钢筋的底部钢筋应参与受力计算，所以，受力钢筋位于桁架钢筋以下可以抽掉。楼板的拆分在同一房间进行等宽拆分，同时要考虑房间照明的位置，一般灯位不宜设置在板缝处；对于强弱电管线密集的区域，可以采用现浇。

本实训楼工程的板平面布置图如图 6-38 所示。

6.6.1 　PK 板深化设计实例

1. PK 板构造

PK 板选择依据房间的开间和进深，明确荷载传递的方向，沿导荷方向布置 PK 板。板的实际长度计算规则是板的净跨加上两端搭接长度，搭接长度的选择参见图集相关规定。板的设计荷载由结构设计人员确定，也可参照图集计算方法由拆分人员计算。根据荷载和板跨选择图集中的 PK 板型号，以ⓒ～ⓓ轴与①～③轴线之间的板为例，如图 6-39 所示。设计荷载为 3.5 kN/m²，导荷方向沿短边板净跨长 2 470 mm。如果默认为 PK 板与墙现浇，则搭接长度可选择为 10 mm，实际板长度为 2 470＋(10＋10)＝2 490(mm)，大于此长度最近的标志跨度为 2 700(mm)，同时确定板宽为 500 mm 或者 1 000 mm，此工程选后者。所以，符合此条件的为山东省标准设计图集《PK 预应力混凝土叠合板》(L10SG408)图集中 PKB2710－1T，图中板宽 800 mm 非标志宽度，不能选用标准图集，配筋可以采用标志宽度 500/1 000 的配筋较大值。也可以采用中间用 3 块标志宽度为 500 mm 的 PKB2705－1T，3 块板间隔缝隙为 50 mm，如图 6-40 所示。

PK 板与①轴和ⓓ轴墙体的连接构造，如图 6-37 中节点②。

PK 板与③轴和ⓒ轴墙体的连接构造，如图 6-37 中节点①。

2. 吊点位置确定

吊点位置确定的原则如下：

(1)吊点形心与板件中心重合。

(2)为防止起吊时板开裂，吊环距离洞边一般要大于 200 mm。

(3)吊环中心点距离板边尺寸一般要大于 200 mm，且不应大于 0.2 倍板长。

(4)吊点位置应位于有肋部位的下方。

6.6.2 　钢筋桁架混凝土叠合板深化设计实例

1. 确定拆分后的板尺寸

根据规范要求：桁架叠合板预制板厚度不宜小于 60 mm，后浇混凝土叠合层厚度不应小于 60 mm；板的总厚度同传统施工图中板的厚度。此项目板厚为 130 mm，预制层为 60 mm，现浇层为 70 mm。

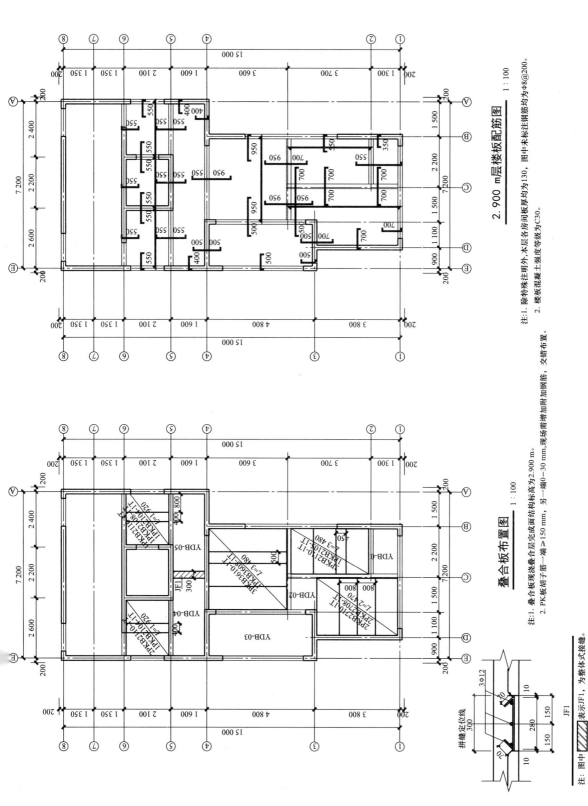

2.900 m层楼板配筋图 1:100

注：1. 除特殊注明外，本层各房间板厚均为130，图中未标注钢筋均为φ8@200。

2. 楼板混凝土强度等级为C30。

叠合板布置图 1:100

注：1. 叠合板现浇叠合层完成面结构标高为2.900 m。

2. PK板胡子筋一端≥150 mm，另一端0~30 mm,现场需增加附加钢筋，交错布置。

JF1

表示JF1，为整体式接缝。

注：图中 ▨ 为整体式接缝。

图6-38 本实训楼工程板平面布置图

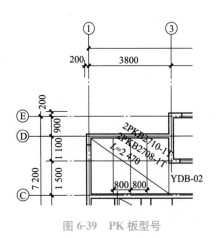

图 6-39 PK 板型号

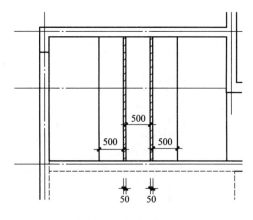

图 6-40 板间隔缝隙

　　据传统施工图中的板的尺寸和工厂生产条件，模数确定拆分板的平面尺寸。以实际项目标准层楼板为例，如图 6-41 所示。

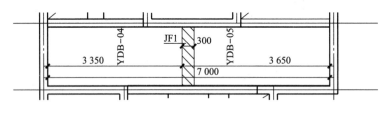

图 6-41 桁架叠合板布置图

　　YDB—04 号及 YDB—05 号板本是一个整体大板，总长为 7 000 mm，跨度为 1 600 mm，鉴于厂家模台尺寸受限和吊装质量要求，将此大板分为长度相似的两块板，并满足单向板尺寸要求。板长为 25～35 倍板厚，所以板长为 3 250～4 550 mm。扣除中间板与板之间的整体式接缝宽度，整体式接缝宽度可参见图集要求，最小尺寸满足钢筋锚固的长度 l_a，本项目中取值为 300 mm，如图 6-42 所示。所以，分割两块板长度为 3 350 mm 和 3 650 mm。

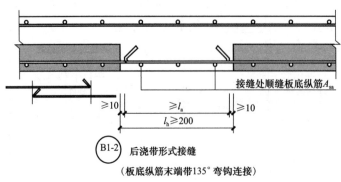

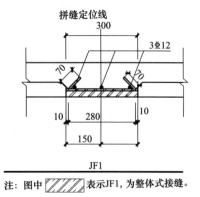

图 6-42 接缝详图

2. 板配筋设计

桁架叠合板中的钢筋配置同传统施工图板中配筋，传统施工图配筋情况如图 6-43 所示。

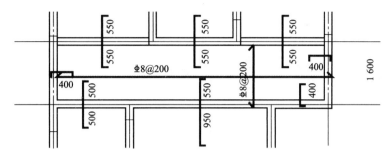

图 6-43　板配筋图

由图 6-46 可知，板底配筋为 $\Phi8@200$ 双向，桁架板板底配筋也为 $\Phi8@200$ 双向，桁架钢筋沿长边方向布置，以提高板的整体刚度，如图 6-44、图 6-45 所示，并见表 6-13。

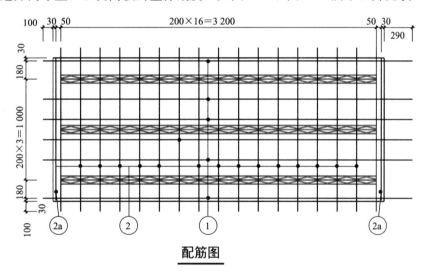

配筋图

图 6-44　桁架叠合板配筋图

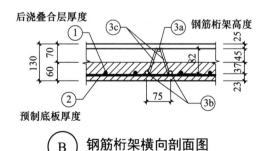

图 6-45　钢筋桁架横向剖面图

表 6-13　钢筋表

预制底板钢筋①②				预制底板桁架筋③			
编号	直径	根数	尺寸	编号	直径	根数	尺寸
①	Φ8	4	3 750　40	③a	Φ8	3×1	3 200
②	Φ8	17	1 620	③b	Φ8	3×2	3 200
②a	Φ8	2	1 380	③c	Φ6	3×2	间距 200 mm

桁架钢筋角筋直径也为 8 mm，桁架腹杆筋直径满足构造要求，取 6 mm。

钢筋伸出长度满足规范要求，伸至支座中线，本工程中梁与墙宽均为 200 mm，所以钢筋外伸尺寸 100 mm 即可，如图 6-46 所示。拼接缝处钢筋伸出长度应＝缝宽（300）－10＝290 mm，如图 6-47 所示。

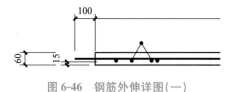

图 6-46　钢筋外伸详图(一)

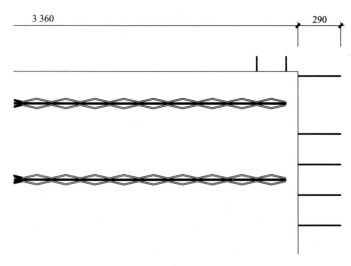

图 6-47　钢筋外伸详图(二)

板顶钢筋按照原传统施工图配置。

3. 吊点位置确定

吊点位置确定的原则如下：

(1)吊点形心与板件中心重合。

(2)为防止起吊时板开裂，吊环距离洞边一般要大于 200 mm。

(3)吊环中心点距离板边尺寸一般为(0.2～0.25)l。

(4)吊具型号尺寸由生产厂家提供，板详图中可不表示，但应注明。吊点位置布置在桁架筋下部，可在模板图中表示。

(5)吊点应布置在桁架筋下部。

此项目中吊点的做法如图 6-48 所示。

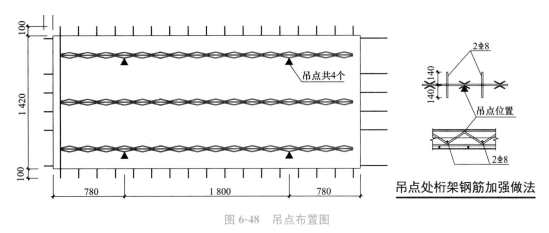

图 6-48　吊点布置图

吊点位置距离板边 780 mm 的桁架筋上部，下部附加 2 根直径为 8 mm 的 HRB400 级钢筋，长度为 280 mm。

Ⓑ～Ⓒ轴与①～②轴的房间进深为 1 300 mm，开间为 2 200 mm，此房间的传统配筋如图 6-49 所示。

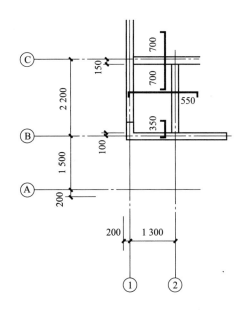

2.900 m层楼板配筋图　1∶100

注：1. 除特殊注明外，本层各房间板厚均为130 mm，
　　图中未标注钢筋均为Φ8@200。
　　2. 楼板混凝土强度等级为C30。

图 6-49　房间的传统配筋

由图 6-49 可知，底筋直径双向均为 8 mm，间距为 200 mm；板的标志宽度为 1 300 mm，板的实际长度为 1 300−(100＋100)＋(10＋10)＝1 120(mm)，板的标志长度为 2 200 mm，板的实际长度为 2 200−(150＋100)＋(10＋10)＝1 970(mm)，其中 100 mm 或 150 mm 为轴线到墙边(梁边)的距离，注意图中墙、梁的偏心布置，以保证板实际长度的准确。叠合板的模板图如图 6-50 所示。

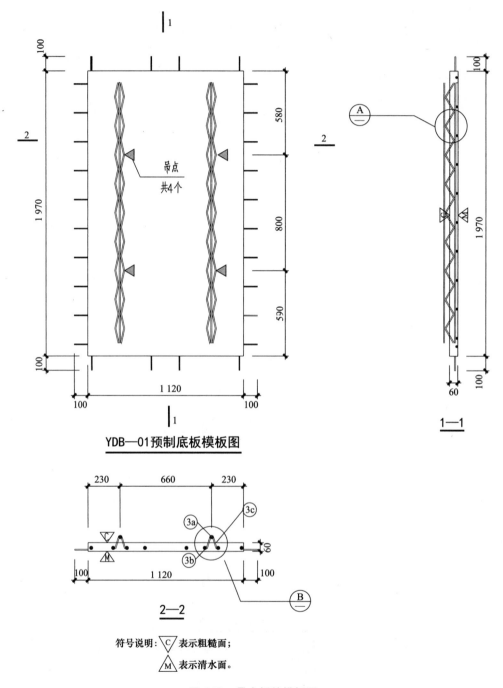

YDB—01预制底板模板图

1—1

2—2

符号说明：$\underset{C}{\triangledown}$ 表示粗糙面；
$\underset{M}{\triangle}$ 表示清水面。

图 6-50 叠合板的模板图

板底钢筋布置短边方向钢筋在下，沿板跨方向钢筋在上，桁架沿上边布置，即从Ⓑ轴到Ⓒ轴方向。短边方向起始钢筋布置距板边为 80 mm（采用图集中的参数），间距为 200 mm，所需钢筋数量计算为(1 970－80)/200＝9.45，另外，在两端距离边缘 30 mm 的位置各放置了 1 根直径为 8 mm 的 HRB400 级钢筋。㉑所示钢筋长度为板宽。沿长度方向布置的钢筋距离板边均为 30 mm，桁架对称布置，间距为 200×3＝600(mm)，此时，需要在中间放置 2 根钢筋（间距取 200 mm 是因为钢筋间距、桁架间距最好以钢筋间距的倍数放置），底筋伸出板边的长度均为 100 mm，此数值大于图集中的数值 90 mm。最终配筋图如图 6-51 所示。

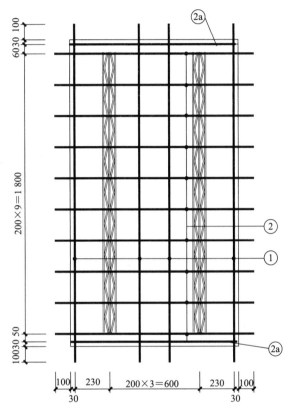

图 6-51　最终配筋图

对于桁架的节点详图如图 6-52 所示。这部分节点构造可以参见图集，也可以根据实际情况自己绘制详图并标注吊点构造措施。

对于现浇层板的浇筑，可参照《桁架钢筋混凝土叠合板（60 mm 厚底板）》（15G366－1）节点构造图。

(1)该板与Ⓑ和①轴墙体连接如图 6-53 所示。

(2)该板与Ⓒ和②轴墙体连接如图 6-54 所示。

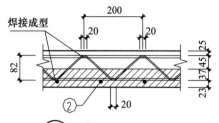

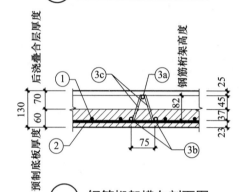

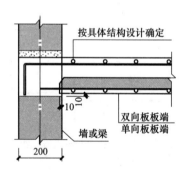

吊点处桁架钢筋加强做法

图 6-52　桁架的节点详图

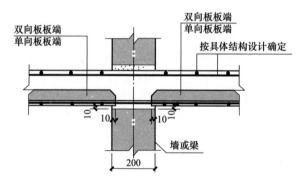

图 6-53　端支座构造

图 6-54　中间支座构造

中篇

构件深化设计

第7章　剪力墙深化设计

7.1　剪力墙结构设计

7.1.1　一般规定

（1）预制剪力墙的接缝对墙抗侧刚度有一定的削弱作用，应考虑对弹性计算的内力进行调整，适当放大现浇墙肢在水平地震作用下的剪力和弯矩；预制剪力墙的剪力及弯矩不减小，偏于安全。

（2）本条为对装配整体式剪力墙结构的规则性要求，在建筑方案设计中，应该注意结构的规则性。如某些楼层出现扭转不规则、侧向刚度及承载力不规则，宜采用现浇混凝土结构。

（3）短肢剪力墙的抗震性能较差，在高层装配整体式结构中应避免过多采用。

（4）高层建筑中电梯井筒往往承受很大的地震剪力及倾覆力矩，采用现浇结构有利于保证结构的抗震性能。

7.1.2　预制剪力墙构造

（1）可结合建筑功能和结构平立面布置的要求，根据构件的生产、运输和安装能力，确定预制构件的形状和大小。

（2）墙板开洞的规定参照现行行业标准《高层建筑混凝土结构技术规程》（JGJ 3—2010）的要求确定。预制墙板的开洞应在工厂完成。

（3）相关试验研究结果表明，剪力墙底部竖向钢筋连接区域，裂缝较多且较为集中，因此，对该区域的水平分布筋应加强，以提高墙板的抗剪能力。

（4）对预制墙板边缘配筋应适当加强，形成边框，保证墙板在形成整体结构之前的刚度、延性及承载力。

（5）预制夹心外墙板在国内外均有广泛的应用，具有结构、保温、装饰一体化的特点。预制夹心外墙板根据其在结构中的作用，可以分为承重墙板和非承重墙板两类。当其作为承重墙板时，与其他结构构件共同承担垂直力和水平力；当其作为非承重墙板时，仅作为外围护墙体使用。

预制夹心外墙板根据其内叶墙板、外叶墙板之间的连接构造，又可以分为组合墙板和非组合墙板。组合墙板的内叶墙板、外叶墙板可通过拉结件的连接共同工作；非组合墙板的内叶墙板、外叶墙板不共同受力，外叶墙板仅作为荷载，通过拉结件作用在内叶墙板上。

鉴于我国对于预制夹心外墙板的科研成果和工程实践经验都还较少,目前在实际工程中,通常采用非组合式的墙板。当作为承重墙时,内叶墙板的要求与普通剪力墙板的要求完全相同。

7.1.3 连接设计

(1)确定剪力墙竖向接缝位置的主要原则是便于标准化生产、吊装、运输和就位,并尽量避免接缝对结构整体性能产生不良影响。

对于图 7-1 中约束边缘构件,位于墙肢端部的通常与墙板一起预制;纵横墙交接部位一般存在接缝,图 7-1(d)中阴影区域宜全部后浇,纵向钢筋主要配置在后浇段内,且在后浇段内应配置封闭箍筋及拉筋,预制墙板中的水平分布筋在后浇段内锚固。预制的约束边缘构件的配筋构造要求与现浇结构一致。

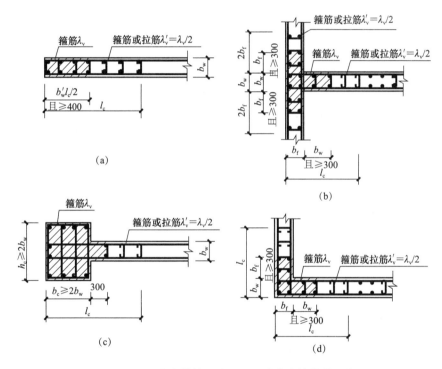

图 7-1 预制剪力墙的后浇混凝土约束边缘构件示意
(a)暗柱;(b)有翼墙;(c)有端柱;(d)转角墙(L形墙)

墙肢端部的构造边缘构件通常全部预制;当采用 L 形、T 形或者 U 形墙板时,拐角处的构造边缘构件也可全部在预制剪力墙中。当采用一字形构件时,纵横墙交接处的构造边缘构件可全部后浇;为了满足构件的设计要求或施工方便,也可部分后浇、部分预制。当构造边缘构件部分后浇部分预制时,需要合理布置预制构件及后浇段中的钢筋,使边缘构件内形成封闭箍筋。非边缘构件区域,剪力墙拼接位置,剪力墙水平钢筋在后浇段内可采用锚环的形式锚固,两侧伸出的锚环宜相互搭接。

(2)封闭连续的后浇钢筋混凝土圈梁是保证结构整体性和稳定性,连接楼盖结构与预制剪力墙的关键构件,应在楼层收进及屋面处设置。

（3）在不设置圈梁的楼面处，水平后浇带及在其内设置的纵向钢筋也可起到保证结构整体性和稳定性、连接楼盖结构与预制剪力墙的作用。

（4）预制剪力墙竖向钢筋一般采用套筒灌浆或浆锚搭接连接，在灌浆时宜采用灌浆料将墙底水平接缝同时灌满。灌浆料强度较高且流动性好，有利于保证接缝承载力。灌浆时，预制剪力墙构件下表面与楼面之间的缝隙周围可采用封边砂浆进行封堵和分仓，以保证水平接缝中灌浆填充饱满。

（5）套筒灌浆连接方式在日本、欧美等国家已经有长期、大量的实践经验，国内也已有充分的试验研究和相关的规程，可以用于剪力墙竖向钢筋的连接。

（6）在参考了我国现行国家标准《混凝土规范》、现行行业标准《高层建筑混凝土结构技术规程》(JGJ 3－2010)、国外规范[如美国规范 ACI 318－08、欧洲规范 EN 1992－1－1：2004、美国 PCI 手册(第七版)等]并对大量试验数据进行分析的基础上，《装配式混凝土结构技术规程》(JGJ 1－2014)给出了预制剪力墙水平接缝受剪承载力设计值的计算公式，公式与《高层建筑混凝土结构技术规程》中对一级抗震等级剪力墙水平施工缝的抗剪验算式相同，主要采用剪摩擦的原理，考虑了钢筋和轴力的共同作用。

进行预制剪力墙底部水平接缝受剪承载力计算时，计算单元的选取分为以下三种情况：

1)不开洞或者开小洞口整体墙，作为一个计算单元；

2)小开口整体墙可作为一个计算单元，各墙肢联合抗剪；

3)开口较大的双肢及多肢墙，各墙肢作为单独的计算单元。

（7）当连梁剪跨比较小需要设置斜向钢筋时，一般采用全现浇连梁。

（8）楼面梁与预制剪力墙在面外连接时，宜采用铰接，可采用在剪力墙上设置挑耳的方式。

（9）连梁端部钢筋锚固构造复杂，要尽量避免预制连梁在端部与预制剪力墙连接。

（10）提供两种常用的"刀把墙"的预制连梁与预制墙板的连接方式。也可采用其他连接方式，但应保证接缝的受弯及受剪承载力不低于连梁的受弯及受剪承载力。

（11）当采用后浇连梁时，纵筋可在连梁范围内与预制剪力墙预留的钢筋连接，可采用搭接、机械连接、焊接等方式。

（12）洞口下墙的构造有以下三种做法：

1)预制连梁向上伸出竖向钢筋并与洞口下墙内的竖向钢筋连接，洞口下墙、后浇圈梁与预制连梁形成一根叠合连梁。该做法施工比较复杂，而且洞口下墙与下方的后浇圈梁、预制连梁组合在一起形成的叠合构件受力性能没有经过试验验证，受力和变形特征不明确，纵筋和箍筋的配筋也不好确定，不建议采用此做法。

2)预制连梁与上方的后浇混凝土形成叠合连梁；洞口下墙与下方的后浇混凝土之间连接少量的竖向钢筋，以防止接缝开裂并抵抗必要的平面外荷载。洞口下墙内设置纵筋和箍筋，作为单独的连梁进行设计。建议采用此种做法。

3)将洞口下墙采用轻质填充墙时，或者采用混凝土墙但与结构主体采用柔性材料隔离时，在计算中可仅作为荷载，洞口下墙与下方的后浇混凝土及预制连梁之间不连接，墙内设置构造钢筋。当计算不需要窗下墙时，可采用此种做法。

当窗下墙需要抵抗平面外的弯矩时，需要将窗下墙内的纵向钢筋与下方的现浇楼板或预制剪力墙内的钢筋有效连接、锚固；或将窗下墙内纵向钢筋锚固在下方的后浇区域内。在实际工程中窗下墙的高度往往不大，当采用浆锚搭接连接时，要确保必要的锚固长度。

7.2　预制混凝土剪力墙标准图集

7.2.1　《预制混凝土剪力墙外墙板》设计说明

1.《预制混凝土剪力墙外墙板》(15G365—1)适用范围

(1)本图集适用于非组合式承重预制混凝土夹心保温外墙板(以下简称"预制外墙板"),外叶墙板作为荷载通过拉结件与承重内叶墙板相连。

(2)本图集适用于非抗震设计和抗震设防烈度为6~8度地区抗震设计的高层装配整体式剪力墙结构住宅,结构应具有较好的规则性,剪力墙为构造配筋。其他类型的建筑,当满足本图集的要求时,也可参考选用。

预制混凝土剪力
墙外墙板说明

(3)本图集不适用于地下室、底部加强部位及相邻上一层、顶层剪力墙。

(4)预制外墙板的钢筋连接形式:

1)上下层预制外墙板的竖向钢筋采用套筒灌浆连接。

2)相邻预制外墙板之间的水平钢筋采用整体式接缝连接。

(5)本图集预制外墙板相关尺寸要求:

1)层高可分为2.8 m、2.9 m和3.0 m三种。

2)门窗洞口宽度尺寸采用的模数均为3M。

3)预制外墙板中承重内叶墙板厚度为200 mm,外叶墙板厚度为60 mm,中间夹心保温层厚度为30~100 mm。

4)楼板和预制阳台板的厚度为130 mm。

5)建筑面层做法厚度可分为50 mm和100 mm两种。

若具体工程项目中墙板尺寸与上述规定不符时,可参考本图集另行设计。

2. 材料

(1)结构材料。

1)混凝土强度等级不应低于C30。

2)外叶墙板中钢筋采用冷轧带肋钢筋(ϕ^R),其他钢筋采用HRB400(Φ)。

3)钢材采用Q235-B级钢材。

4)灌浆套筒和筒灌浆料应符合国家现行有关标准的规定。

5)构件吊装用吊件、临时支撑用预埋螺母等其他预埋件应符合国家现行有关标准的规定。

(2)非结构材料。

1)预制外墙板中保温材料采用挤塑聚苯板(XPS),且应满足国家现行有关标准的要求。

2)构件中的窗下墙轻质填充材料采用模塑聚苯板(EPS),堆积密度不小于12 kg/m³。

3)构件中门窗安装固定预埋件采用防腐木砖。

4)外叶墙板密封材料等应满足国家现行有关标准的要求。

3. 内叶墙板规格和编号

(1)无洞口外墙的编号形式如图7-2所示。

图 7-2　无洞口外墙的编号形式

（2）一个窗洞外墙（高窗台）的编号形式如图 7-3 所示。

图 7-3　一个窗洞外墙（高窗台）的编号形式

（3）一个窗洞外墙（矮窗台）的编号形式如图 7-4 所示。

图 7-4　一个窗洞外墙（矮窗台）的编号形式

（4）两个窗洞外墙的编号形式如图 7-5 所示。

图 7-5　两个窗洞外墙的编号形式

（5）一个门洞外墙的编号形式如图 7-6 所示。

图 7-6　一个门洞外墙的编号形式

内叶墙板编号示例见表 7-1。

表 7-1　内叶墙板编号示例表

堵板类型	示意图	墙板编号	标志宽度	层高	门/窗宽	门/窗宽	门/窗宽	门/窗宽
无洞口外墙	□	WQ－2428	2 400	2 800	—	—	—	—
一个窗洞外墙（高窗台）	▣	WQC1－3028－1514	3 000	2 800	1 500	1 400	—	—
一个窗洞外墙（矮窗台）	▢	WQCA－3029－1517	3 000	2 900	1 500	1 700	—	—
两个窗洞外墙	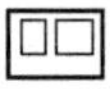 ▣▣	WQC2－4830－0615－1515	4 800	3 000	600	1 500	1 500	1 500
一个门洞外墙	⊓	WQM－3628－1823	3 600	2 800	1 800	2 300	—	—

7.2.2　预制混凝土剪力墙内墙板设计说明

1.《预制混凝土剪力墙内墙板》(15G365-2)适用范围

(1)本图集适用于预制混凝土剪力墙内墙板(以下简称"预制内墙板")。

(2)本图集适用于非抗震设计和抗震设防强度为6~8度地区抗震设计的高层装配整体式剪力墙结构住宅,结构应具有较好的规则性,剪力墙为构造配筋。其他类型的建筑,当满足本图集的要求时,也可参考选用。

(3)本图集预制内墙板不适用于地下室、底部加强部位及相邻上一层、电梯井筒剪力墙、顶层剪力墙。

(4)预制内墙板的钢筋连接形式:

1)上下层预制内墙板的竖向钢筋采用套筒灌浆连接。

2)相邻预制内墙板之间的水平钢筋采用整体式接缝连接。

(5)本图集预制内墙板相关尺寸要求:

1)层高可分为2.8 m、2.9 m和3.0 m三种。

2)门窗洞口宽度尺寸可分为900 mm和1 000 mm两种。

3)预制内墙板厚度为200 mm。

4)楼板和预制阳台板的厚度为130 mm。

5)建筑面层做法厚度可分为50 mm和100 mm两种。

若具体工程项目中墙板尺寸与上述规定不同时,可参考本图集另行设计。

2. 材料

(1)墙板混凝土强度等级不应低于C30。

(2)钢筋采用HRB400(Φ)。

(3)钢材采用Q235-B级钢材。

(4)灌浆套筒和套筒灌浆料应符合国家现行有关标准的规定。

(5)构件吊装用吊件应满足国家现行有关标准的要求。

3. 预制内墙板规格及编号

(1)无洞口内墙的编号形式如图7-7所示。

图7-7　无洞口内墙的编号形式

(2)固定门垛内墙的编号形式如图7-8所示。

图7-8　固定门垛内墙的编号形式

(3)中间门洞内墙的编号形式如图 7-9 所示。

图 7-9　中间门洞内墙的编号形式

(4)刀把内墙的编号形式如图 7-10 所示。

图 7-10　刀把内墙的编号形式

内墙板编号示例见表 7-2。

表 7-2　内墙板编号示例表

堵板类型	示意图	墙板编号	标志宽度	层高	门宽	门高
无洞口内墙		NQ－2128	2 100	2 800	—	—
固定门垛内墙		NQM1－3028－0921	3 000	2 800	900	2 100
中间门洞内墙		NQM2－3029－1022	3 000	2 900	1 000	2 200
刀把内墙		NQM3－3330－1022	3 300	3 000	1 000	2 200

7.3　剪力墙深化设计实例

本工程剪力墙的平面布置图和梁配筋图如图 7-11、图 7-12 所示。

剪力墙深化设计简介

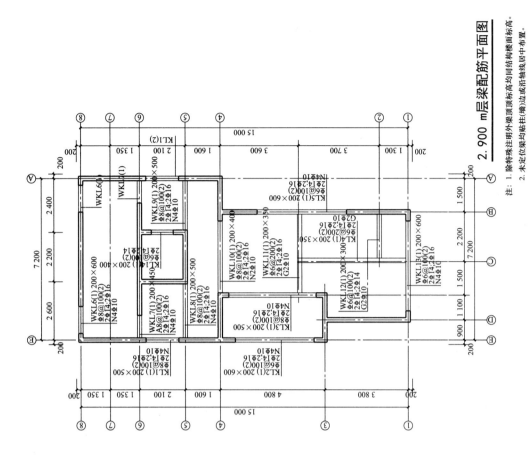

2.900 m层梁配筋平面图

注: 1. 除特殊注明外梁顶面顶标高均同结构楼面标高。
   2. 未定位梁均贴柱(墙)边或沿轴线居中布置。
   3. 梁混凝土强度等级为C30。

图 7-11　剪力墙平面布置图

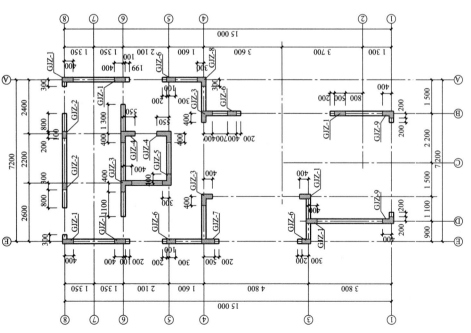

±0.000~2.900 m层剪力墙布置平面图 1:100

注: 1. 剪力墙混凝土强度等级为C30。

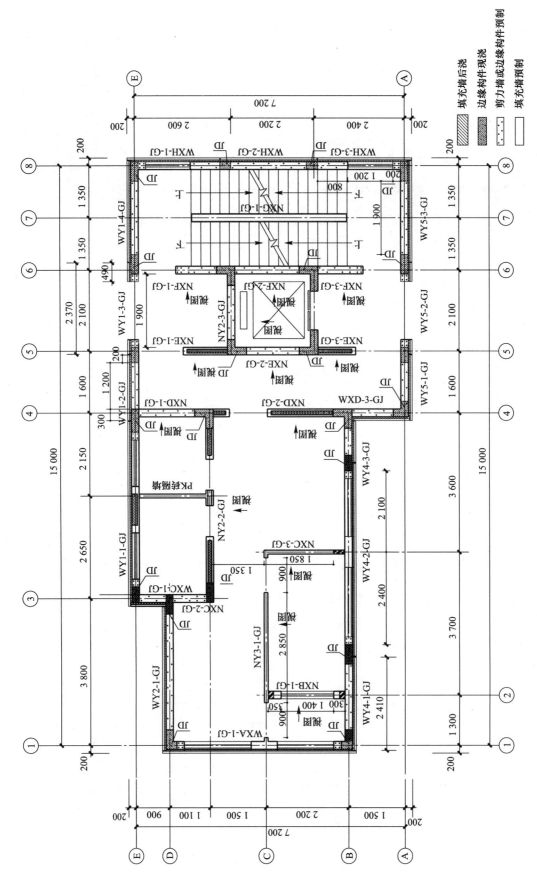

图 7-12　装配式高层剪力墙结构平面图

7.3.1 剪力墙平面尺寸的确定

(1)外墙内叶以剪力墙的边缘构件为边界,边缘构件为现浇,内叶长度为 2 000 mm,如图 7-13 所示。

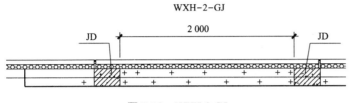

图 7-13 WXH-2-GJ

(2)对于保温板和外叶尺寸确定可分为平直段和拐角处两种情况。平直段需要两外墙在边缘构件的中间连接,其中要留设 20 mm 的缝隙密封,如图 7-14 所示。拐角处又可分为阳角和阴角两种情况。

1)对于阳角而言,以 x 方向为例,保温板长度为以内叶边界为起点延长边缘构件方向的长度-20 mm,如图 7-15 所示,保温层为 180 mm(200 mm-20 mm),其中 20 mm 为缝隙。外叶尺寸为保温板长度$+100$ mm(保温板$+$外页)$+20$ mm(缝隙)。

对 y 方向而言,保温板和外叶以此方向的内叶边界为起点,延长此方向边缘构件的长度$+30$ mm[外叶$+$保温层(100 mm)$-$外叶(50 mm)$-$缝隙(20 mm)],如图 7-16 所示。

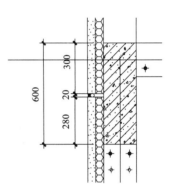

图 7-14 剪力墙平直段

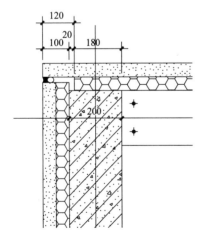

图 7-15 外墙阳角(一)

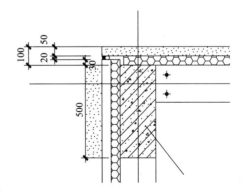

图 7-16 外墙阳角(二)

2)对阴角而言,对于垂直于边缘构件的外墙保温板和外叶要伸至边缘构件边缘。另一方向的长度 $L=200$ mm(取决于相应部位的尺寸)-20 mm(缝隙),如图 7-17 所示。

垂直于边缘构件的外墙保温板可延长 50 mm(外叶厚度),平行于边缘构件的保温板和外叶平齐,长度 $L=300$ mm(取决于边缘构件具体尺寸)－100 mm(保温板＋外叶)－20 mm(缝隙),如图 7-18 所示。

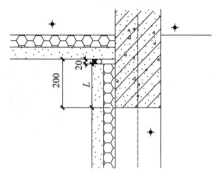

图 7-17　外墙阴角(一)

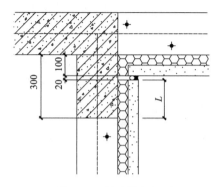

图 7-18　外墙阴角(二)

7.3.2　剪力墙模板图

此墙体选择为(WXA-1-GJ),正视图,需要对门窗洞口、吊钉、模板预留孔洞、Thermomass 拉接件进行定位。

门窗洞口定位需要根据建筑图,要明确门窗的几何尺寸、与边缘的距离,如图 7-19 所示。

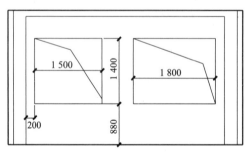

图 7-19　窗定位简图

剪力墙模板图

7.3.3　吊钉的布置

吊钉定位原则为墙内叶长度的 $1/5\sim1/4$,对称布置两个,此墙吊钉距离边缘为 600 mm,在厚度方向居中布置,即距离边缘为 600 mm,如图 7-20 所示。

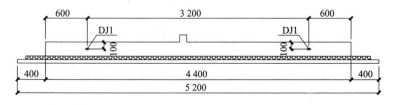

图 7-20　吊钉布置图

吊钉的布置

7.3.4 模板预留孔洞

模板预留孔洞的目的是便于后期浇筑混凝土时固定模板。其间距与模板的刚度和模板系统的稳定性有关，只要满足模板不变形，构件尺寸准确和不漏浆即可。本工程此墙段预留孔洞定位：距离内叶边缘为 50 mm，墙体上下两端适当加密。第一个预留洞口距边缘为 250 mm，中间间距一般为 400 mm 或 500 mm，如图 7-21 所示。

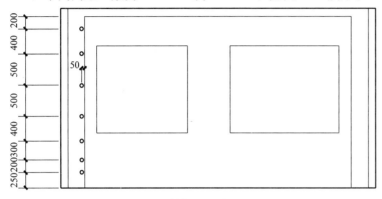

模板预留孔洞

图 7-21 模板预留孔洞定位

7.3.5 Thermomass 连接件布置

Thermomass 连接件与预制边缘构件的距离应大于 100 mm，与门窗洞口的边缘距离应大于 150 mm。连接件的间距应大于 200 mm，且间距不宜大于 600 mm×600 mm，如图 7-22 所示。

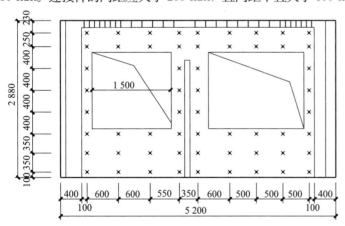

Thermomass
连接件布置

图 7-22 Thermomass 连接件布置图

7.3.6 套筒定位图

对于含有门窗洞口的剪力墙，套筒布置在两端的具体定位由设计人员确定。本墙体具体尺寸如图 7-23 所示。

套筒定位图

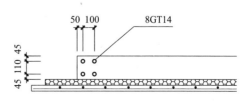

图 7-23 套筒定位图

7.3.7 配筋图

对于外墙配筋需要结合梁配筋图，梁下部高度为 470 mm 范围即为预制部分，如图 7-24、图 7-25 所示。

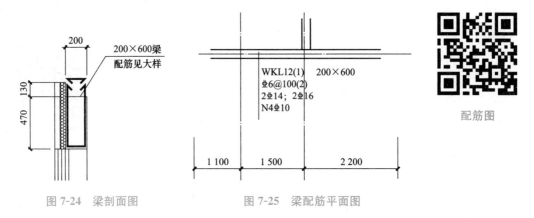

图 7-24 梁剖面图   图 7-25 梁配筋平面图

《预制预应力混凝土装配整体式框架结构技术规程》(JGJ 224－2010)规定，键槽的深度 t 不宜小于 30 mm，宽度 w 不宜小于深度的 3 倍且不宜大于深度的 10 倍；键槽可贯通截面，当不贯通时槽口距离截面边缘不宜小于 50 mm；键槽间距宜等于键槽宽度；键槽端部斜面倾角不应大于 30°，如图 7-26～图 7-28 所示。

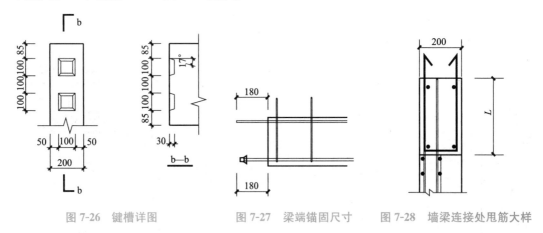

图 7-26 键槽详图   图 7-27 梁端锚固尺寸   图 7-28 墙梁连接处甩筋大样

梁伸出内叶边缘的距离应满足规范规定的锚固长度的要求，考虑吊装施工的方便，通过设置锚板减少锚固长度，锚固板长度距离不小于 170 mm，一般伸至支座对面纵筋的内侧。墙伸入梁甩筋长度 L 为梁预制高度。

7.3.8 其他构造

(1)门窗洞口需要设置抗裂钢筋。抗裂钢筋应双面布置，长度为 600 mm，如图 7-29 所示。

其他构造

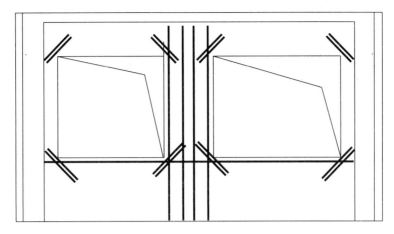

图 7-29　门窗洞口加强简图

窗间墙和窗台下墙需要采取措施加强。窗间墙布置 4 根直径为 10 mm、窗台下墙布置 2 根直径为 10 mm 的钢筋。

门垛高度为 2 150 mm[2 170 mm(门高度)－20 mm(缝隙)]，配筋为 4 根直径 10 mm 的钢筋，箍筋为 Φ6@200。

在门垛上方预留直管套筒与内墙(NY3-1-GJ)梁底钢筋连接，内墙中留有梁槽，如图 7-30 所示，梁槽的长度为钢筋的连接长度 l_l，见表 7-3。

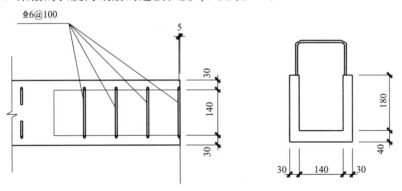

图 7-30　梁槽详图

表 7-3　纵向受拉钢筋搭接长度 l_l、l_{lE}

抗震	非抗震	注：1. 当直径不同的钢筋搭接时，按直径较小的钢筋计算。
		2. 对梁的纵向钢筋，不小于 300 mm。
$l_{lE}=\zeta_l l_{aE}$	$l_l=\zeta_l l_a$	3. 式中 ζ_l 为纵向受接钢筋搭接长度修正系数。

当内墙与外墙垂直连接处需要现浇时，外墙需要设置 U 形箍筋，如图 7-31 所示。其间距为 500 mm，在墙底的第一个 U 形箍筋距离下边缘的距离为 200 mm。

(2)为了减轻内墙自重，当需要加设泡沫板时，泡沫板距墙底为 50 mm，距离两侧边缘为 150/200 mm，距梁底为－150 mm，在泡沫板上预留 60 mm×60 mm 的方孔。设置间距为 500 mm×600 mm 的网片拉结钢筋，底层第一排距边缘的距离为 300 mm，如图 7-32 所示。

(3)内墙中含有门洞时，需要设置临时加固槽钢，尺寸如图 7-33 所示。

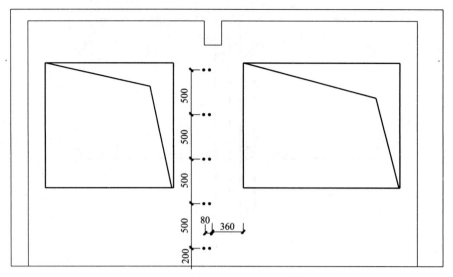

图 7-31　墙平面外预留钢筋布置简图

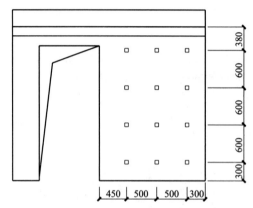

图 7-32　方孔布置简图

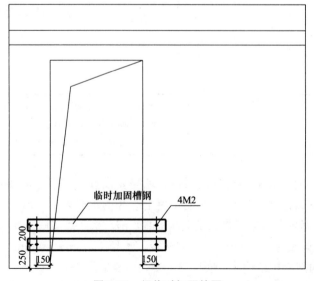

图 7-33　门临时加固简图

7.3.9 墙钢筋表的长度计算

墙钢筋布置及尺寸确定如图 7-34 和图 7-35 所示。钢筋统计见表 7-4(注：钢筋尺寸仅供参考，以现场实际放样为准)。

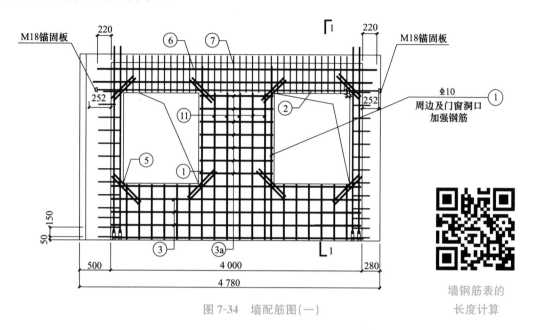

图 7-34 墙配筋图(一)

墙钢筋表的
长度计算

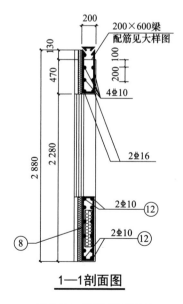

1—1剖面图

图 7-35 墙配筋图(二)

表 7-4 钢筋统计表

编号	数量	规格	钢筋尺寸/mm	备注
①	4	Φ10	2 730	墙体竖向钢筋
②	2	Φ16	252＋4 000＋252	梁底部钢筋
③	4	Φ8	100 ⌐‾⌐ 100 3 960	墙体水平钢筋
③a	4	Φ8	100 ⌐‾⌐ 100 1 160	墙体水平钢筋
④	20	Φ6@600 梅花布置	75 180	墙体拉筋
⑤	32	Φ10	600	抗裂钢筋
⑥	4	Φ10	220＋4 000＋220	梁抗扭钢筋
⑦	31	Φ6	160 80 80 560 160	梁箍筋，尺寸外皮到外皮
⑧	12	Φ8	100 ⌐‾⌐ 100 730	窗下加强钢筋
⑨	8	Φ14	2 875	边缘构件连接纵筋
⑩	26	Φ8	300 170	尺寸外皮到外皮
⑪	5	Φ8	100 2 250	窗外竖向钢筋
⑫	4	Φ10	100 ⌐‾⌐ 100 3 960	窗下加强钢筋

钢筋计算规则如下：

①墙体竖向钢筋：预制墙体高度（2 750 mm）－20 mm。

②梁底部钢筋：梁长度＋两端锚固长度（见标注）

③墙体水平钢筋：内叶长度（4 000 mm）－2×20 mm；弯折2×100 mm。

③a窗间墙水平钢筋：墙宽度（1 200 mm）－2×20 mm；弯折2×100 mm。

④墙体拉筋：墙厚（200 mm）－2×10 mm；弯折平直段2×75 mm。

⑤抗裂钢筋：600 mm。

⑥梁抗扭钢筋：梁长度＋两端锚固长度（见标注）。

⑦梁箍筋：梁尺寸－2×20 mm；$b=200$ mm$-2×20$ mm，$h=600$ mm$-2×20$ mm。

⑧窗下加强钢筋：窗下墙高度（770 mm）－2×20 mm；弯折2×100 mm。

⑨边缘构件连接钢筋：墙高（2 750 mm）－套筒 GT14 高度（156 mm）＋现浇层（130 mm）＋20 mm（坐浆）＋上端深入套筒距离（112 mm）＋下端伸入套筒距离（19 mm），注：套筒规格由生产厂家提供，见表7-5。

表 7-5　套筒规格

套筒型号	螺纹端连接钢筋直径 d_1 /cm	灌浆端连接钢筋直径 d_2 /mm	套筒外径 d/cm	套筒长度 L /mm	灌浆端钢筋插入口孔径 d_3 /mm	灌浆孔位置 a /mm	出浆孔位 b /mm	灌浆端连接钢筋插入深度 L_1 /mm	内螺纹公称直径 D /mm	内螺纹螺距 P /mm	内螺纹牙型角度	内螺纹孔深度 L_2 /mm	螺纹端与灌浆端通孔直径 d_2 /mm
GT 12	φ12	φ12，φ10	φ32	140	φ23 ±0.2	30	104	96^{+15}_{0}	M12.5	2.0	75°	19	≤φ 8.8
GT 14	φ14	φ14，φ12	φ34	156	φ25 ±0.2	30	119	112^{+15}_{0}	M14.5	2.0	60°	20	≤φ 10.5

⑩墙套筒范围内箍筋：套筒中心到墙边缘距离＋钢筋外伸长度＋0.5×套筒直径＋1.5×箍筋直径，如图7-36所示。

⑪窗间竖向钢筋：墙底距窗顶高度－30 mm（保护层厚度）。

⑫窗下加强钢筋：墙长度（4 000 mm）－2×20 mm；弯折2×100 mm。

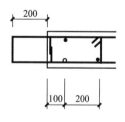

图 7-36　箍筋布置简图

第8章 钢框架外墙挂板深化设计

8.1 《预制混凝土外墙挂板》编制说明

对于装配式钢框架结构而言，预制混凝土构件主要包括叠合板和外墙挂板两部分。叠合板部分已经在第2章有所阐述，在此不再赘述。

8.1.1 适用范围

(1)图集《预制混凝土外墙挂板》(16J110－2、16G333)(以下简称《外挂墙板》)所编入的预制混凝土外墙挂板是装配在钢结构或混凝土结构上的非承重外墙围护挂板或装饰板。

(2)《外挂墙板》图集编制的预制混凝土外墙挂板适用于抗震设防烈度≤8度地区。

8.1.2 材料

(1)混凝土。根据工程设计要求采用普通混凝土或轻骨料混凝土制作外墙挂板，混凝土强度等级不宜低于C25或LC25。清水混凝土的强度等级不应低于C40，且应做表面防护处理。

(2)钢筋及吊装配件。

1)预制混凝土外墙挂板钢筋宜采用HPB300、HRB335、HRB400钢筋，钢筋网片可采用冷扎带肋钢筋或冷拔低碳钢丝焊接网片。

2)预制混凝土外墙挂板的吊环可采用未经冷加工处理的HPB300钢筋或Q235B圆钢，也可采用符合规范或设计要求的专用吊杆或预埋内螺纹类吊装配件。吊装配件的设计应满足相关规范的设计要求，并应确保吊装配件在混凝土中的锚固有效。

(3)连接件和预埋件。

1)预制混凝土外墙挂板与主体结构用预埋件、安装用连接件应采用碳素结构钢、低合金结构钢或耐候钢等材料制作，也可以根据工程要求采用不锈钢材料制作。

2)焊接采用的焊条，应符合现行国家标准《非合金钢及细晶粒钢焊条》(GB/T 5117—2012)或《热强钢焊条》(GB/T 5118—2012)的规定。

3)金属件设计应考虑环境类别的影响，所有金属件(连接件、墙板埋件和结构埋件)要在设计时提出防腐措施，明确工程应用的材质选择和防腐做法，并应考虑在长期使用条件下金属件锈蚀的安全量储备。

(4)饰面层材料。饰面包括面砖饰面、石材饰面、涂料饰面、装饰混凝土饰面等类型。其中，饰面材料应具有良好的耐久性和安全环保性。

（5）保温层材料。保温层材料可采用阻燃型表观密度大于 16 kg/m³ 的发泡聚苯乙烯板 (EPS)或压缩强度为 150～250 kPa 的挤塑聚苯乙烯板(XPS)，也可用符合标准要求的岩棉、玻璃棉、聚氨酯等其他高效保温材料。

（6）防水材料。板缝防水采用硅酮类、聚硫类、聚氨酯类、丙烯酸类等建筑密封胶，其技术性能应符合《混凝土接缝用建筑密封胶》(JC/T 881－2017)的要求。工程设计时应明确密封胶的性能要求。

（7）防火材料。防火材料可选用玻璃棉、矿棉或岩棉等，其技术性能应符合《绝热用玻璃棉及其制品》(GB/T 13350—2017)和《绝热用岩棉、矿渣棉及其制品》(GB/T 11835—2016)的要求。

（8）位移材料。为了满足外墙挂板在地震时适应主体结构的层间变位要求，预制外墙挂板的连接构造节点一般要求在连接螺栓垫板与连接件间设置滑移垫片。滑移垫片可采用 1～2 mm 厚的聚四氟乙烯板或不锈钢板制作。

（9）背衬材料。背衬材料可选用直径为缝宽的 1.3～1.5 倍发泡聚乙烯圆棒，其主要作用是控制板缝防水材料的设置厚度和避免密封胶接缝的三面粘接。

8.1.3 设计要求和构造要求

1. 层间变位

（1）预制混凝土外墙挂板与结构的连接宜采用柔性连接构造，保证外墙挂板在地震时能够适应主体结构的最大层间位移角。外墙挂板的最大层间位移角，当用于混凝土结构时应不小于 1/200，当用于钢结构时应不小于 1/100。

（2）连接构造节点的变位设计还应满足以下要求：

1）对规范规定的主体结构误差、构件制作误差、施工安装误差等具有三维可调节适应能力。

2）应满足将挂板的荷载有效传递到主体结构承载要求的同时，可协调主体结构层间位移及垂直方向变形的随动性。

3）对外挂板、连接件的极限温度变形具有自由变形的吸收能力。

4）采用螺栓连接时，连接件的调节变位长孔应在加设滑移垫板的基础上，长孔尺寸可按下列公式确定：

$L＝2×(变形极限值＋误差极限值)＋螺栓直径，且 L≥50＋D（D 为螺栓直径）。$

2. 构造要求

（1）预制混凝土外墙挂板的受力主筋宜采用直径不小于 8 mm 的热轧带肋钢筋。内层、外层混凝土面板均应配置构造钢筋面网，钢筋面网可采用直径 5 mm 的冷轧带肋钢筋或冷拔钢丝焊接网，网孔尺寸宜为 100～150 mm。

（2）对于复合保温外墙挂板，当采用独立连接件连接内、外两层混凝土板时，宜按里层混凝土板进行承载力和变形计算；当采用钢筋桁架连接时，可按内、外两层板共同承受墙面水平荷载计算其承载力和变形。

（3）复合板和单板的连接构造节点在满足连接件受力计算和建筑要求的情况下可以通用。连接节点中的连接件厚度不宜小于 8 mm，连接螺栓的直径不宜小于 20 mm，焊缝高度应按相关规范设计且不应小于 5 mm。

8.2　钢框架基础部分

基础部分与传统设计基本相同，以本工程为例，基础为独立基础。施工图如图 8-1 所示。独立基础之间通过基础梁 JCL 连接，详图如图 8-2 所示。

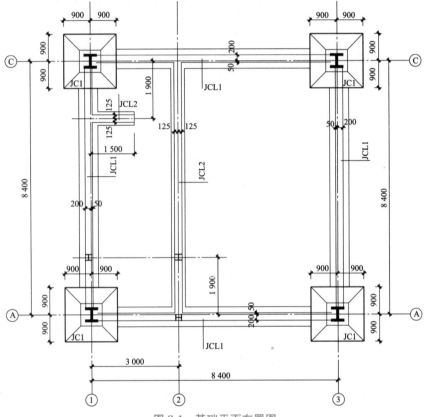

图 8-1　基础平面布置图

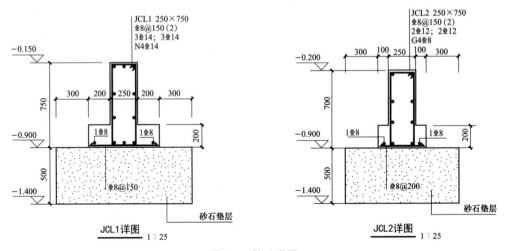

JCL1 详图　1:25　　　　JCL2 详图　1:25

图 8-2　基础详图

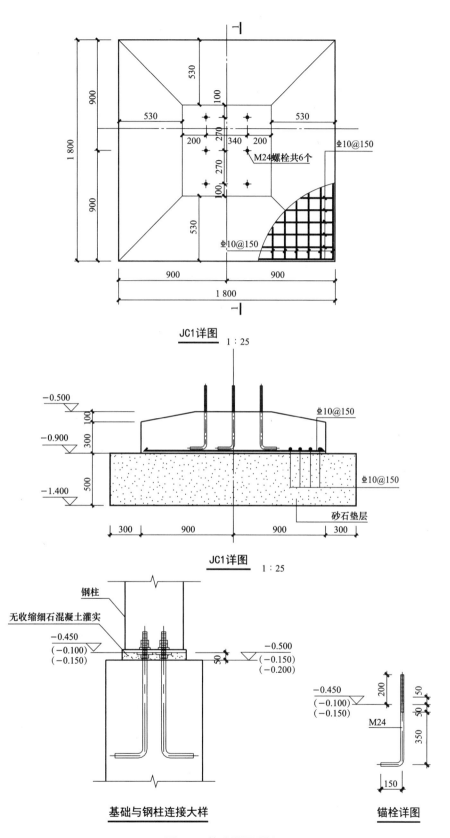

图 8-2　基础详图(续)

8.2.1 外墙挂板拆分原则

外墙挂板拆分在两轴线间要尽量等分，同时要考虑模数化拆分，避免外墙挂板的类型过多，不利于模板的重复利用，减少板的浪费。

8.2.2 外墙挂板与基础梁的连接

外墙挂板与基础梁的连接需要在基础梁中设置预埋件。预埋件的布置位置需要依赖于外墙挂板，预埋件的布置与受力有关，因此，这部分应由结构设计人员提供。

本工程预埋件的布置如图 8-3 所示。

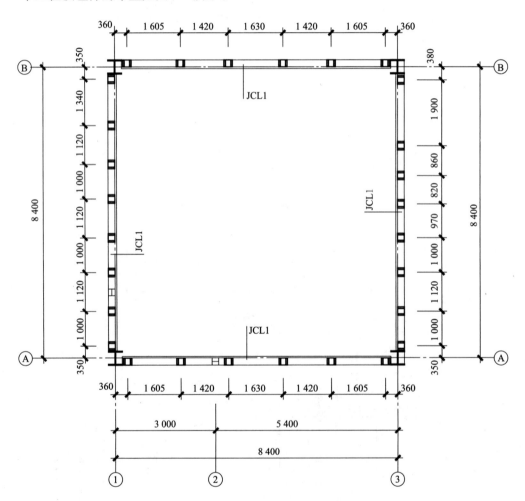

基础梁MJ-1埋设布置图　1∶100
说明：连接件 L-1 定位尺寸与此相同。

图 8-3　预埋件布置图

8.2.3 基础预埋件详图及节点构造

基础预埋件详图及节点构造如图 8-4 和图 8-5 所示。

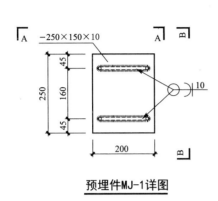

预埋件MJ-1详图

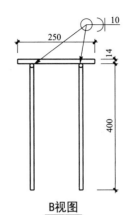

B视图

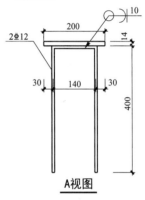

A视图

主要构件一览表			
节点号	构件编号	构件名称	零件规格
MJ－1		预埋件 MJ－1	－250×200×14＋2Φ12
注：螺栓的等级为 4.8 级；钢板的材质为 Q235B。			

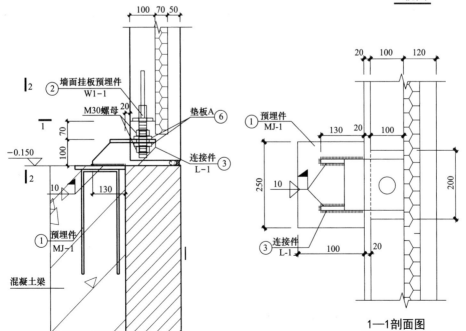

图 8-4　基础预埋件详图

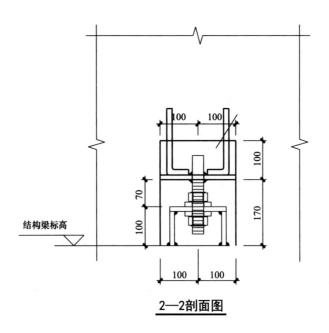

2—2剖面图

<table>
<tr><th colspan="6">主要构件一览表</th></tr>
<tr><th>节点号</th><th>构件编号</th><th>构件名称</th><th>零件规格</th><th>数量</th><th>制作</th></tr>
<tr><td rowspan="5">C1—1</td><td>①</td><td>预埋件 MJ—1</td><td>−250×200×14＋2Φ12</td><td>1</td><td></td></tr>
<tr><td>②</td><td>预埋件 W1—1</td><td>见详图</td><td>1</td><td></td></tr>
<tr><td>③</td><td>连接件 L—1</td><td>见详图(镀锌)</td><td>1</td><td></td></tr>
<tr><td>⑥</td><td>垫板 A</td><td>70×70×12(镀锌)</td><td>2</td><td></td></tr>
<tr><td></td><td>M30 螺母</td><td></td><td>2</td><td></td></tr>
<tr><td colspan="6">注：螺栓的等级为 4.8 级；钢板的材质为 Q345B。</td></tr>
</table>

图 8-4　基础预埋件详图(续)

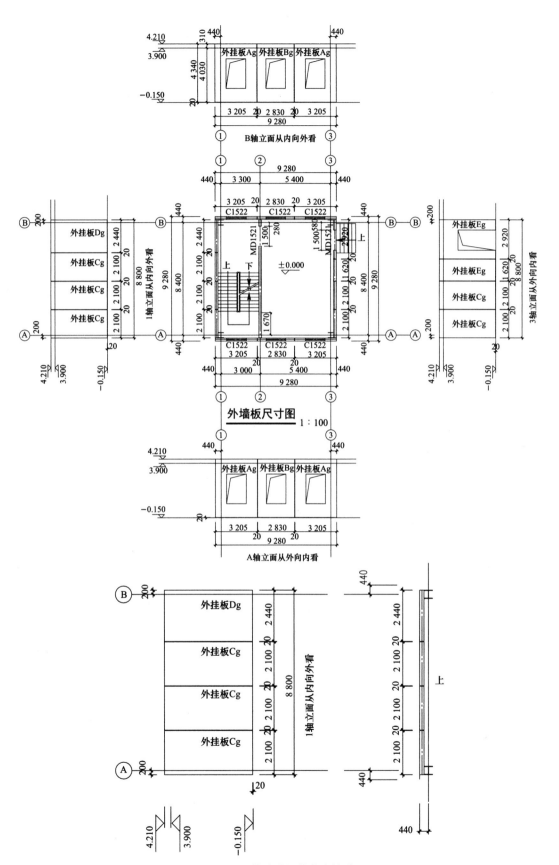

图 8-5 基础预埋件节点构造

8.3　外墙挂板施工图

以①轴墙体为例，外墙挂板有两种型号，分别为外墙挂板 Cg 和外墙挂板 Dg。

8.3.1　模板图及预埋吊件图

需要确定预埋件的位置，一般为板宽度的 1/8～1/4，只要满足构件验算即可。墙体钢筋按构造要求配筋即可，本工程采用 $\phi 6@150$，如图 8-6 所示。

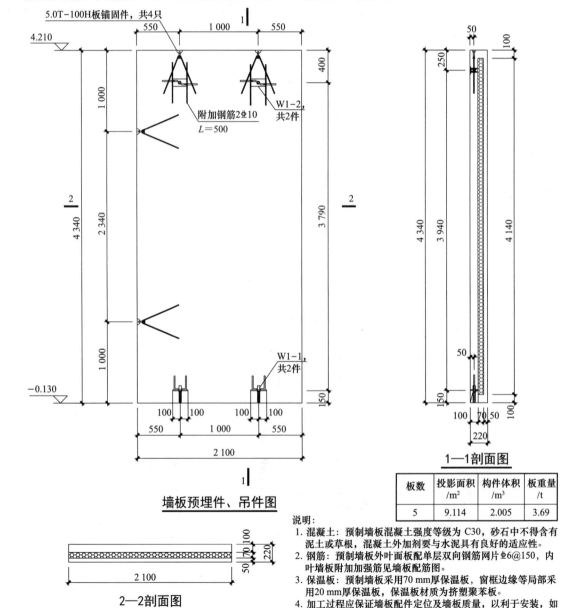

板数	投影面积 /m²	构件体积 /m³	板重量 /t
5	9.114	2.005	3.69

说明：
1. 混凝土：预制墙板混凝土强度等级为 C30，砂石中不得含有泥土或草根，混凝土外加剂要与水泥具有良好的适应性。
2. 钢筋：预制墙板外叶面板配单层双向钢筋网片 $\phi 6@150$，内叶墙板附加加强筋见墙板配筋图。
3. 保温：预制墙板采用 70 mm 厚保温板，窗框边缘等局部采用 20 mm 厚保温板，保温板材为挤塑聚苯板。
4. 加工过程应保证墙板配件定位及墙板质量，以利于安装，如有疑问应及时告知设计院。

图 8-6　墙板预埋件、吊件图及剖面图

墙板配筋图如图 8-7 所示。

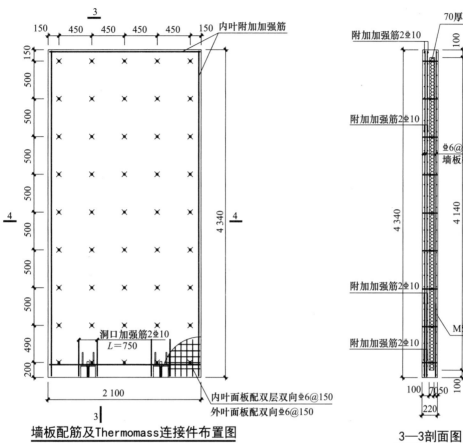

墙板配筋及Thermomass连接件布置图

1. 内叶附加加强筋：水平钢筋2Φ10，纵向钢筋2Φ14。
2. Thermomass连接件位置不合适可进行调整。
3. 未标注的洞口加强筋，参见相同洞口。

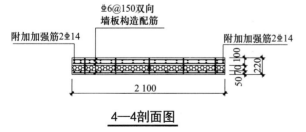

4—4剖面图

图 8-7　墙板配筋图

8.4 外墙挂板节点详图

8.4.1 钢结构墙板上部连接节点

钢结构墙板上部连接节点如图 8-8 所示。

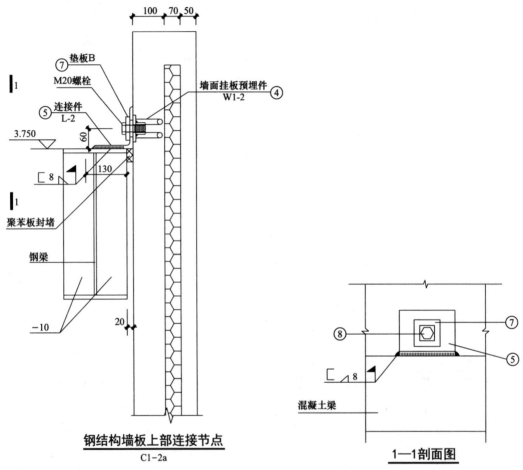

钢结构墙板上部连接节点
C1-2a

1—1剖面图

主要构件一览表					
节点号	构件编号	构件名称	零件规格	数量	制作
C1-2	①	预埋件 MJ-1	−250×200×14＋2Φ12	1	
	④	预埋件 W1-2	见详图	1	
	⑤	连接件 L-2	角钢 125×2(镀锌)	1	
	⑦	垫板 A	−70×70×8(镀锌)	1	
	M20 螺栓	M20−60(配备垫片)	1		
注：螺栓的等级为 4.8 级；钢板的材质为 Q345B。					

图 8-8　钢结构墙板上部连接节点

（1）W1-2 墙面挂板预埋件如图 8-9 所示。

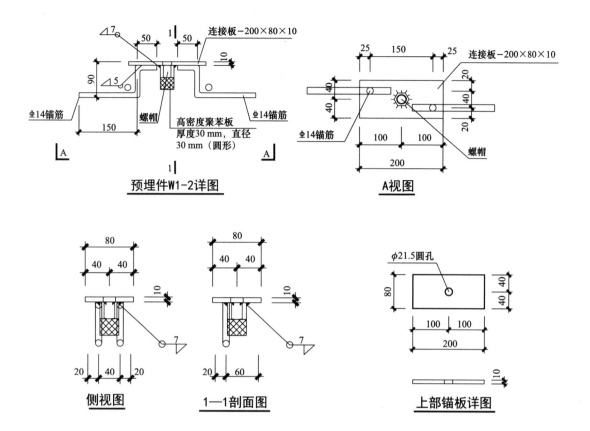

预埋件W1-2详图

A视图

侧视图

1—1剖面图

上部锚板详图

主要构件一览表					
节点号	构件编号	构件名称	零件规格	数量	制作
W1-2	Ⓐ	上部锚板	连接板—200 mm×80 mm×10 mm	1	
	Ⓑ	螺帽	M20 螺杆用螺帽，厚度 31mm	1	
	Ⓒ	锚筋	Φ12 锚筋	2	
注：螺栓的等级为 4.8 级；钢板的材质为 Q345B。					

图 8-9　W1-2 墙面挂板预埋件

（2）L-2 连接件如图 8-10 所示。

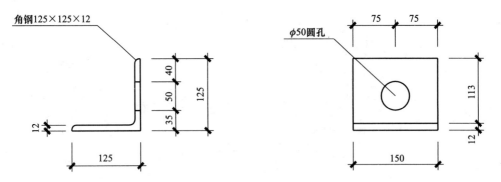

预埋件L-2详图

主要构件一览表			
节点号	构件编号	构件名称	零件规格
L-2		连接件 L-2	角钢 $125 \times 125 \times 12$，$L = 150$ mm，镀锌
注：螺栓的等级为 4.8 级；钢板的材质为 Q345B。			

图 8-10　L-2 连接件

（3）垫板 B 如图 8-11 所示。

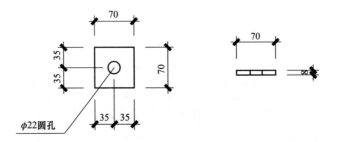

主要构件一览表			
节点号	构件编号	构件名称	零件规格
垫板 B		垫板 B	尺寸见上图，镀锌
注：螺栓的等级为 4.8 级；钢板的材质为 Q345B。			

图 8-11　垫板 B

8.4.2　混凝土结构墙板下部连接节点

混凝土结构墙板下部连接节点如图 8-12 所示。

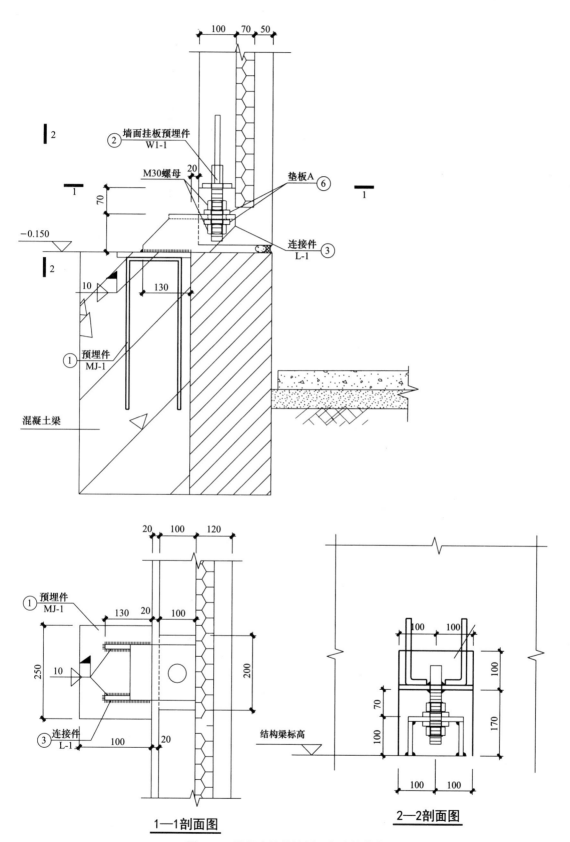

图 8-12 混凝土结构墙板下部连接节点

1—1剖面图

2—2剖面图

主要构件一览表					
节点号	构件编号	构件名称	零件规格	数量	制作
C1-1	①	预埋件 MJ-1	−250×200×14＋2Φ12	1	
	②	预埋件 W1-1	见详图	1	
	③	连接件 L-1	见详图（镀锌）	1	
	⑥	垫板 A	−70×70×12（镀锌）	2	
		M30 螺母		2	
注：螺栓的等级为 4.8 级；钢板的材质为 Q345B。					

图 8-12　混凝土结构墙板下部连接节点(续)

(1)MJ-1 预埋件如图 8-13 所示。

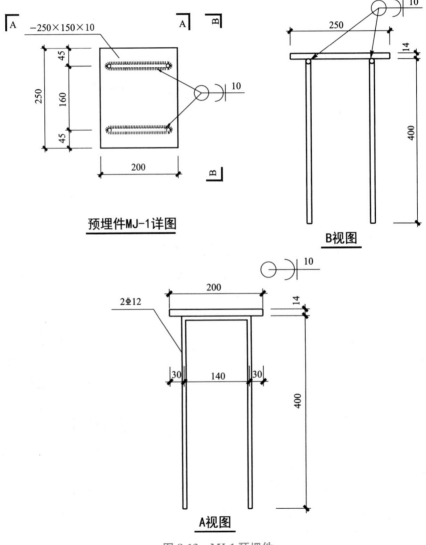

预埋件MJ-1详图

B视图

A视图

图 8-13　MJ-1 预埋件

主要构件一览表					
节点号	构件编号	构件名称	零件规格	数量	制作
MJ-1		预埋 MJ-1	−250×200×14＋2Φ12		
注：螺栓的等级为 4.8 级；钢板的材质为 Q345B。					

图 8-13　MJ-1 预埋件(续)

(2)L-1 连接件如图 8-14 所示。

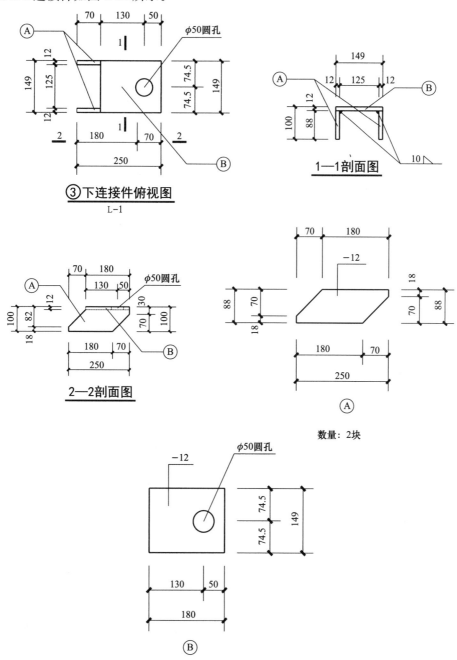

图 8-14　L-1 连接件

（3）12 mm 垫板 A 如图 8-15 所示。

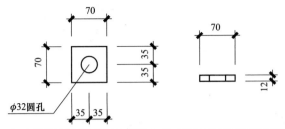

主要构件一览表			
节点号	构件编号	构件名称	零件规格
垫板 A		垫板 A	尺寸见上图，镀锌
注：螺栓的等级为 4.8 级；钢板的材质为 Q345B。			

图 8-15　12 mm 垫板 A

（4）墙面挂板预埋件 W1-1 如图 8-16 所示。

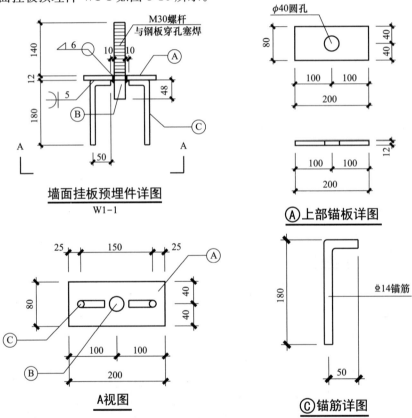

主要构件一览表					
节点号	构件编号	构件名称	零件规格	数量	制作
W1—1	Ⓐ	上部锚板	连接板—200×80×12	1	
	Ⓑ	螺杆	M30 螺杆	1	
	Ⓒ	锚筋	⚎14 锚筋	2	
注：螺栓的等级为 4.8 级；钢板的材质为 Q345B。					

图 8-16　墙面挂板预埋件 W1-1

8.4.3 外墙挂板竖向接缝构造

(1)竖向接缝构造如图 8-17～图 8-19 所示。

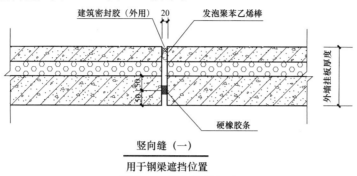

竖向缝（一）

用于钢梁遮挡位置

图 8-17 竖向接缝（一）

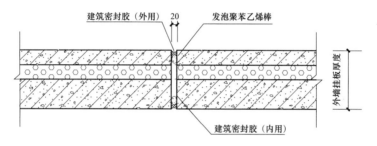

竖向缝（二）

图 8-18 竖向接缝(二)

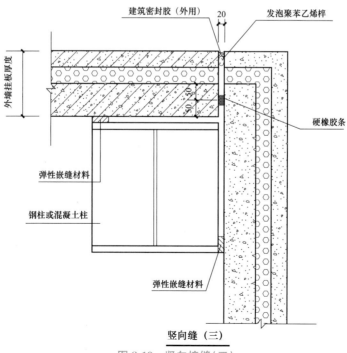

竖向缝（三）

图 8-19 竖向接缝(三)

（2）外墙挂板竖缝排水构造如图 8-20 所示。

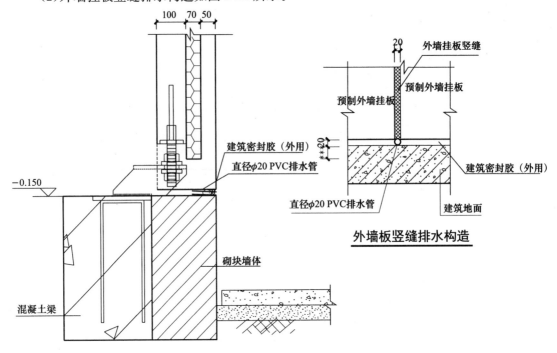

外墙板竖缝排水构造

图 8-20　外墙挂板竖缝排水构造

下篇

结构设计实例

第9章 装配式框架结构设计实例

本设计实例采用装配式结构设计软件 PKPM-PC。本软件为预制混凝土构件的计算工具，实现整体结构分析及相关内力调整、连接设计，在 BIM 平台下实现预制构件库的建立、三维拆分与预拼装、碰撞检查、构件详图、材料统计、BIM 数据直接接力到生产加工设备等。PKPM-PC 软件为广大设计单位设计装配式住宅提供了设计工具，从而提高了设计效率，减小设计错误，推动了住宅产业化的进程。

PKPM-PC 软件的基本功能特点主要包括以下几点：

(1)符合行业标准《装配式混凝土结构技术规程》(JGJ 1—2014)对装配式结构分析设计的相关规定，可以完成装配式结构整体分析与内力调整、预制构件配筋设计、预制墙底水平连接缝计算、预制柱底水平缝计算、梁端竖向连接缝计算、叠合梁纵向抗剪面计算等工作，从而保证了装配式结构设计的安全度，提高了设计单位的设计效率。

(2)基于 BIM 平台的预制装配式构件详图自动化生成，装配式结构图要细化到每个构件的详图，详图工作量很大，BIM 平台下的详图自动化生成，保证模型与图纸的一致性，既能够增加设计效率，又能提高构件详图图纸的精度，减少错误。

(3)BIM 平台下丰富的参数可以定制预制装配式构件库，涵盖了国家标准图集各种结构体系的墙、板、楼梯、阳台、梁、柱等，为装配式结构的拆分、三维预拼装、碰撞检查与生产加工提供基础单元，推动模数化与标准化，从而简化设计工作，使设计单位前期就能主动参与到装配式结构的方案设计中，在设计阶段就能避免冲突或安装不上的问题。

PKPM-PC 软件的主界面菜单栏主要包括"基本""建模""预制指定""整体分析""施工图设计"和"深化设计"等。

用户需要在"建模"菜单栏下完成标准层的构件布置以及设计参数的设置。构件布置包括梁、板、柱和墙的参数设置及布置；设计参数设置主要包括结构类型、地震信息、风荷载信息、材料信息等。

用户在"预制指定"菜单栏下完成预制构件的指定并形成构件的初步拆分方案，构件具体拆分参数的设置需满足相关规范的规定及前述各章节中的构造要求。

"整体分析"菜单栏可以实现软件对结构的力学分析，并完成自动配筋设计。

"施工图设计"菜单栏可以实现对配筋信息的修改，并生成满足施工要求的施工图。

"深化设计"菜单栏可以实现对预制构件的设计，并形成构件详图。

9.1 工程概况

本工程结构为框架结构体系，六层，层高为 2.9 m。

本工程结构的设计使用年限为 50 年，结构安全等级为二级。

本工程的抗震分类为丙类建筑，抗震设防烈度为六度，设计地震分组为第一组，设计基本地震加速度为 $0.05g$。

本工程风荷载基本风压为 0.45 kN/m^2。

本工程楼面荷载标准值：楼面恒荷载为 2.5 kN/m^2，活荷载为 2 kN/m^2。

9.2 软件建模

9.2.1 启动环境选择

启动装配式建筑设计软件 PKPM-PC，在主界面中新建工程项目，启动环境选择为"装配式设计"，进入如图 9-1 所示的界面。

图 9-1 装配式设计界面

9.2.2 新建标准层

在"建模"选项卡"标准层"面板中选择"增加"命令，系统将弹出如图 9-2 所示的"新建标准层"对话框。

在"新建标准层"对话框中，"参考"设置为"无"，"标准层高"设置为 3 300，然后单击"确定"按钮。

9.2.3 轴网

在"建模"选项卡"轴线"面板中选择"正交轴网"命令，系

图 9-2 "新建标准层"对话框

统将弹出如图 9-3 所示的"绘制轴网"对话框。在"绘制轴网"对话框中输入工程开间和进深尺寸，具体参数如图 9-3 所示，然后单击"原点绘制"按钮，系统将绘制如图 9-4 所示的轴线网。

图 9-3 "绘制轴网"对话框

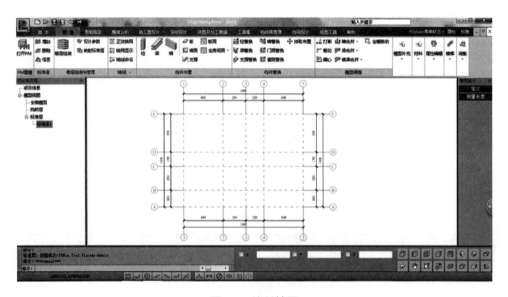

图 9-4 绘制轴网

9.2.4 构件布置

（1）柱的布置。在"建模"选项卡"构件布置"面板中选择"柱"命令，系统将弹出如图 9-5 所示的"PKPM-BIM 截面定义"对话框。

在"PKPM-BIM 截面定义"对话框中单击"增加"按钮，在弹出的"选择要定义的截面形式"对话框中选择矩形截面形式，如图 9-6 所示。

在"截面参数"对话框中设置截面参数为 400 mm×400 mm，然后单击"确认"按钮，如图 9-7 所示，系统将返回如图 9-8 所示的"PKPM-BIM 截面定义"对话框，单击"确认"按钮完成柱子的平面布置，如图 9-9 所示。

图 9-5 "PKPM-BIM 截面定义"对话框

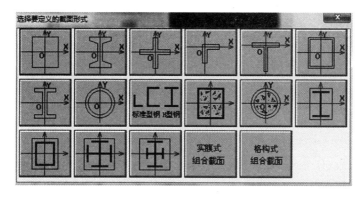

图 9-6 "选择要定义的截面形式"对话框

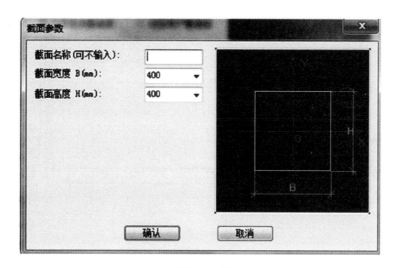

图 9-7 "截面参数"对话框

图 9-8 "PKPM-BIM 截面定义"对话框

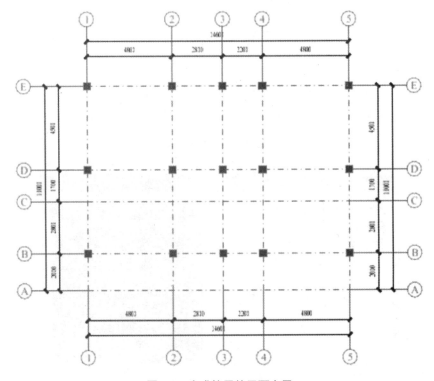

图 9-9 完成柱子的平面布置

（2）梁的布置。梁的布置方法与柱的布置相同，首先选择梁的截面类型并设置相应的尺寸为 200 mm×400 mm，完成梁的布置，其步骤如图 9-10~图 9-13 所示。

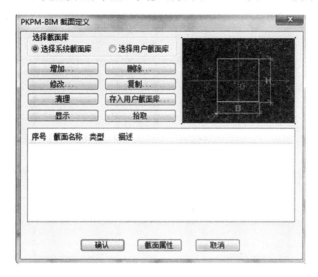

图 9-10 "PKPM-BIM 截面定义"对话框

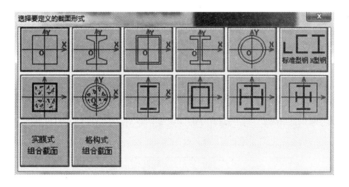

图 9-11 "选择要定义的截面形式"对话框——选择梁截面形式

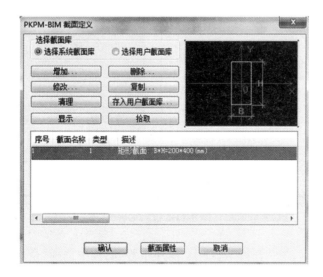

图 9-12 "PKPM-BIM 截面定义"对话框

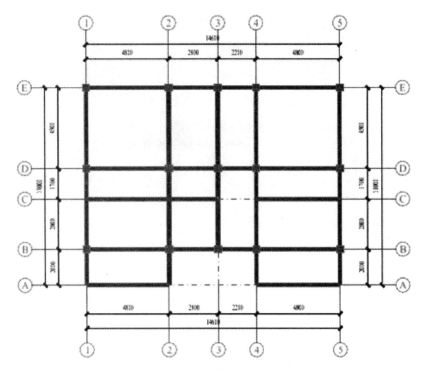

图 9-13　完成梁的平面布置

（3）板的布置。在"建模"选项卡"构件布置"面板中选择"板"命令，由于本工程采用预制板，故在"板布置"面板中设置板厚为 130 mm，材料设置为混凝土，强度等级设置为 C30，设置完毕后可以选择"点选布板""框选布板"或"标高布板"进行板的布置，板布置完成后的效果如图 9-14 所示。

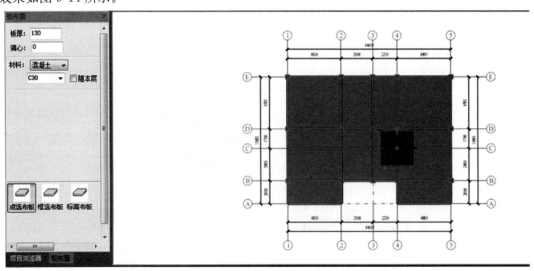

图 9-14　板的布置

本工程楼梯间开洞，在"建模"选项卡"构件布置"面板中选择"全房间洞"选项，完成后的效果如图 9-15 所示。

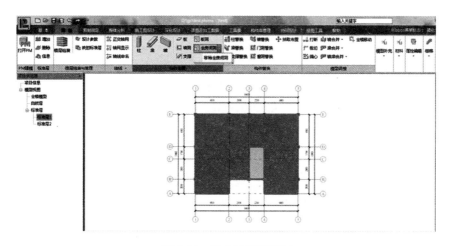

图 9-15　楼梯间楼板开洞

同上述方法，完成第二标准层的建立，如图 9-16 所示。

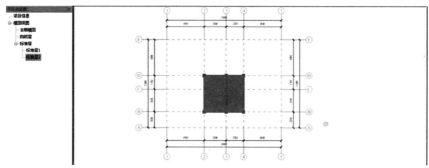

图 9-16　第二标准层的建立

9.2.5　楼层组装

当完成标准层布置后就可以进行楼层的组装，在"建模"选项卡"楼层组装与管理"面板中选择"楼层组装"命令，系统将弹出如图 9-17 所示的"楼层组装"对话框，在对话框中设置好相应的楼层参数后再单击"确定"按钮，组装完成后的结构立体模型如图 9-18 所示。

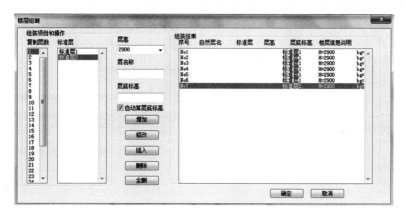

图 9-17　"楼层组装"对话框

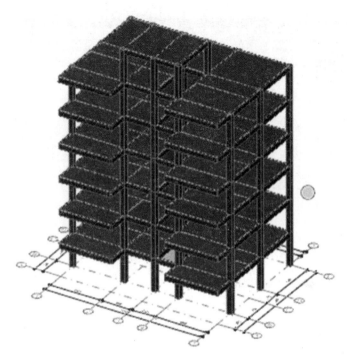

图 9-18　结构立体模型

9.3　设计参数

在"建模"选项卡"楼层组装与管理"面板中选择"设计参数"命令，系统弹出"楼层组装——设计参数"对话框，在对话框中根据工程信息完成相关设计参数的设置，如图 9-19～图 9-23 所示。

9.3.1　总信息的设置

在"楼层组装——设计参数"对话框"总信息"选项卡中，"结构体系"选择为"框架结构"，"结构主材"选择为"钢筋混凝土"，"结构重要性系数"选择为 1.0，其他参数采用默认参数，如图 9-19 所示。

9.3.2　材料信息

在"楼层组装——设计参数"对话框"材料信息"选项卡中，"混凝土容重"选择 25 kN/m³，梁柱箍筋类别均选择

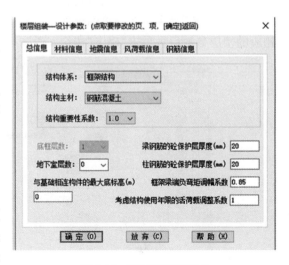

图 9-19　"总信息"选项卡

HPB300，其他参数采用默认参数，如图 9-20 所示。

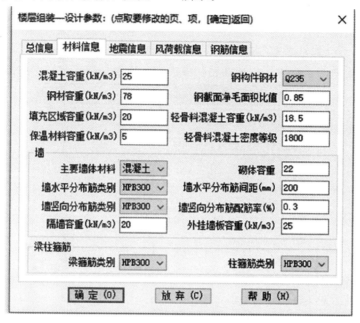

图 9-20 "材料信息"选项卡

9.3.3 地震信息

在"楼层组装——设计参数"对话框"地震信息"选项卡中，根据工程概况中的相关信息设置本工程的地震烈度、场地类别、抗震等级等参数，如图 9-21 所示。

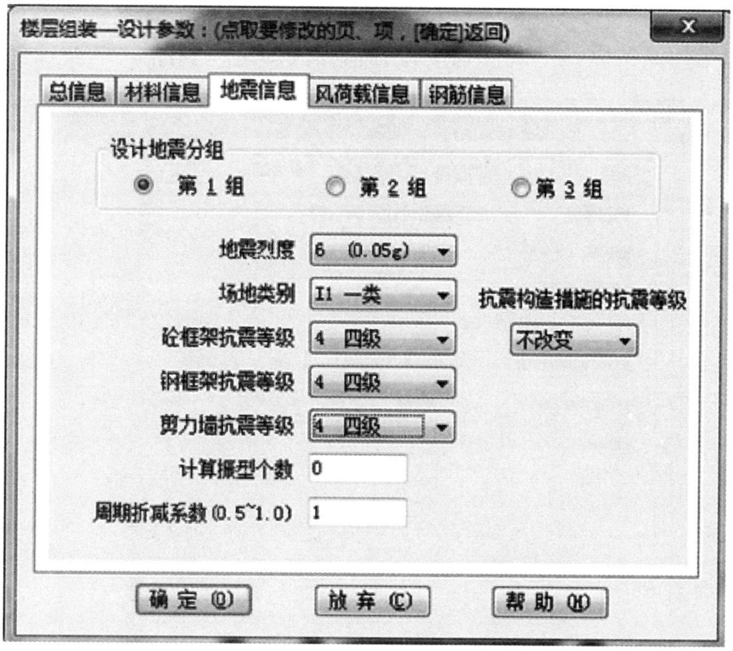

图 9-21 "地震信息"选项卡

9.3.4 风荷载信息

在"楼层组装——设计参数"对话框"风荷载信息"选项卡中，根据工程概况中的相关信息设置本工程修正后的基本风压、地面粗糙度类别、体型系数等参数，如图9-22所示。

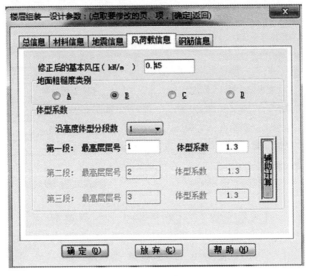

图9-22 "风荷载信息"选项卡

9.3.5 钢筋信息

在"楼层组装——设计参数"对话框"钢筋信息"选项卡中，设置本工程所采用钢筋的强度设计值，一般采用系统默认的相关强度设计值参数即可，如图9-23所示。

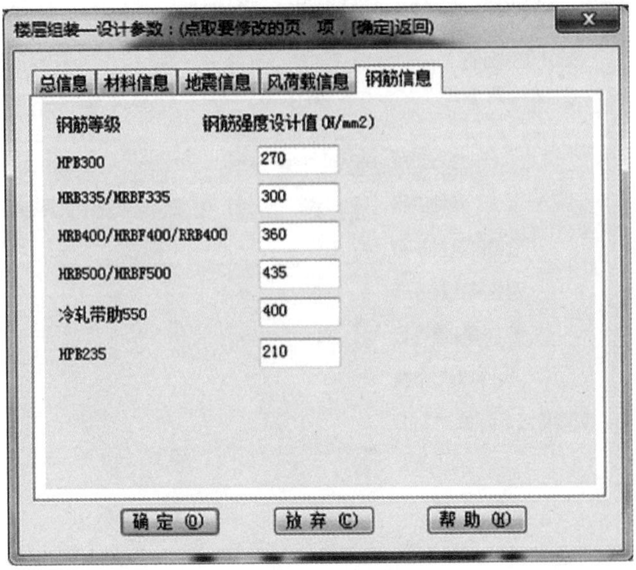

图9-23 "钢筋信息"选项卡

9.4 预制指定

以第二自然层为例，在"项目浏览器"树状结构图中双击"自然层2(标准层1)"，切换到第二自然层，如图 9-24 所示。

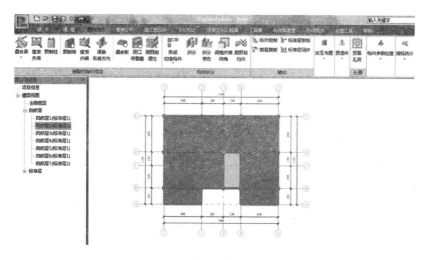

图 9-24 切换到第二自然层

9.4.1 叠合梁的预制指定

在"预制指定"选项卡中选择"叠合梁"命令，在弹出的"叠合梁参数"对话框中设置相应的参数，如图 9-25 所示。

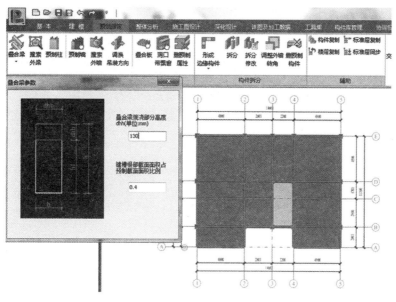

图 9-25 设置叠合梁参数

预制指定后，绘图区域相应的梁变为浅绿色，单击鼠标选中此梁，在"属性"选项板中选择"装配式"参数为"是"，如图 9-26 所示。

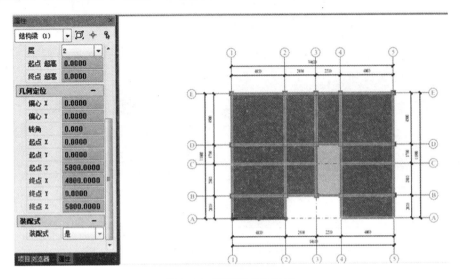

图 9-26 "属性"参数设置

9.4.2 柱和板的预制指定

参照上述梁预制指定的方法，对柱和板进行预制指定，其效果如图 9-27 所示。

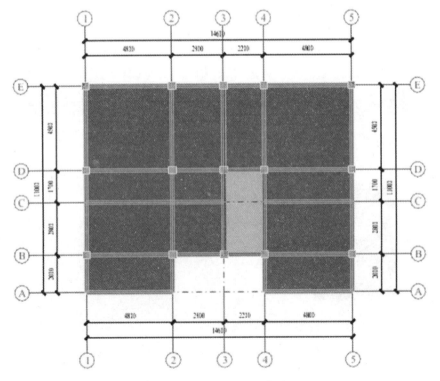

图 9-27 柱和板的预制指定

9.5　拆分参数的设置

9.5.1　板的拆分参数设置

在"预制指定"选项卡"构件拆分"选项板中选择"拆分"命令，系统将弹出如图 9-28 所示的"拆分参数"对话框，在该对话框中按图 9-29 所示进行板的拆分参数设置。

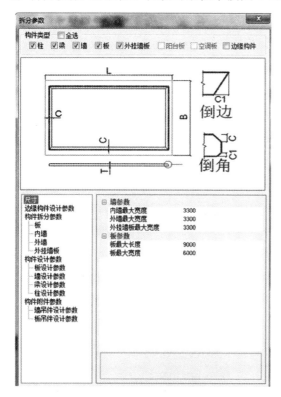

图 9-28　"拆分参数"对话框

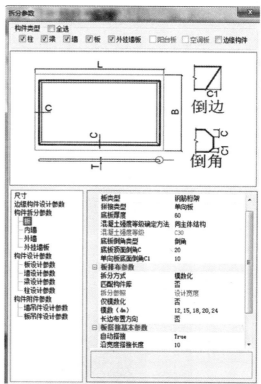

图 9-29　板的拆分参数设置

9.5.2　梁的拆分参数设置

同理，在"拆分参数"对话框中按图 9-30 所示进行梁的拆分参数设置。

9.5.3　柱的拆分参数设置

同理，在"拆分参数"对话框中按图 9-31 所示进行柱的拆分参数设置。

拆分参数设置完成后，即可进行拆分，拆分后的效果如图 9-32 所示。

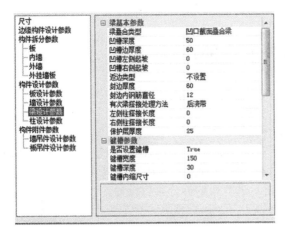

图 9-30 梁的拆分参数设置

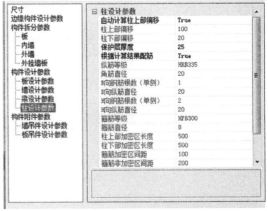

图 9-31 柱的拆分参数设置

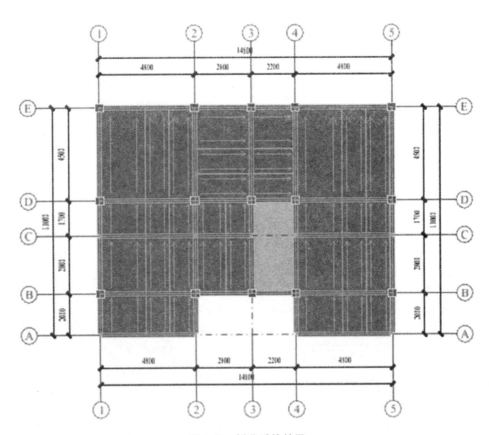

图 9-32 拆分后的效果

9.6 预制率统计

构件拆分完成后即可进行预制率的统计，以此判断预制率是否满足规定的要求，如果不满足规定的要求，则需要增加拆分的数量。在"深化设计"选项卡"预制率"面板中选择"预

制率统计"命令，系统弹出如图 9-33 所示的"预制率统计"对话框，按图 9-34～图 9-36 所示
步骤进行预制率的统计计算。

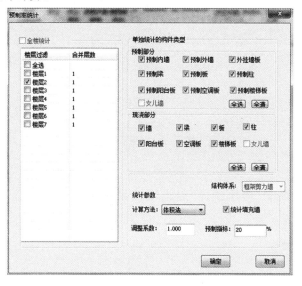

图 9-33 "预制率统计"对话框

装配式建筑预制率

主体构件

构件预型	数量	数量-PC	总体积(m^3)	总体积-预制属性(...	总重量(t)	总重量-预制属性(t)
楼板	13	12	17.228	16.115	43.069	40.287
墙	0	0	0.000	0.000	0.000	0.000
挂板	0	0	0.000	0.000	0.000	0.000
柱	15	15	6.960	6.960	17.400	17.400
梁	36	36	8.688	8.688	21.720	21.720
预制阳台板	0	0	0.000	0.000	0.000	0.000
预制楼梯	0	0	0.000	0.000	0.000	0.000
预制空调板	0	0	0.000	0.000	0.000	0.000
汇总	64	63	32.876	31.763	82.189	79.407

图 9-34 预制率统计(一)

装配式建筑预制率

叠合板(34-34)

编号	规格	预制体积(m^3)	预制重量(t)	数量	总预制体积(m^3)	总预制重量(t)
DBD-67-4...	DBD-67-4512	0.310	0.775	1	0.310	0.775
DBD-67-4...	DBD-67-4512	0.311	0.778	1	0.311	0.778
DBD-67-4...	DBD-67-4522	0.574	1.436	1	0.574	1.436
DBD-67-4...	DBD-67-4512	0.310	0.775	1	0.310	0.775
DBD-67-4...	DBD-67-4512	0.311	0.778	1	0.311	0.778
DBD-67-4...	DBD-67-4522	0.574	1.436	1	0.574	1.436
DBD-67-2...	DBD-67-2812	0.188	0.470	1	0.188	0.470
DBD-67-2...	DBD-67-2812	0.189	0.472	1	0.189	0.472
DBD-67-2...	DBD-67-2822	0.348	0.871	1	0.348	0.871
DBD-67-2...	DBD-67-2812	0.188	0.470	1	0.188	0.470
DBD-67-2...	DBD-67-2812	0.189	0.472	1	0.189	0.472
DBD-67-2...	DBD-67-2812	0.187	0.469	1	0.187	0.469
DBD-67-2...	DBD-67-2812	0.189	0.472	1	0.189	0.472
DBD-67-2...	DBD-67-2819	0.301	0.752	1	0.301	0.752
DBD-67-2...	DBD-67-2212	0.144	0.361	1	0.144	0.361
DBD-67-2...	DBD-67-2212	0.145	0.364	1	0.145	0.364
DBD-67-2...	DBD-67-2219	0.232	0.579	1	0.232	0.579
DBD-67-2...	DBD-67-2012	0.130	0.326	1	0.130	0.326
DBD-67-2...	DBD-67-2012	0.131	0.328	1	0.131	0.328
DBD-67-2...	DBD-67-2022	0.242	0.605	1	0.242	0.605
DBD-67-2...	DBD-67-2012	0.130	0.326	1	0.130	0.326

图 9-35 预制率统计(二)

装配式建筑预制率

层号	层数	预制混凝土										预	
		预制内墙	预制外墙	外挂墙板	叠合梁	叠合板	预制柱	预制阳台板	预制空调板	预制楼梯	墙	梁	板
2层	1	0.00	0.00	0.00	5.33	7.53	5.95	0.00	0.00	0.00	0.00	3.35	9.69
合计		0.00	0.00	0.00	5.33	7.53	5.95	0.00	0.00	0.00	0.00	3.35	9.69

预制率统计汇总表（项目：test）

预制率计算	预制混凝土总体积(m³)	混凝土总体积(m³)	调整系数	预制率(%)	指标要求(%)	是否满足
	18.82	32.88	1.00	57.2	20.00	满足！

图 9-36　预制率统计(三)

<table>
<tr><td colspan="2" align="center">9.7</td><td align="center">整体分析</td></tr>
</table>

　　在"整体分析"选项卡"整体设计"面板中选择相应的命令进行整体分析，其步骤如图 9-37～图 9-45 所示。

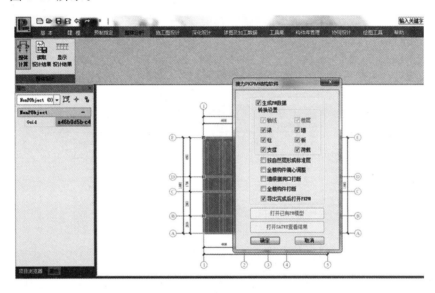

图 9-37　整体分析(一)

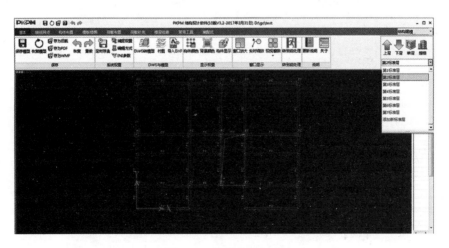

图 9-38　整体分析(二)

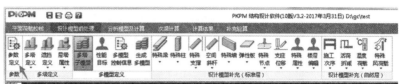

图 9-39　整体分析（三）　　　　　　　　　　　　　　　图 9-40　整体分析（四）

图 9-41　整体分析（五）

图 9-42　整体分析（六）

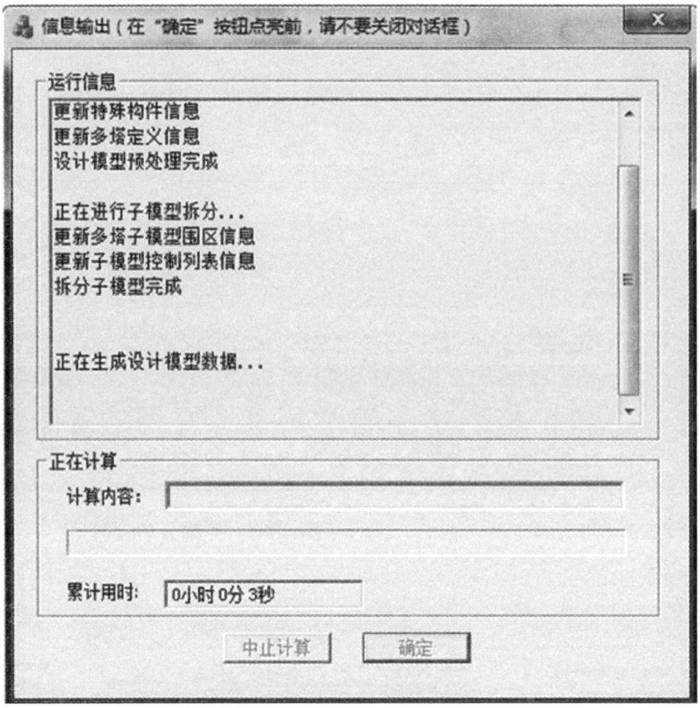

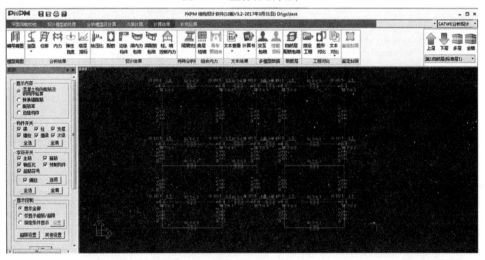

图 9-43 整体分析(七)

图 9-44 整体分析(八)

图 9-45 整体分析(九)

配筋设计

9.8 施工图设计

9.8.1 自动配筋参数设置

在"施工图设计"选项卡"配筋设计"面板中选择"自动配筋"命令(图 9-46),系统将弹出如图 9-47 所示的"自动配筋"对话框,在该对话框中可进行自动配筋相关参数的设置。

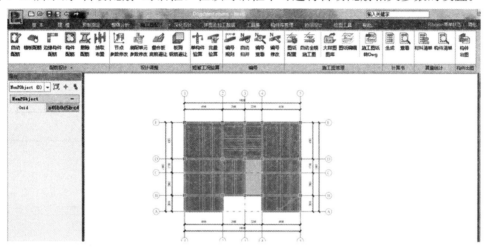

图 9-46 选择"自动配筋"命令

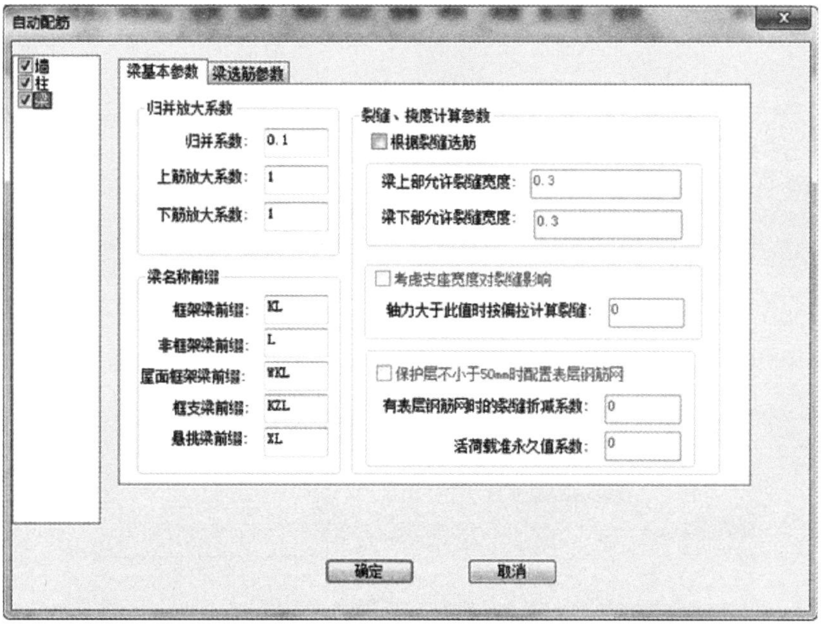

图 9-47 "自动配筋"对话框

9.8.2　图纸参数配置

在"施工图设计"选项卡"施工图管理"面板中选择"图纸配置"命令(图9-46)，系统将弹出如图9-48所示的"图纸参数配置"对话框，在该对话框中可对图纸的相关参数进行设置。

图9-48　"图纸参数配置"对话框

9.8.3　施工图的出图及导出 CAD

在"施工图设计"选项卡"施工图管理"面板中选择"自动全楼施工图"命令(图9-46)，系统将弹出如图9-49所示的"生成施工图"对话框，在该对话框中可对施工图生成的相关参数进行设置。

图9-49　"生成施工图"对话框

在"施工图设计"选项卡"施工图管理"面板中选择"施工图纸转 Dwg"命令（图 9-46），系统将弹出如图 9-50 所示的"导出 DWG 文件"对话框，在该对话框中可对施工图纸转 DWG 文件的相关参数进行设置。

图 9-50　"导出 DWG 文件"对话框

9.9　深化设计碰撞检查

9.9.1　拆分设计参数设置

在"深化设计"选项卡"拆分设计"面板中选择"拆分设计"命令，系统将弹出如图 9-51 所示的"拆分设计参数"对话框，在该对话框中对板拆分设计参数和梁拆分设计参数进行设置，如图 9-51 和图 9-52 所示。效果如图 9-53 所示。

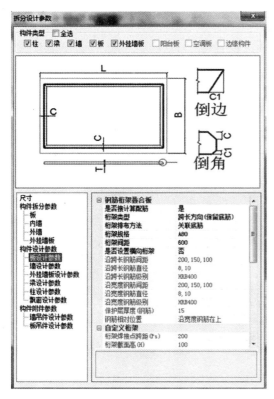

图 9-51　板拆分设计参数设置

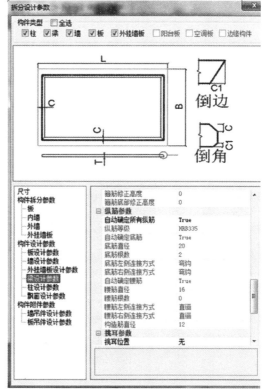

图 9-52　梁拆分设计参数设置

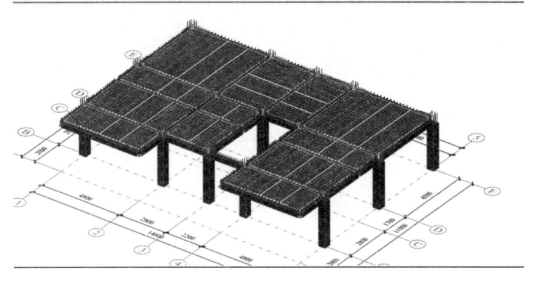

图 9-53　拆分设计后的效果

9.9.2　碰撞检查及构件出图

用户通过选择某一自然层进行碰撞检查的相关设置（图 9-54），即可进行碰撞检查，如图 9-54～图 9-58 所示。

图 9-54　碰撞检查(一)

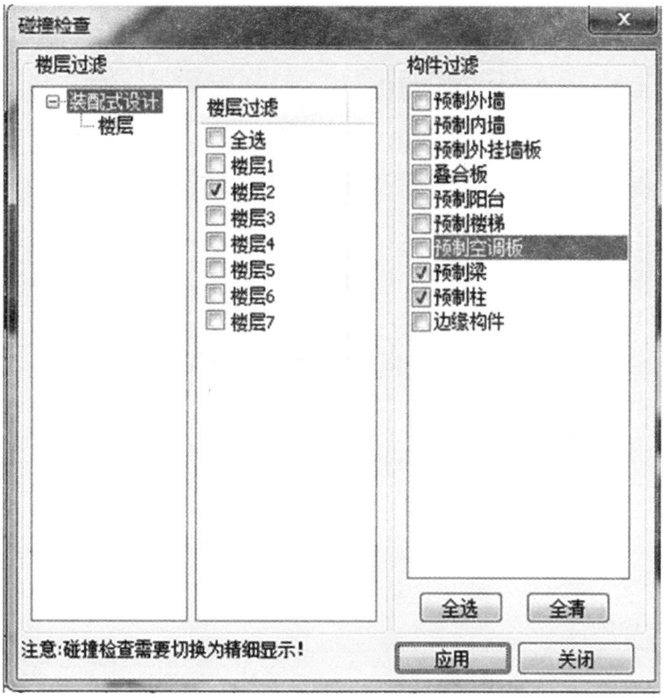

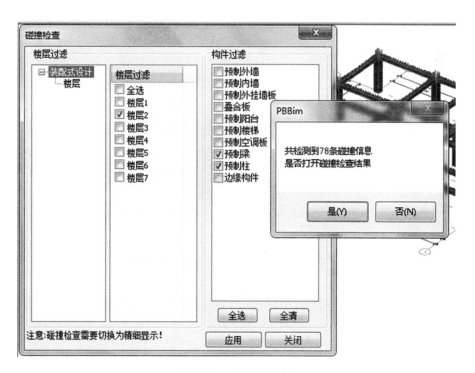

图 9-55　碰撞检查(二)

图 9-56　碰撞检查(三)

序号	构件ID(1)	构件类型(1)	构件ID(2)	构件类型(2)	描述
1	27082	预制梁	27214	预制梁	
2	27082	预制梁	27218	预制梁	
3	27082	预制梁	27334	预制梁	
4	27082	预制梁	27350	预制梁	
5	27086	预制梁	27298	预制梁	
6	27086	预制梁	27310	预制梁	
7	27090	预制梁	27302	预制梁	
8	27090	预制梁	27306	预制梁	
9	27094	预制梁	27190	预制梁	
10	27094	预制梁	27226	预制梁	
11	27094	预制梁	27230	预制梁	
12	27094	预制梁	27338	预制梁	
13	27094	预制梁	27346	预制梁	
14	27122	预制梁	27214	预制梁	
15	27122	预制梁	27218	预制梁	
16	27122	预制梁	27274	预制梁	

构件ID: [____] 查找   关闭

图 9-57   碰撞检查(四)

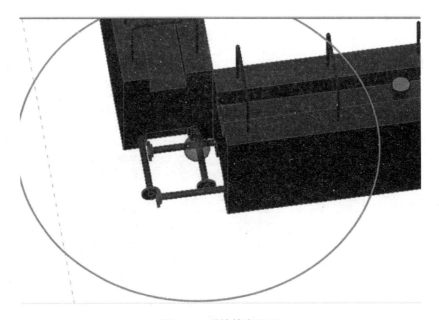

图 9-58   碰撞检查(五)

根据碰撞检查的结果，通过"装配单元参数修改"命令对碰撞构件的钢筋信息进行修改，从而避免碰撞(图 9-59 和图 9-60)。当碰撞问题全部都解决后就可以构件出图了，既可以完成全部构件的出图，也可以选择某个构件出图。

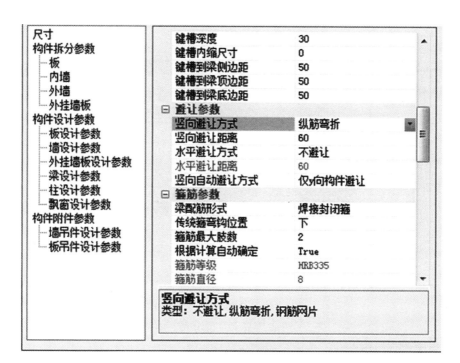

图 9-59　修改钢筋信息

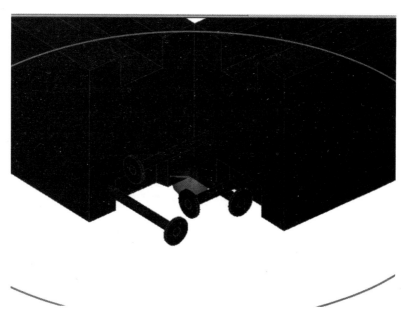

图 9-60　碰撞检查三维效果图

附录一　等截面等跨连续梁在常用荷载作用下的内力系数表

(1)在均布及三角形荷载作用下：

$$M=表中系数\times ql^2(或\times gl^2)$$
$$V=表中系数\times ql(或\times gl)$$

(2)在集中荷载作用下：

$$M=表中系数\times Ql(或\times Gl)$$
$$V=表中系数\times Q(或\times Gl)$$

(3)内力正负号规定：

M　　使截面上部受压、下部受拉为正；

V——对临近截面所产生的力矩沿顺时针方向者为正。

附表 1-1　两跨梁

荷载简图	跨内最大弯矩		支座弯矩	剪　力		
	M_1	M_2	M_B	V_A	$V_{B左}$ $V_{B右}$	V_C
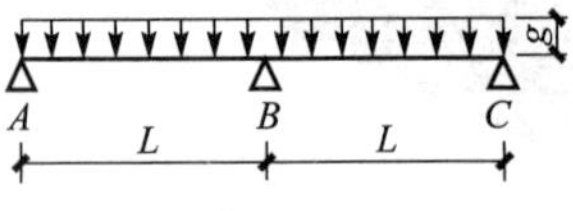	0.070	0.0703	−0.125	0.375	−0.625 0.625	−0.375
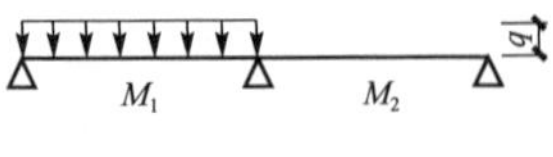	0.096	—	−0.063	0.437	−0.563 0.063	0.063
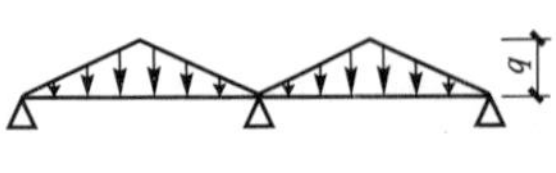	0.048	0.048	−0.078	0.172	−0.328 0.328	−0.172
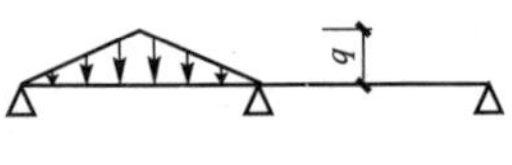	0.064	—	−0.039	0.211	−0.289 0.039	0.039
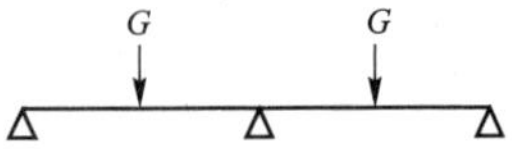	0.156	0.156	−0.188	0.312	−0.688 0.688	−0.312

荷载简图	跨内最大弯矩		支座弯矩	剪力		
	M_1	M_2	M_B	V_A	$V_{B左}$ $V_{B右}$	V_C
Q (单)	0.203	—	−0.094	0.406	−0.594 0.094	0.094
Q Q Q Q	0.222	0.222	−0.333	0.667	−1.333 1.333	−0.667
Q Q	0.278	—	−0.167	0.833	−1.167 0.167	0.167

附表 1-2　三跨梁

荷载简图	跨内最大弯矩		支座弯矩		剪力			
	M_1	M_2	M_B	M_C	V_A	$V_{B左}$ $V_{B右}$	$V_{C左}$ $V_{C右}$	V_D
	0.080	0.025	−0.100	−0.100	0.400	−0.600 0.500	−0.500 0.600	−0.400
	0.101	—	−0.050	−0.050	0.450	−0.550 0	0 0.550	−0.450
	—	0.075	−0.050	−0.050	0.050	−0.050 0.500	−0.500 0.050	0.050
	0.073	0.054	−0.117	−0.033	0.383	−0.617 0.583	0.083 −0.017	−0.017
	0.094	—	−0.067	0.017	0.433	−0.567 0.083	0.083 −0.017	−0.017
	0.054	0.021	−0.063	−0.063	0.183	−0.313 0.250	−0.250 0.313	−0.188
	0.068	—	−0.031	−0.031	0.219	−0.281 0	0 0.281	−0.219
	—	0.052	−0.031	−0.031	0.031	−0.031 0.250	−0.250 0.051	0.031

荷载简图	跨内最大弯矩		支座弯矩		剪力			
	M_1	M_2	M_B	M_C	V_A	$V_{B左}$ $V_{B右}$	$V_{C左}$ $V_{C右}$	V_D
	0.050	0.038	−0.073	−0.021	0.177	−0.323 0.302	−0.198 0.021	0.021
	0.063	—	−0.042	0.010	0.208	−0.292 0.052	0.052 −0.010	−0.010
	0.175	0.100	−0.150	−0.150	0.350	−0.650 0.500	−0.500 0.650	−0.350
	0.213	—	−0.075	−0.075	0.425	−0.575 0	0 0.575	−0.425
	—	0.175	−0.075	−0.075	−0.075	−0.075 0.500	−0.500 0.075	0.075
	0.162	0.137	−0.175	−0.050	0.325	−0.675 0.625	−0.375 0.050	0.050
	0.200	—	−0.100	0.025	0.400	−0.600 0.125	0.125 −0.025	−0.025
	0.244	0.067	−0.267	0.267	0.733	−1.267 1.000	−1.000 1.267	−0.733
	0.289	—	0.133	−0.133	0.866	−1.134 0	0 1.134	−0.866
	—	0.200	−0.133	0.133	−0.133	−0.133 1.000	−1.000 0.133	0.133
	0.229	0.170	−0.311	−0.089	0.689	−1.311 1.222	−0.778 0.089	0.089
	0.274	—	0.178	0.044	0.822	−1.178 0.222	0.222 −0.044	−0.044

附表 1-3 四跨梁

荷载简图	跨内最大弯矩				支座弯矩			剪力				
	M_1	M_2	M_3	M_4	M_B	M_C	M_D	V_A	$V_{B左}$ $V_{B右}$	$V_{C左}$ $V_{C右}$	$V_{D左}$ $V_{D右}$	V_E
	0.077	0.036	0.036	0.077	−0.107	−0.071	−0.107	0.393	−0.607 0.536	−0.464 0.464	−0.536 0.607	−0.393
	0.100	—	0.081	—	−0.107	−0.036	−0.054	0.446	−0.554 0.018	0.018 0.482	−0.518 0.054	0.054
	0.072	0.061	—	0.098	−0.121	−0.018	−0.058	0.380	−0.620 0.603	−0.397 −0.040	−0.040 −0.558	−0.442
	—	0.056	0.056	—	−0.036	−0.107	−0.036	−0.036	−0.036 0.429	−0.571 0.571	−0.429 0.036	0.036
	0.094	—	—	—	−0.067	0.018	−0.004	0.433	−0.567 0.085	0.085 −0.022	0.022 0.004	0.004
	—	0.071	—	—	−0.049	−0.054	0.013	−0.049	−0.049 0.496	−0.504 0.067	0.067 0.013	−0.013
	0.062	0.028	0.028	0.052	−0.067	−0.045	−0.067	0.183	−0.317 0.272	−0.228 0.228	−0.272 0.317	−0.183
	0.067	—	0.055	—	−0.084	−0.022	−0.034	0.217	−0.234 0.011	0.011 0.239	−0.261 0.034	0.034
	0.049	0.042	—	0.066	−0.075	−0.011	−0.036	0.175	−0.325 0.314	−0.186 −0.025	−0.025 0.286	−0.214
	—	0.040	0.040	—	−0.022	−0.067	−0.022	−0.022	−0.022 0.205	−0.295 0.295	−0.205 0.022	0.022
	0.088	—	—	—	−0.042	0.011	−0.003	0.208	−0.292 0.053	0.063 −0.014	−0.014 0.003	0.003
	—	0.051	—	—	−0.031	−0.034	0.008	−0.031	−0.031 0.247	−0.253 0.042	0.042 −0.008	−0.008

荷载简图	跨内最大弯矩				支座弯矩			剪力				
	M_1	M_2	M_3	M_4	M_B	M_C	M_D	V_A	$V_{B左}$ / $V_{B右}$	$V_{C左}$ / $V_{C右}$	$V_{D左}$ / $V_{D右}$	V_E
荷载图	0.169	0.116	0.116	0.169	−0.161	−0.107	−0.161	0.339	−0.661 / 0.554	−0.446 / 0.446	−0.554 / 0.661	−0.330
荷载图	0.210	—	0.183	—	−0.080	−0.054	−0.080	0.420	−0.580 / 0.027	0.027 / 0.473	−0.527 / 0.080	0.080
荷载图	0.159	0.146	—	0.206	−0.181	−0.027	−0.087	0.319	−0.681 / 0.654	−0.346 / −0.060	−0.060 / 0.587	−0.413
荷载图	—	0.142	0.142	—	−0.054	−0.161	−0.054	0.054	−0.054 / 0.393	−0.607 / 0.607	−0.393 / 0.054	0.054
荷载图	0.200	—	—	—	−0.100	−0.027	−0.007	0.400	−0.600 / 0.127	0.127 / −0.033	−0.033 / 0.007	0.007
荷载图	—	0.173	—	—	−0.074	−0.080	0.020	−0.074	−0.074 / 0.493	−0.507 / 0.100	0.100 / −0.020	−0.020
荷载图	0.238	0.111	0.111	0.238	−0.286	−0.191	−0.286	0.714	1.286 / 1.095	−0.905 / 0.905	−1.095 / 1.286	−0.714
荷载图	0.286	—	0.222	—	−0.143	−0.095	−0.143	0.857	−1.143 / 0.048	0.048 / 0.952	−1.048 / 0.143	0.143
荷载图	0.226	0.194	—	0.282	−0.321	−0.048	−0.155	0.679	−1.321 / 1.274	−0.726 / −0.107	−0.107 / 1.155	−0.845
荷载图	—	0.175	0.175	—	−0.095	−0.286	−0.095	−0.095	0.095 / 0.810	−1.190 / 1.190	−0.810 / 0.09555	0.095

荷载简图	跨内最大弯矩				支座弯矩			剪力				
	M_1	M_2	M_3	M_4	M_B	M_C	M_D	V_A	$V_{B左}$ / $V_{B右}$	$V_{C左}$ / $V_{C右}$	$V_{D左}$ / $V_{D右}$	V_E
(QQ 荷载简图)	0.274	—	—	—	−0.178	0.048	−0.012	0.822	−1.178 / 0.226	0.226 / −0.060	−0.060 / 0.012	0.012
(QQ 荷载简图)	—	0.198	—	—	−0.131	−0.143	0.036	−0.131	−0.131 / 0.988	−1.012 / 0.178	0.178 / −0.036	−0.036

附表 1-4　五跨梁

荷载简图	跨内最大弯矩			支座弯矩				剪力					
	M_1	M_2	M_3	M_B	M_C	M_D	M_E	V_A	$V_{B左}$ / $V_{B右}$	$V_{C左}$ / $V_{C右}$	$V_{D左}$ / $V_{D右}$	$V_{E左}$ / $V_{E右}$	V_F
(荷载简图)	0.078	0.033	0.046	−0.105	−0.079	−0.079	−0.105	0.394	−0.606 / 0.526	−0.474 / 0.500	−0.500 / 0.474	−0.526 / 0.606	−0.394
(荷载简图)	0.100	—	0.085	−0.105	−0.053	−0.040	−0.053	0.447	−0.553 / 0.013	0.013 / 0.500	−0.500 / −0.013	−0.013 / 0.533	−0.447
(荷载简图)	—	0.079	—	−0.053	−0.040	−0.040	−0.053	−0.053	−0.053 / 0.513	−0.487 / 0	0 / 0.487	−0.513 / 0.053	0.053
(荷载简图)	0.073	(2) 0.059 / 0.078	—	−0.119	−0.022	−0.044	−0.051	0.380	−0.620 / 0.598	−0.402 / −0.023	−0.023 / 0.493	−0.507 / 0.052	0.052
(荷载简图)	(1) — / 0.098	0.055	0.064	−0.035	−0.111	−0.020	−0.057	0.035	0.035 / 0.424	0.576 / 0.591	−0.409 / −0.037	−0.037 / 0.557	−0.443
(荷载简图)	0.094	—	—	−0.067	0.018	−0.005	0.001	0.433	0.567 / 0.085	0.086 / 0.023	0.023 / 0.006	0.006 / −0.001	0.001
(荷载简图)	—	0.074	—	−0.049	−0.054	0.014	−0.004	0.019	−0.049 / 0.496	−0.505 / 0.068	0.068 / −0.018	−0.018 / 0.004	0.004
(荷载简图)	—	—	0.072	0.013	0.053	0.053	0.013	0.013	0.013 / −0.066	−0.066 / 0.500	−0.500 / 0.066	0.066 / −0.013	0.013

荷载简图	跨内最大弯矩			支座弯矩				剪力					
	M_1	M_2	M_3	M_B	M_C	M_D	M_E	V_A	$V_{B左}$ / $V_{B右}$	$V_{C左}$ / $V_{C右}$	$V_{D左}$ / $V_{D右}$	$V_{E左}$ / $V_{E右}$	V_F
	0.053	0.026	0.034	−0.066	−0.049	0.049	−0.066	0.184	−0.316 / 0.266	−0.234 / 0.250	−0.250 / 0.234	−0.266 / 0.316	0.184
	0.067	—	0.059	−0.033	−0.025	−0.025	0.033	0.217	283 / 0.008	0.008 / 0.250	−0.250 / −0.006	−0.008 / 0.283	0.217
	—	0.055	—	−0.033	−0.025	−0.025	−0.033	0.033	−0.033 / 0.258	−0.242 / 0	0 / 0.242	−0.258 / 0.033	0.033
	0.049	(2)$\dfrac{0.041}{0.053}$	—	−0.075	−0.014	−0.028	−0.032	0.175	0.325 / 0.311	−0.189 / −0.014	−0.014 / 0.246	−0.255 / 0.032	0.032
	(1)$\dfrac{-}{0.066}$	0.039	0.044	−0.022	−0.070	−0.013	−0.036	−0.022	−0.022 / 0.202	−0.298 / 0.307	−0.198 / −0.028	−0.023 / 0.286	−0.214
	0.063	—	—	−0.042	0.011	−0.003	0.001	0.208	−0.292 / 0.053	0.053 / −0.014	−0.014 / 0.004	0.004 / −0.001	−0.001
	—	0.051	—	−0.031	−0.034	0.009	−0.002	−0.031	−0.031 / 0.247	−0.253 / 0.043	0.049 / −0.011	−0.011 / 0.002	0.002
	—	—	0.050	0.008	−0.033	−0.033	0.008	0.008	0.008 / −0.041	−0.041 / 0.250	−0.250 / 0.041	0.041 / −0.008	−0.008
	0.171	0.112	0.132	−0.158	−0.118	−0.118	−0.158	0.342	−0.658 / 0.540	−0.460 / 0.500	−0.500 / 0.460	−0.540 / 0.658	−0.342
	0.211	—	0.191	−0.079	−0.059	−0.059	−0.079	0.421	−0.579 / 0.020	0.200 / 0.500	−0.500 / −0.020	−0.020 / 0.579	−0.421
	—	0.181	—	−0.079	−0.059	−0.059	−0.079	−0.079	−0.079 / 0.520	−0.480 / 0	0 / 0.480	−0.520 / 0.079	0.079
	0.160	(2)$\dfrac{0.144}{0.178}$	—	−0.179	−0.032	−0.066	−0.077	0.321	−0.679 / 0.647	−0.353 / −0.034	−0.034 / 0.489	−0.511 / 0.077	0077
	(1)$\dfrac{-}{0.207}$	0.140	0.151	−0.052	−0.167	−0.031	−0.086	−0.052	−0.052 / 0.385	−0.615 / 0.637	−0.363 / −0.056	−0.056 / 0.586	−0.414

荷载简图	跨内最大弯矩			支座弯矩				剪力					
	M_1	M_2	M_3	M_B	M_C	M_D	M_E	V_A	$V_{B左}$ $V_{B右}$	$V_{C左}$ $V_{C右}$	$V_{D左}$ $V_{D右}$	$V_{E左}$ $V_{E右}$	V_F
	0.200	—	—	−0.100	0.027	−0.007	0.002	0.400	−0.600 0.127	0.127 −0.031	−0.034 0.009	0.009 −0.002	−0.002
	—	0.173	—	−0.073	−0.081	0.022	−0.005	−0.073	−0.073 0.493	−0.507 0.102	0.102 −0.027	−0.027 0.005	0.005
	—	—	0.171	0.020	−0.079	−0.079	0.020	0.020	0.020 −0.099	−0.099 0.500	−0.500 −0.020	0.090 −0.020	−0.020
	0.240	0.100	0.122	−0.281	−0.211	0.211	−0.281	0.719	−1.281 1.070	−0.930 1.000	−1.000 0.930	1.070 1.281	−0.719
	0.287	—	0.228	−0.140	−0.105	−0.105	−0.140	0.860	−1.140 0.035	0.035 1.000	1.000 −0.035	−0.035 1.140	−0.860
	—	0.216	—	−0.140	−0.105	−0.105	−0.140	−0.140	−0.140 1.035	−0.965 0	0.000 0.965	−1.035 0.140	0.140
	(1)— 0.282	(2)0.189 0.209	—	−0.319	−0.057	−0.118	−0.137	0.681	−1.319 1.262	−0.738 −0.061	−0.061 0.981	−1.019 0.137	0.137
	0.227	0.172	0.198	−0.093	−0.297	−0.054	−0.153	−0.093	−0.093 0.796	−1.204 1.243	−0.757 −0.099	−0.099 1.153	−0.847
	0.274	—	—	−0.179	0.048	−0.013	0.003	0.821	−1.179 0.227	0.227 −0.061	−0.061 0.016	0.016 −0.003	−0.003
	—	0.198	—	−0.131	−0.144	0.038	−0.010	−0.131	−0.131 0.987	−1.013 0.182	0.182 −0.048	−0.048 0.010	0.010
	—	—	0.193	0.035	−0.140	−0.140	0.035	0.035	0.035 −0.175	−0.175 1.000	−1.000 0.175	0.175 −0.035	−0.035

附录二　双向板按弹性分析的计算系数

(1)板的截面抗弯刚度(B_c)，其表达式为

$$B_c = \frac{Eh^3}{12(1-v^2)}$$

式中　E——弹性模量；

$\quad\quad h$——板厚；

$\quad\quad v$——泊松比。

(2)符号说明。

$\quad\quad f$、f_{max}——分别为板中心点的挠度和最大挠度；

$\quad\quad m_1$、$m_{1,max}$——分别为平行于l_{01}方向板中心点单位板宽内的弯矩和板跨内最大弯矩；

$\quad\quad m_2$、$m_{2,max}$——分别为平行于l_{02}方向板中心点单位板宽内的弯矩和板跨内最大弯矩；

$\quad\quad m_1'$——固定边中点沿l_{01}方向单位板宽内的弯矩；

$\quad\quad m_2'$——固定边中点沿l_{02}方向单位板宽内的弯矩。

$\llcorner\!\!\!\!\perp\!\!\!\!\perp\!\!\!\!\perp\!\!\!\!\perp\!\!\!\!\lrcorner$表示固定边；————————表示简支边。

(3)正负号的规定如下：

弯矩——使板的受荷面受压者为正；

挠度——变位方向与荷载方向相同者为正。

附表 2-1　四边简支

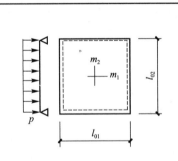

挠度＝表中挠度系数×$\dfrac{pl_{01}^4}{B_c}$

$v=0$，弯矩＝表中弯矩系数×pl_{01}^2；这里$l_{01} < l_{02}$。

l_{01}/l_{02}	f	m_1	m_2	l_{01}/l_{02}	f	m_1	m_2
0.50	0.010 13	0.096 5	0.017 4	0.80	0.006 03	0.056 1	0.033 4
0.55	0.009 40	0.089 2	0.021 0	0.85	0.005 47	0.050 6	0.034 8
0.60	0.008 67	0.082 0	0.024 2	0.90	0.004 96	0.045 6	0.035 8
0.65	0.007 96	0.075 0	0.027 1	0.95	0.004 49	0.041 0	0.036 4
0.70	0.007 27	0.068 3	0.029 6	1.00	0.004 06	0.036 8	0.036 8
0.75	0.006 63	0.062 0	0.031 7				

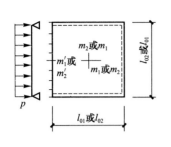

挠度＝表中挠度系数$\times\dfrac{pl_{01}^4}{B_c}$ $\left[\text{或}\times\dfrac{p(l_{01})^4}{B_c}\right]$；

$v=0$，弯矩＝表中弯矩系数$\times pl_{01}^2$ $\left[\text{或}\times p(l_{01})^2\right]$；这里 $l_{01}<l_{02}$，$(l_{01})<(l_{02})$。

l_{01}/l_{02}	$(l_{01})/(l_{02})$	f	$f_{1,\max}$	m_1	$m_{1,\max}$	m_2	$m_{2,\max}$	m_1' 或 (m_2')
0.50		0.004 88	0.005 04	0.058 3	0.064 6	0.006 0	0.006 3	−0.121 2
0.55		0.004 71	0.004 92	0.056 3	0.061 8	0.008 1	0.008 7	−0.118 7
0.60		0.004 53	0.004 72	0.053 9	0.058 9	0.010 4	0.011 1	−0.115 8
0.65		0.004 32	0.004 48	0.051 3	0.055 9	0.012 6	0.013 3	−0.112 4
0.70		0.004 10	0.004 22	0.048 5	0.052 9	0.014 8	0.015 4	−0.108 7
0.75		0.003 88	0.003 99	0.045 7	0.049 6	0.016 8	0.017 4	−0.104 8
0.80		0.003 65	0.003 76	0.042 8	0.046 3	0.018 7	0.019 3	−0.100 7
0.85		0.003 43	0.003 52	0.040 0	0.043 1	0.020 4	0.021 1	−0.096 5
0.90		0.003 21	0.003 29	0.037 2	0.040 0	0.021 9	0.026 6	−0.092 2
0.95		0.002 99	0.003 06	0.034 5	0.036 9	0.023 2	0.023 9	−0.088 0
1.00	1.00	0.002 79	0.002 85	0.031 9	0.034 0	0.024 3	0.024 9	−0.083 9
	0.95	0.003 16	0.003 24	0.032 4	0.034 5	0.028 0	0.028 7	−0.088 2
	0.90	0.003 60	0.003 68	0.032 8	0.034 7	0.032 2	0.033 0	−0.092 6
	0.85	0.004 09	0.004 17	0.032 9	0.034 7	0.037 0	0.037 8	−0.097 0
	0.80	0.004 64	0.004 73	0.032 6	0.034 3	0.042 4	0.043 3	−0.101 4
	0.75	0.005 26	0.005 36	0.031 9	0.033 5	0.048 5	0.049 4	−0.105 6
	0.70	0.005 95	0.006 05	0.030 8	0.032 3	0.053 3	0.056 2	−0.109 6
	0.65	0.006 70	0.006 80	0.029 1	0.030 6	0.062 7	0.063 7	−0.113 3
	0.60	0.007 52	0.007 62	0.026 8	0.028 9	0.070 7	0.071 7	−0.116 6
	0.55	0.008 38	0.008 48	0.023 9	0.027 1	0.079 2	0.080 1	−0.119 3
	0.50	0.009 27	0.009 35	0.020 5	0.024 9	0.088 0	0.088 8	−0.121 5

附表 2-3　两对边固定、两对边简支

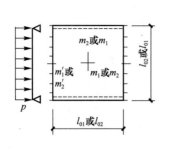

挠度 = 表中挠度系数 $\times \dfrac{pl_{01}^4}{B_c}$〔或 $\times \dfrac{p(l_{01})^4}{B_c}$〕；

$v = 0$，弯矩 = 表中弯矩系数 $\times pl_{01}^2$〔或 $\times p(l_{01})^2$〕；这里 $l_{01} < l_{02}$，$(l_{01}) < (l_{02})$。

l_{01}/l_{02}	$(l_{01})/(l_{02})$	f	m_1	m_2	m_1' 或 (m_2')
0.50		0.002 61	0.041 6	0.001 7	−0.084 3
0.55		0.002 59	0.041 0	0.002 8	−0.084 0
0.60		0.002 55	0.040 2	0.004 2	−0.083 4
0.65		0.002 50	0.039 2	0.005 7	−0.082 6
0.70		0.002 43	0.037 9	0.007 2	−0.081 4
0.75		0.002 36	0.036 6	0.008 8	−0.079 9
0.80		0.002 28	0.035 1	0.010 3	−0.078 2
0.85		0.002 20	0.033 5	0.011 8	−0.076 3
0.90		0.002 11	0.031 9	0.013 3	−0.074 3
0.95		0.002 01	0.030 2	0.014 6	−0.072 1
1.00	1.00	0.001 92	0.028 5	0.015 8	−0.069 8
	0.95	0.002 23	0.029 6	0.018 9	−0.074 6
	0.90	0.002 60	0.030 6	0.022 4	−0.079 7
	0.85	0.003 03	0.031 4	0.026 6	−0.085 0
	0.80	0.003 54	0.031 9	0.031 6	−0.090 4
	0.75	0.004 13	0.032 1	0.037 4	−0.095 9
	0.70	0.004 82	0.031 8	0.044 1	−0.101 3
	0.65	0.005 60	0.030 8	0.051 8	−0.106 6
	0.60	0.006 47	0.029 2	0.060 4	−0.111 4
	0.55	0.007 43	0.026 7	0.069 8	−0.115 6
	0.50	0.008 44	0.023 4	0.079 8	−0.119 1

附表 2-4 四边固定

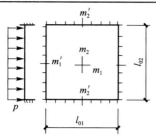

挠度＝表中挠度系数$\times\dfrac{pl_{01}^4}{B_c}$；

$\upsilon=0$，弯矩＝表中弯矩系数$\times pl_{01}^2$；这里 $l_{01} < l_{02}$。

l_{01}/l_{02}	f	m_1	m_2	m_1'	m_2'
0.50	0.002 53	0.040 0	0.003 8	$-0.082\ 9$	$-0.057\ 0$
0.55	0.002 46	0.038 5	0.005 6	$-0.081\ 4$	$-0.057\ 1$
0.60	0.002 36	0.036 7	0.007 6	$-0.079\ 3$	$-0.057\ 1$
0.65	0.002 24	0.034 5	0.009 5	$-0.076\ 6$	$-0.057\ 1$
0.70	0.002 11	0.032 1	0.011 3	$-0.073\ 5$	$-0.056\ 9$
0.75	0.001 97	0.029 6	0.013 0	$-0.070\ 1$	$-0.056\ 5$
0.80	0.001 82	0.027 1	0.014 4	$-0.066\ 4$	$-0.055\ 9$
0.85	0.001 68	0.024 6	0.015 6	$-0.062\ 6$	$-0.055\ 1$
0.90	0.001 53	0.022 1	0.016 5	$-0.058\ 8$	$-0.054\ 1$
0.95	0.001 40	0.019 8	0.017 2	$-0.055\ 0$	$-0.052\ 8$
1.00	0.001 27	0.017 6	0.017 6	$-0.051\ 3$	$-0.051\ 3$

附表 2-5 两邻边固定、两邻边简支

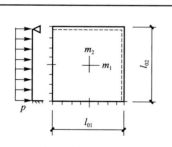

挠度＝表中挠度系数$\times\dfrac{pl_{01}^4}{B_c}$；

$\upsilon=0$，弯矩＝表中弯矩系数$\times pl_{01}^2$；这里 $l_{01} < l_{02}$。

l_{01}/l_{02}	f	f_{max}	m_1	$m_{1,max}$	m_2	$m_{2,max}$	m_1'	m_2'
0.50	0.004 68	0.004 71	0.055 9	0.056 2	0.007 9	0.013 5	$-0.117\ 9$	$-0.078\ 6$
0.55	0.004 45	0.004 54	0.052 9	0.053 0	0.010 4	0.015 3	$-0.114\ 0$	$-0.078\ 5$
0.60	0.004 19	0.004 29	0.049 6	0.049 8	0.012 9	0.016 9	$-0.109\ 5$	$-0.078\ 2$
0.65	0.003 91	0.003 99	0.046 1	0.046 5	0.015 1	0.018 3	$-0.104\ 5$	$-0.077\ 7$

l_{01}/l_{02}	f	f_{max}	m_1	$m_{1,max}$	m_2	$m_{2,max}$	m_1'	m_2'
0.70	0.003 63	0.003 68	0.042 6	0.043 2	0.017 2	0.019 5	−0.099 2	−0.077 0
0.75	0.003 53	0.003 40	0.039 0	0.039 6	0.018 9	0.020 6	−0.093 8	−0.076 0
0.80	0.003 08	0.003 13	0.035 6	0.036 1	0.020 4	0.021 8	−0.088 3	−0.074 8
0.85	0.002 81	0.002 86	0.032 2	0.032 8	0.021 5	0.022 9	−0.082 9	−0.073 3
0.90	0.002 56	0.002 61	0.029 1	0.029 7	0.022 4	0.023 8	−0.077 6	−0.071 6
0.95	0.002 32	0.002 37	0.026 1	0.026 7	0.023 0	0.024 4	−0.072 6	−0.069 8
1.00	0.002 10	0.002 15	0.023 4	0.024 0	0.023 4	0.024 9	−0.067 7	−0.067 7

附表 2-6　三边固定、一边简支

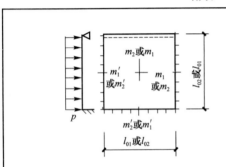

挠度＝表中挠度系数$\times\dfrac{pl_{01}^4}{B_c}\left[\text{或}\times\dfrac{p(l_{01})^4}{B_c}\right]$；

$v=0$，弯矩＝表中弯矩系数$\times pl_{01}^2$［或$\times p(l_{01})^2$］；这里 $l_{01}<l_{02}$，$(l_{01})<(l_{02})$。

l_{01}/l_{02}	$(l_{01})/(l_{02})$	f	f_{max}	m_1	$m_{1,max}$	m_2	$m_{2,max}$	m_1'	m_2'
0.50		0.002 57	0.002 58	0.040 8	0.040 9	0.002 8	0.008 9	−0.083 6	−0.056 9
0.55		0.002 52	0.002 55	0.039 8	0.039 9	0.004 2	0.009 3	−0.082 7	−0.057 0
0.60		0.002 45	0.002 49	0.038 4	0.038 6	0.005 9	0.010 5	−0.081 4	−0.057 1
0.65		0.002 37	0.002 40	0.036 8	0.037 1	0.007 6	0.011 6	−0.079 6	−0.057 2
0.70		0.002 27	0.002 29	0.035 0	0.035 4	0.009 3	0.012 7	−0.077 4	−0.057 2
0.75		0.002 16	0.002 19	0.033 1	0.033 5	0.010 9	0.013 7	−0.075 0	−0.057 2
0.80		0.002 05	0.002 08	0.031 0	0.031 4	0.012 4	0.014 7	−0.072 2	−0.057 0
0.85		0.001 93	0.001 96	0.028 9	0.029 3	0.013 8	0.015 5	−0.069 3	−0.056 7
0.90		0.001 81	0.001 84	0.026 8	0.027 3	0.015 9	0.016 3	−0.066 3	−0.056 3
0.95		0.001 69	0.001 72	0.024 7	0.025 2	0.016 0	0.017 2	−0.063 1	−0.055 8
1.00	1.00	0.001 57	0.001 60	0.022 7	0.023 1	0.016 8	0.018 0	−0.060 0	−0.055 0
	0.95	0.001 78	0.001 82	0.022 9	0.023 4	0.019 4	0.020 7	−0.062 9	−0.059 9

l_{01}/l_{02}	$(l_{01})/(l_{02})$	f	f_{max}	m_1	$m_{1,max}$	m_2	$m_{2,max}$	m_1'	m_2'
	0.90	0.002 01	0.002 06	0.022 8	0.023 4	0.022 3	0.023 8	−0.065 6	−0.065 3
	0.85	0.002 27	0.002 33	0.022 5	0.023 1	0.025 5	0.027 3	−0.068 3	−0.071 1
	0.80	0.002 56	0.002 62	0.021 9	0.022 4	0.029 0	0.031 1	−0.070 7	−0.077 2
	0.75	0.002 86	0.002 94	0.020 8	0.021 4	0.032 9	0.035 4	−0.072 9	−0.083 7
	0.70	0.003 19	0.003 27	0.019 4	0.020 0	0.037 0	0.040 0	−0.074 8	−0.090 3
	0.65	0.003 52	0.003 65	0.017 5	0.018 2	0.041 2	0.044 6	−0.076 2	−0.097 0
	0.60	0.003 86	0.004 03	0.015 3	0.016 0	0.045 4	0.049 3	−0.077 3	−0.103 3
	0.55	0.004 19	0.004 37	0.012 7	0.013 3	0.049 6	0.054 1	−0.078 0	−0.109 3
	0.50	0.004 49	0.004 63	0.009 9	0.010 3	0.053 4	0.058 8	−0.078 4	−0.114 6

参考文献

[1]中华人民共和国住房和城乡建设部．GB/T 51231—2016 装配式混凝土建筑技术标准［S］. 北京：中国建筑工业出版社，2017.

[2]中华人民共和国住房和城乡建设部．JGJ 1—2014 装配式混凝土结构技术规程［S］. 北京：中国建筑工业出版社，2014.

[3]中华人民共和国住房和城乡建设部．15G366—1 桁架钢筋混凝土叠合板(60 mm 厚底板)［S］. 北京：中国计划出版社，2015.

[4]中华人民共和国住房和城乡建设部．15G310—1 装配式混凝土结构连接节点构造(楼盖结构和楼梯)［S］. 北京：中国计划出版社，2015.

[5]中华人民共和国住房和城乡建设部．15G310—2 装配式混凝土结构连接节点构造(剪力墙结构)［S］. 北京：中国计划出版社，2015.

[6] 中华人民共和国住房和城乡建设部．15G365—1 预制混凝土剪力墙外墙板［S］. 北京：中国计划出版社，2015.

[7] 中华人民共和国住房和城乡建设部．15G365—2 预制混凝土剪力墙内墙板［S］. 北京：中国计划出版社，2015.

[8] 中华人民共和国住房和城乡建设部．GB 50010—2010 混凝土结构设计规范(2015 年版)［S］. 北京：中国建筑工业出版社，2015.

[9]东南大学，天津大学，同济大学．混凝土结构［M］. 4 版．北京：中国建筑工业出版社，2008.